Kognitive Leistungen

Martin Dresler (Hrsg.)

Kognitive Leistungen

Intelligenz und mentale Fähigkeiten im
Spiegel der Neurowissenschaften

Spektrum
AKADEMISCHER VERLAG

Herausgeber:
Dr. Martin Dresler
Max-Planck-Institut für Psychiatrie, München
dresler@mpipsykl.mpg.de

Wichtiger Hinweis für den Benutzer

Der Verlag und der Herausgeber haben alle Sorgfalt walten lassen, um vollständige und akkurate Informationen in diesem Buch zu publizieren. Der Verlag übernimmt weder Garantie noch die juristische Verantwortung oder irgendeine Haftung für die Nutzung dieser Informationen, für deren Wirtschaftlichkeit oder fehlerfreie Funktion für einen bestimmten Zweck. Der Verlag übernimmt keine Gewähr dafür, dass die beschriebenen Verfahren, Programme usw. frei von Schutzrechten Dritter sind. Die Wiedergabe von Gebrauchsnamen, Handelsnamen, Warenbezeichnungen usw. in diesem Buch berechtigt auch ohne besondere Kennzeichnung nicht zu der Annahme, dass solche Namen im Sinne der Warenzeichen- und Markenschutz-Gesetzgebung als frei zu betrachten wären und daher von jedermann benutzt werden dürften. Der Verlag hat sich bemüht, sämtliche Rechteinhaber von Abbildungen zu ermitteln. Sollte dem Verlag gegenüber dennoch der Nachweis der Rechtsinhaberschaft geführt werden, wird das branchenübliche Honorar gezahlt.

Bibliografische Information der Deutschen Nationalbibliothek

Die Deutsche Nationalbibliothek verzeichnet diese Publikation in der Deutschen Nationalbibliografie; detaillierte bibliografische Daten sind im Internet über http://dnb.d-nb.de abrufbar.

Springer ist ein Unternehmen von Springer Science+Business Media
springer.de

© Spektrum Akademischer Verlag Heidelberg 2011
Spektrum Akademischer Verlag ist ein Imprint von Springer

11   12   13   14   15   5   4   3   2   1

Planung und Lektorat: Katharina Neuser-von Oettingen, Sabine Bartels
Redaktion: Dr. Sonja Bernhart
Herstellung: Crest Premedia Solutions (P) Ltd, Pune, Maharashtra, India
Satz: Autorensatz
Umschlaggestaltung: wsp design Werbeagentur GmbH, Heidelberg,
unter Verwendung einer Grafik von Kirsten Brukamp

ISBN 978-3-8274-2808-0

Vorwort

Kognitive Leistungen zeichnen unser Selbstverständnis als Menschen aus wie keine andere unserer Eigenschaften: Wir grenzen uns von anderen Tieren vor allem durch den Verweis auf unsere außergewöhnlichen kognitiven Fähigkeiten ab; körperliche Einschränkungen durch Alterungsprozesse, Krankheiten oder Unfälle beeinträchtigen unser persönliches Selbstverständnis vergleichsweise wenig, solange wir uns unserer kognitiven Leistungsfähigkeit gewiss sein können. Kognitive Leistungen sind für uns damit buchstäblich selbstverständlich – und doch faszinieren sie uns stets aufs Neue. Persönlichkeiten, die außergewöhnliche kognitive Leistungen erbracht haben, rufen oft noch nach Jahrhunderten Interesse und Bewunderung hervor. Doch auch alltägliche kognitive Leistungen vermögen zu verblüffen, sobald versucht wird, sie wissenschaftlich zu ergründen oder technisch nachzukonstruieren.

Wie entsteht Bewusstsein, was ist Intelligenz, wie unterscheidet das Gedächtnis wichtige von unwichtigen Erfahrungen – und wo liegen die Grenzen dieser Leistungen? Die Erforschung kognitiver Fähigkeiten wurde vor allem durch die „kognitiven Wende" der Psychologie um die vergangene Jahrhundertmitte vorangetrieben. Neue neurowissenschaftliche Methoden und insbesondere die Verbreitung bildgebender Verfahren gegen Ende des 20. Jahrhunderts haben der

Kognitionsforschung einen zusätzlichen Schub beschert. Neben Psychologie und Neurowissenschaft haben aber auch Nachbardisziplinen wie die Philosophie des Geistes und die Künstliche Intelligenz dazu beigetragen, kognitive Leistungen besser zu verstehen – letztendlich macht die Mannigfaltigkeit und Bedeutung kognitiver Phänomene ihre Erforschung zu einem intrinsisch interdisziplinären Unternehmen.

Der vorliegende Sammelband geht auf ein interdisziplinäres Symposium des Vereins Mensa in Deutschland e. V. zurück, das sich 2009 in München unter dem Titel *Mind Science* kognitiven Leistungen widmete. Einen Schwerpunkt des Buches bilden außergewöhnliche mentale Fertigkeiten und Begabungen. Zunächst gibt Frank Spinath einen Überblick über die historische und aktuelle Intelligenzforschung, die trotz großer Tradition und Erfolge nach wie vor in kontroverser fachinterner, fachfremder und öffentlicher Diskussion steht. Andreas Fink beleuchtet anschließend die neurowissenschaftlichen Grundlagen von Kreativität und Intelligenz als Schlüsselkonzepte menschlicher Begabung. Einen vergleichenden Blick auf die kognitiven Fertigkeiten verschiedener Spezies bietet Onur Güntürkün, der mit manchem in der Neurowissenschaft gepflegtem Vorurteil über die Beschaffenheit und die notwendigen Voraussetzungen nichtmenschlicher Intelligenz bricht.

Zu den verblüffendsten kognitiven Fertigkeiten gehören die außergewöhnlichen mentalen Leistungen von Gedächtniskünstlern, deren Techniken Gunther Karsten vorstellt. Anschließend beleuchtet Anna Seemüller zusammen mit mir die psychologischen und neurobiologischen Grundlagen solch außergewöhnlicher Gedächtnisleistungen. Analog zur Gedächtniskapazität ist auch die Lesegeschwindigkeit durch entsprechendes Training auf ein Vielfaches der gewöhnlichen Leistung zu steigern; Jochen Musch und Peter Rösler geben einen Überblick über die recht unübersichtliche und im Vergleich zu anderen kognitiven Fertigkeiten bislang eher vernachlässigte Studienlage.

In den folgenden Kapiteln werden außergewöhnliche kognitive Phänomene vorgestellt, die weniger antrainiert als angeboren sind. Thorsten Fehr behandelt die komplexen mentalen Prozesse von Savants – also Inselbegabten, die in kognitiven Teilbereichen außergewöhnliche Leistungen vollbringen. Tanja Gabriele Baudson untersucht die psychologischen Grundlagen angeborener und erworbener intermodaler Sinnesverknüpfungen und ihren Zusammenhang zu kreativen Leistungen. Victor Spoormaker beleuchtet anschließend einen Zustand des Gehirns, der zwar einige der ungewöhnlichsten Erfahrungen unsere Lebens beherbergt, jedem Menschen aber doch äußerst vertraut ist: den REM-Schlaf und seine Funktion für kognitive und insbesondere kreative Leistungen.

Die wissenschaftlichen Grundlagen menschlicher Kognition sind stets auch Gegenstand theoretischer und methodologischer Reflexion. Gerhard Roth untersucht in seinem Beitrag die neurobiologischen Grundlagen des Bewusstseins und die philosophischen Implikationen dieser Erkenntnisse, Kirsten Brukamp gibt anschließend einen umfassenden Überblick über die historischen und aktuellen Ansätze der Philosophie des Geistes. Alexander Scivos stellt die Bemühungen der Künstlichen Intelligenz vor, menschliche Kognition durch ihre computationale Modellierung zu verstehen. Eine Einführung in die Funktionsweise, Möglichkeiten und Grenzen aktueller neurowissenschaftlicher Methoden bietet Karsten Hoechstetter, bevor Rüdiger Vaas abschließend einen Blick in die Zukunft der Neurowissenschaft wagt: Welche Methoden werden derzeit entwickelt, um das Gehirn und den menschlichen Geist noch tiefergehend zu durchschauen und beeinflussen zu können? Inwieweit lassen sich kognitive Leistungen durch pharmakologische oder technologische Eingriffe weiter steigern – und welche gesellschaftlichen und ethischen Implikationen bergen solche Möglichkeiten? Wenn kognitive Leistungen, wie eingangs beschrieben, wesentlich unser Selbstverständnis als Menschen auszeichnen, werden Manipulationen unserer Kognition stets auch unser Selbst- und Menschenbild verändern. Erkenntnisse über die wissenschaftlichen Grundlagen, Möglichkeiten und potenziellen Grenzen kognitiver Leistungen bedeuten für uns daher stets Selbsterkenntnis im doppelten Sinne. Die folgenden Kapitel sollen dazu einen Beitrag leisten.

Ich danke Michael Fackler, Katharina Neuser-von Oettingen und Sabine Bartels, deren wertvolle Hilfe wesentlich zu diesem Band beigetragen hat.

München, im Herbst 2010   Martin Dresler

Inhaltsverzeichnis

1 Psychologische Intelligenzforschung – Provokation und Potenzial

Frank M. Spinath

1.1 Einleitung

Zweifelsohne gehört die psychologische Intelligenzforschung zu den Erfolgsthemen der Psychologie. Gekennzeichnet durch eine ausgeprägte Forschungstradition, die im Rahmen der Strukturforschung ins beginnende 20. Jahrhundert zurückreicht, hochreliable Testverfahren, eine breitgefächerte Validität und eine hohe Alltagsrelevanz, stellt die Intelligenz einen allgemein akzeptierten Erfolgsfaktor dar, der mit zahlreichen gesellschaftlich relevanten Kriterien in Beziehung steht. Dessen ungeachtet haben die gesellschaftspolitische Brisanz des Themas, die bisweilen stark ideologische Färbung von Diskussionsbeiträgen sowie falsche Annahmen zur Ätiologie und Beeinflussbarkeit der Intelligenz zu Missverständnissen und interdisziplinären Irritationen geführt, die einen fruchtbaren Diskurs über Einflussgrößen auf die Intelligenzentwicklung und die Effekte interindividueller Unterschiede in der Ausprägung kognitiver Fähigkeiten erschwert, wenn nicht verhindert haben. In Kombination mit verhaltensgenetischen Methoden wird aus dem Forschungsthema Intelligenz schnell ein „heißes Eisen", bezüglich dessen Aussagen sowohl in der wissenschaftlichen als auch jenseits der akademischen Fachöffentlichkeit schnell missverstanden werden. In gewisser Hinsicht ist dieses Problem hausgemacht: Die Verwendung eines innerhalb der Verhaltensgenetik eindeutig definierten Begriffes wie der Erblichkeit führt in einem populärwissenschaftlichen Kontext schnell zu der Annahme, dass Verhaltens- und Interventionsspielräume gering ausfallen werden. Dies ist insbesondere dann der Fall, wenn die (wissenschaftssprachlich völlig korrekte) Aussage lautet: „Die Erblichkeit der Intelligenz beträgt etwa 70 %". Hier ist es nicht verwunderlich, wenn Nichtexperten dies in der oben genannten Weise (miss-)verstehen. Gleichwohl bedeutet diese Aussage eigentlich, dass 70 % der interindividuellen Unterschiede in der Intelligenz durch genetische Faktoren erklärbar sind. Doch was wird im vorliegenden Beitrag eigentlich unter Intelligenz verstanden?

1.2 Begriffsbestimmung

Die mit Spearman (1904) begonnene und nahezu ein Jahrhundert andauernde Tradition der Intelligenzstrukturforschung hat sich vornehmlich mit der Frage beschäftigt, wie viele und welche Fähigkeitsbereiche zum Gegenstandsbereich der Intelligenz gehören und wie deren struktureller Aufbau zu sehen ist. Einige Strukturmodelle der Intelligenz, darunter das Primärfaktorenmodell (Thurstone, 1938) oder die Theorie fluider und kristalliner Intelligenz (Horn & Cattell, 1966), haben neben den Pionierarbeiten von Binet und Simon (1905) bis heute einen nachhaltigen Einfluss auf die Operationalisierung der Intelligenz und die Art und Weise ausgeübt, wie Intelligenz operationalisiert und getestet wird. Kritik, dass auch eine über 100 Jahre andauernde Intelligenzforschung nicht in der Lage war, eine einheitliche Definition des Konstrukts hervorzubringen, ist zwar insofern angebracht, als zahlreiche verbale Definitionsangebote existieren. Gleichwohl kann festgehalten werden, dass auf der Grundlage zahlreicher empirischer Arbeiten ein breites, konsensuelles Verständnis dafür gewachsen ist, dass zur Intelligenz ein hierarchisch organisiertes Set spezifischer verbaler und kognitiver Fähigkeiten gezählt werden kann. Dieses Set umfasst beispielsweise die Bereiche Wortschatz, verbale Produktion, numerische Fähigkeiten, räumliche Fähigkeiten, Gedächtnisleistung, Wahrnehmungsgeschwindigkeit und schlussfolgerndes Denken.

Ein Modell, welches von vielen Intelligenzforschern als adäquater Integrationsversuch betrachtet wird, ist das Drei-Ebenen-Modell der Intelligenz von Carroll (1993), das in Abbildung 1.1 dargestellt ist. An der Spitze der Intelligenzhierarchie steht gemäß dieses Modells, das auf einer Reanalyse einer großen Zahl empirischer Datensätze beruht, ein Faktor allgemeiner Intelligenz oder *g* (für *general intelligence*). Auf der nächsten Ebene findet sich eine Reihe unterschiedlicher Fähigkeitsbereiche, die von links nach rechts abnehmend stark mit dem *g*-Faktor zusammenhängen. Auf der dritten Ebene sind insgesamt 69 enger gefasste, spezifische Fähigkeiten angesiedelt.

Gegenüber empirisch fundierten integrativen Strukturmodellen wie dem Carroll-Modell erweisen sich alternative Strukturmodelle wie etwa Howard Gardners Modell Multipler Intelligenzen (MI; Gardner, 1983, 1999), das sich insbesondere im pädagogischen Bereich großer Beliebtheit erfreut, als weitgehend unhaltbar (vgl. Rost, 2008).

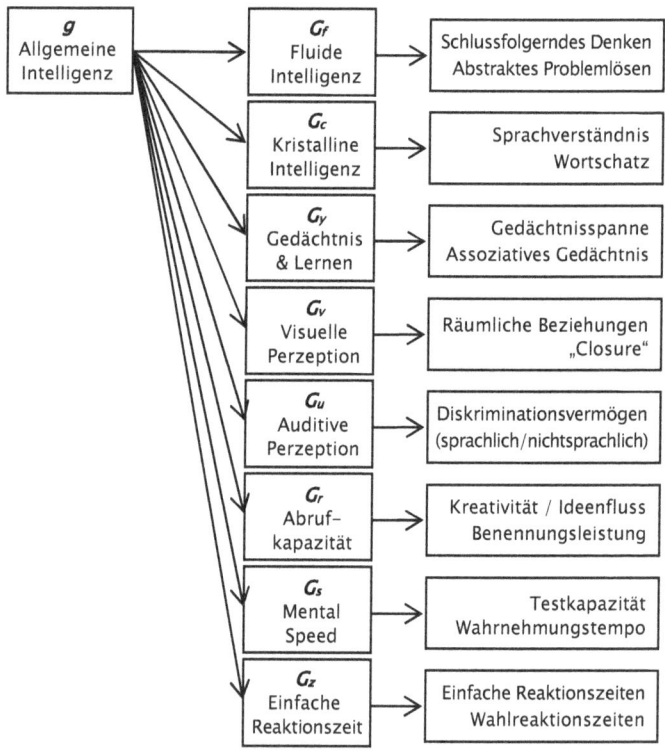

Abbildung 1.1 Drei-Ebenen-Modell der Intelligenz nach Carroll (1993)

1.3 Korrelate der Intelligenz

Kaum ein anderes Konstrukt der Psychologie hat sich als derart mächtig hinsichtlich der Kriteriumsvalidität erwiesen wie die Intelligenz. Mit anderen Worten: Kaum ein anderes Merkmal kann es in der Vielfältigkeit, mit der relevante Außenkriterien vorhergesagt werden können, mit der Intelligenz aufnehmen. Empirisch bestätigte Zusammenhänge der Intelligenz reichen von Berufserfolgskriterien (z. B. beruflicher Status), über soziale Fähigkeiten (z. B. Einfühlsamkeit), Werte und Einstellungen (z. B. geringere Ausprägungen von Dogmatismus), Kreativität, schulische Variablen (z. B. Schulleistung), nichtdeviantes Verhalten (z. B. geringere Kriminalitätsrate) bis hin zu Gesundheitsverhalten (z. B. gesundheitsförderliche Ernährungspräferenzen) und einer geringeren Unfallwahrscheinlichkeit. Darüber hinaus korrelieren Intelligenz und sozioökonomischer Status in substanzieller Größenordnung (r = .50; Jencks, 1979). Die Korrelate der Intelligenz sind derart vielfältig und ausgeprägt, dass Brand (1987) die Bedeutung der Intelligenz für die Psychologie mit der Bedeutung des Kohlenstoffs für die Chemie verglich („g is to psychology what carbon is to chemistry"; 257).

1.4 Zündstoff in Glockenkurvenform

Im Jahr 1994 erschien mit *The Bell Curve* (Herrnstein & Murray, 1994) ein Bestseller und gleichzeitig eines der meistdiskutierten Bücher des ausgehenden 20. Jahrhunderts, vornehmlich aufgrund der darin formulierten sozialpolitischen „Empfehlungen". In diesem Buch beschwören die Autoren

den Zerfall der amerikanischen Gesellschaft in eine wohlha-
bende „kognitive Elite" und eine zahlenmäßig überlegene
„Unterschicht". Überspitzt wird zudem die Bedeutung eines
verringerten IQs als Prädiktor für soziale Probleme (Schul-
abbruch, Arbeitslosigkeit, Kriminalität). Ferner wird die Erblichkeit der Intelligenz fälschlicherweise als Ursache für
Gruppendifferenzen und eine stark eingeschränkte Möglichkeit zur Förderung kognitiver Fähigkeiten interpretiert. In
Reaktion auf *The Bell Curve* erschienen zahlreiche „Gegendar-
stellungen" in Buchform mit teils vergleichsweise martiali-
schen Titeln wie *The Bell Curve Wars* (Fraser, 1995). Im Feb-
ruar 1996 veröffentlichte eine elfköpfige Task Force beste-
hend aus einer Gruppe von Intelligenzforschern mit sehr
unterschiedlichen Forschungshintergründen um Ulric Neisser einen bemerkenswerten wissenschaftlichen Artikel im
American Psychologist, in dem die empirische Befundlage der
Intelligenzforschung und daraus ableitbare Schlussfolgerungen sachlich thematisiert wurden. Wie das folgende Zitat klar
zum Ausdruck bringt, hat sich das Fach in großer Geschlos-
senheit gegen eine politische Instrumentalisierung von Befunden aus der Intelligenzforschung ausgesprochen: „The
study of intelligence does not need politicized assertions and
recriminations; it needs self-restraint, reflection, and a great
deal more research. The questions that remain are socially as
well as scientifically important." (Neisser et al., 1996, S. 97)

Die Diskussion um *The Bell Curve* und die damit verbundene
Diskussion um ethnische Gruppendifferenzen in kognitiven
Fähigkeiten und deren gesellschaftliche Implikationen schie-
nen in allererster Linie ein US-amerikanisches Thema zu
sein. Umso bemerkenswerter war eine deutsche Publikation
in der von der Bundeszentrale für politische Bildung heraus-
gegebenen Zeitschrift *Aus Politik und Zeitgeschichte* im Jahre
2003 mit dem Titel „Verlust von Humankapital in Regionen

mit hoher Arbeitslosigkeit" (Ebenrett et al., 2003). Die Autoren des Beitrags berichten hier regional gemittelte Intelligenztestleistungen von 248 727 jungen Männern im Alter von 18–22 Jahren, die bundesweit im Rahmen der Eignungsuntersuchung der Bundeswehr getestet worden waren. Es fand sich ein deutliches West-Ost- und Süd-Nord-Gefälle zu Ungunsten des Ostens und des Nordens. Außerdem wurden Korrelationen der durchschnittlichen IQ-Werte mit Indikatoren etwa der Wirtschaftskraft ($r = .31$), Arbeitslosigkeit ($r = -.62$) und Binnenwanderung ($r = .45$) berichtet. Aus dieser Ergebnislage schließen die Autoren, dass hohe Arbeitslosigkeit in wirtschaftsschwachen Regionen eine systematische Abwanderung und ein niedriges Niveau regionaler Intelligenzleistungen bedingen. Wenngleich die Resonanz auf diese Veröffentlichung in keinem Verhältnis zu *The Bell Curve* steht, ist doch festzuhalten, dass derart weitreichende Ursache-Wirkungs-Interpretationen auf der Grundlage der vorliegenden Daten als abenteuerlich bezeichnet werden müssen. Eine umfassende Diskussion der Befunde blieb jedoch aus, obwohl es die „Deutschland-Karte der Intelligenz" unter der Überschrift „Die Schlauen wandern ab, die Dummen bleiben" bis auf die Internetseiten von *Spiegel Online* (2003) schaffte.

1.5 Intelligenz und Schulleistungsstudien

Neu entfacht wurde die Diskussion um Ursache und Konsequenzen interindividueller Differenzen in der Intelligenz im Jahre 2006 mit dem Artikel „Was messen internationale Schulleistungsstudien" in der *Psychologischen Rundschau* (Rindermann, 2006). Der Autor kommt nach einer aufwändigen aufgabenanalytischen Betrachtung von Tests aus internationalen Schulleistungsstudien wie beispielsweise PISA, IGLU oder TIMMS, sowie nach der Untersuchung empirischer Beziehungen zwischen Schulleistungs- und Intelligenztestergebnissen zu dem Schluss, dass alles für die Messung eines g-Faktors kognitiver Fähigkeiten spreche. Dieser Auffassung wurde von Seiten der für die fraglichen Studien Verantwortlichen vehement widersprochen (Baumert et al., 2007; Prenzel et al., 2007). Abseits der titelstiftenden Debatte enthielt der Beitrag von Rindermann (2006) allerdings weiteren Zündstoff in Form einer Abbildung von Korrelaten kognitiver Fähigkeiten auf Staatenebene. Hier waren beispielsweise Zusammenhänge zwischen der durchschnittlichen Intelligenz in unterschiedlichen/verschiedenen Staaten und dem Bildungsniveau Erwachsener ($r = .78$), Bruttosozialprodukt ($r = .65$), Rechtsstaatlichkeit ($r = .65$), Christen-Anteil ($r = .31$), Muslime-Anteil ($r = -.29$), HIV-Infektionsrate ($r = -.42$) und Kinderzahl ($r = -.75$) nachzulesen. Kognitive Fähigkeiten, so der Autor, stellten einen sensiblen Indikator für gesellschaftliche Zustände und Entwicklung dar. Gleichzeitig entsteht beim Lesen des Artikels der Eindruck, dass Intelligenz nicht nur als Indikator, sondern auch als vermittelnder Kausalfaktor gesehen wird. Dies ist vor allem in Verbindung mit impliziten oder expliziten Annahmen über die Bedeutung genetischer Faktoren bei der Erklärung individueller Differenzen in der Intelligenz, im Sinne einer genetischen Vorbestimmung gesellschaftlicher und sozialer Ungleichheiten, problematisch und lädt zu zweifelhaftem ideologisch gefärbtem Gebrauch ein. Uneingeschränkten Zuspruch fanden die Beiträge des Autors zu diesem Thema (z. B. Rindermann, 2007) demzufolge insbesondere von Seiten solcher Forscher, die in ihren eigenen Publikationen

Rassendifferenzen bezüglich Intelligenz und sozialer Stellung propagieren (z. B. Lynn, 2008; Lynn & Vanhanen, 2006; Rushton, 2008).

1.6 Integrative Perspektive

Der in gesellschaftlicher Hinsicht brisanten Lesart von Intelligenzunterschieden zwischen Gruppen steht eine integrative Perspektive entgegen, die die Bedeutung von Bildung in den Mittelpunkt der Argumentation rückt. Darin wird berücksichtigt, dass Schulfähigkeiten das Ergebnis investierter Intelligenz sind und Schulunterricht, so wie Erziehung und Bildungsnähe, ihrerseits Intelligenz und Schulfähigkeiten fördern können. Auf den Punkt bringt diese Auffassung ein Zitat des o. g. Autors: „Wenn Intelligenz wie Schulerfolg von Bildung abhängig ist, dann muss Intelligenz als eine plastische Eigenschaft aufgefasst werden." (Rindermann, 2006, S. 84) Eine solche Perspektive ist in der Lage, interindividuelle Differenzen in der Intelligenz, die u. a. genetisch beeinflusst sein können, als eine Wirkgröße im Verbund mit Angeboten durch unmittelbare (Eltern und Familie) und mittelbare (gesellschaftliche) Agenten zu betrachten und Wissen wie Denkfähigkeit als Ergebnis einer vorangegangenen Praxis von Denken und Bildung zu verstehen. Laut Asendorpf ist Intelligenz somit „Fähigkeit zu hoher Bildung" (Asendorpf, 2004, S. 191). Im Rahmen interdisziplinärer Forschungsbemühungen, etwa im Bereich der Schulleistung, ist folglich neben den individuellen Leistungsvoraussetzungen auch der Kontext von Familie, Schule und Peers (Freunden) bedeutsam. Neben Merkmalen wie Intelligenz und (Vor-) Wissen spielen u. a. Motivations- und Persönlichkeitsmerkmale eine gewichtige Rolle bei der Vorhersage von Schulleistungen (vgl. z. B. Spinath et al., 2006).

1.7 „Die schönste psychologische Forschervariable"

Zu den Gründen, warum die wissenschaftliche Beschäftigung mit Intelligenz ein erfreuliches und ausgesprochen interessantes Unterfangen ist, zählen ihre zuverlässige Erfassbarkeit mittels standardisierter Testverfahren und ausgezeichnete Verteilungseigenschaften in Stichproben, die nicht varianzeingeschränkt sind. Hinsichtlich der Stabilität der Intelligenz besitzt eine Arbeit der Forschergruppe um Ian Deary (Edinburgh, UK) Meilensteincharakter. Unter Aufsicht des Scottish Council for Research on Education waren am 1. Juni 1932 insgesamt 87 498 elfjährige Schulkinder mittels des Moray-House-Intelligenztests untersucht worden. Forscher der Universität Edinburgh konnten eine große Zahl der im Kindesalter getesteten Personen ausfindig machen und hinsichtlich psychologisch relevanter Variablen (einschließlich des Moray-House-Intelligenztests) im hohen Erwachsenenalter erneut untersuchen. Sie fanden einen Zusammenhang zwischen Intelligenz im Kindesalter und Intelligenz im hohen Erwachsenenalter in Höhe von $r = .66$ (Deary, Whiteman, Starr, Whalley & Fox, 2004). Auch zur Lebensdauer fanden sich Zusammenhänge. So zeigte sich eine mittlere IQ-Differenz von 101,5 vs. 95,9 (Frauen) und von 102,5 vs. 98,9 (Männer) zwischen der Gruppe der Studienteilnehmer, die im Jahre 1997 noch lebten bzw. bereits verstorben waren. Der auf den ersten Blick gering erscheinende Mittelwertunterschied von 5,6 Punkten in der Gruppe der Frauen hat dabei weitreichende Konsequenzen. Anders ausgedrückt bedeutet er nämlich, dass sieben von zehn Frauen aus dem oberen Intelligenzquartil (obere 25 % zum Zeitpunkt der Testung im Jahre 1932) ein Lebensalter von 75 Jahren erreichten, gegenüber nur fünf von zehn Frauen aus dem unteren Quartil (untere 25 % zum Zeitpunkt der Testung im Jahre 1932). Im Jahr 2009 erschien eine weitere beeindruckende Arbeit aus dem aufstrebenden Bereich der Kognitiven Epidemiologie zum Zusammenhang zwischen Intelligenz und Lebensdauer (Batty et al., 2009). Hier wurde eine Stichprobe von nahezu einer Million schwedischer junger Männer, die im Rahmen der Eignungsuntersuchung des schwedischen Militärs im Alter von 18 Jahren untersucht worden waren, etwa 20 Jahre später erneut kontaktiert. Von insgesamt 994 262 Personen waren in diesem Zeitraum bereits 14 498 Personen verstorben. Wiederum zeigte sich ein Zusammenhang von geringer ausgeprägter Intelligenz und einem erhöhten Mortalitätsrisiko, was die Ergebnisse der englischen Forschergruppe bestätigt.

1.8 Verhaltensgenetik und Intelligenz

Es existieren zahlreiche verhaltensgenetische Arbeiten, die sich mit der Ätiologie der Intelligenz beschäftigen und der Frage nachgegangen sind, welche Bedeutung genetischen und Umwelteinflüssen in der Intelligenzentwicklung zukommt. Für ein besseres Verständnis der Möglichkeiten und der Grenzen solcher Untersuchungen sollen zunächst ausgewählte Grundbegriffe der Verhaltensgenetik eingeführt werden.

1.8.1 Grundbegriffe

Die quantitative Verhaltensgenetik beschäftigt sich mit den Ursachen interindividueller Differenzen in psychologischen Merkmalen. Zu den klassischen methodischen Zugängen dieser Disziplin gehören Zwillings- und Adoptionsstudien. Dabei nutzen Verhaltensgenetiker die Möglichkeit, Daten von Personen zu erheben, deren genetische und Umweltähnlichkeiten bekannt sind. Beispielsweise sind Adoptiveltern und ihre adoptierten Kinder genetisch nicht verwandt, sie teilen jedoch Umwelteinflüsse, die zu ihrer Ähnlichkeit beitragen können. Getrennt aufgewachsene eineiige Zwillinge teilen hingegen keine Umwelteinflüsse, so dass beobachtbare Ähnlichkeiten auf genetische Ursachen zurückgeführt werden können.

Zu den Grundbegriffen der Verhaltensgenetik zählen Erblichkeit (*heritability* oder h^2), Effekte geteilter Umwelt (*common environment* oder c^2) und nichtgeteilter Umwelt (*nonshared environment* oder e^2). Unter Erblichkeit wird das Ausmaß verstanden, in dem genetische Unterschiede zwischen Individuen die beobachtbaren interindividuellen Differenzen im untersuchten Merkmal erklären. Zu Effekten geteilter Umwelt zählen solche Umwelteinflüsse, die zur Ähnlichkeit von Personen beitragen, die gemeinsam aufwachsen (z. B. sozioökonomischer Status, Erziehungsstil der Eltern). Effekte nichtgeteilter Umwelt umfassen Umwelteinflüsse, die zur Unähnlichkeit von Personen beitragen, die gemeinsam aufwachsen (z. B. unterschiedliche Freunde, unterschiedliche berufliche Situation, zufällige Ereignisse).

Werden beispielsweise gemeinsam aufgewachsene ein- und zweieiige Zwillinge untersucht, machen sich verhaltensgenetische Analysen den Umstand zu Nutze, dass eineiige Zwillinge (EZ) 100 % der genetischen Effekte teilen, während zweieiige Zwillinge (ZZ) im Durchschnitt eine genetische Ähnlichkeit von 50 % aufweisen. Gilt zudem die Annahme gleicher Umwelteinflüsse (*equal environments assumption*), die besagt, dass die Umwelt im gleichen Ausmaß zur Ähnlichkeit von EZ und ZZ beiträgt, und sind Anlage- und Umwelteffekte unkorreliert, so können aus der vergleichenden Betrachtung von EZ- und ZZ-Ähnlichkeiten in einem Merkmal (z. B. in der Intelligenz) Rückschlüsse auf die relative Bedeutung von Genen und Umwelt gezogen werden.

Sind EZ etwa doppelt so ähnlich wie ZZ, so spricht dies für einen bedeutsamen Einfluss additiv genetischer Effekte (h^2). Weisen EZ und ZZ substanzielle, aber vergleichbare Ähnlichkeiten auf, so spricht dies für einen bedeutsamen Einfluss der geteilten Umwelt (c^2). Sehr geringe Ähnlichkeiten in beiden Zwillingsgruppen sprechen für bedeutsame Effekte der nichtgeteilten Umwelt (e^2). Diese vereinfachte Darstellung soll einen groben Einblick in die grundlegende Herangehensweise verhaltensgenetischer Studien geben. Eine weitergehende Einführung in Methoden und Befunde der Verhaltensgenetik finden sich bei Plomin et al. (2008).

1.8.2 Quantitative verhaltensgenetische Befunde zur Intelligenz

Hinsichtlich der Intelligenz wurden bereits 1981 Überblicksarbeiten auf der Grundlage von Zwillingsdaten sowie weiterer Verwandtschaftsgruppen veröffentlicht (Bouchard & McGue, 1981). Diese Daten legten nahe, dass genetische Einflüsse zwischen 50 % und 60 % der interindividuellen Unterschiede in der Intelligenz erklären. Jüngere Überblicksartikel (z. B. Plomin & Spinath, 2004) zeigen zudem einen Zuwachs der Bedeutung genetischer Einflüsse über die Lebensspanne. Während im frühen Kindesalter vor allem Effekte der geteilten Umwelt (c^2) für die Erklärung der Varianz in Intelligenzwerten verantwortlich sind, spielen diese im Erwachsenenalter keine bedeutsame Rolle mehr. Der Abnahme der Bedeutung geteilter Umwelteinflüsse steht die Zunahme der Bedeutung genetischer Einflüsse gegenüber, die von etwas mehr als 20 % der Intelligenzvarianz im frühen Kindesalter über ca. 40–50 % zum Schulanfang bis hin zu 60 % und mehr im höheren Erwachsenenalter erklären. Dies bedeutet, dass für die Antwort auf die Frage, warum Menschen unterschiedliche Intelligenzausprägungen aufweisen, Gene mit dem Alter an Bedeutung gewinnen. Wie ist dies erklärbar? Zum einen kommt hier vermutlich ein wachsendes Zusammenspiel von Anlage- und Umwelt-Wechselwirkung zum Tragen. Während Individuen im frühen Kindesalter noch stark den Vorgaben des Elternhauses unterliegen, nehmen mit zunehmendem Alter die Freiheitsgrade bezüglich der Tagesgestaltung zu. Dies schließt die Beschäftigung mit lern- und leistungsrelevanten Aktivitäten (z. B. die aufgewendete Zeit für die Hausaufgabenbearbeitung) ein. Es ist anzunehmen, dass bei Personen, deren Genotyp sich im Kontext von Lern- und Leistungsverhalten vorteilhaft auswirkt und zu Erfolgserlebnissen beiträgt, dies zu einer verstärkter Zuwendung zu lern- und leistungsförderlichen Umwelten beiträgt. Der Umstand, dass bestimmte Genotypen aktiv Umwelten aufsuchen und gestalten, wird auch als aktive Anlage-Umwelt-Korrelation bezeichnet. Zudem ist zu sagen, dass der Verlauf der Ähnlichkeitsmuster von EZ und ZZ für die Intelligenz über die Lebensspanne von einen charakteristischen Unterschied geprägt ist: Während die Ähnlichkeit von EZ trotz zunehmender Umwelteinflüsse im Laufe des Lebens auf einem hohen Niveau liegt und sich kaum verändert, sinkt die Ähnlichkeit von ZZ mit zunehmender Lebensdauer kontinuierlich. Da die Erblichkeit auf der Grundlage der Unterschiede zwischen den Ähnlichkeiten von EZ und ZZ berechnet wird, führt diese Entwicklung zu einem Anstieg der Erblichkeit. Aus Umweltsicht ließe sich dieser Befund auch so interpretieren, dass zunehmend unterschiedliche Umwelten bei Personen, die genetisch nur zu 50 % verwandt sind, im Laufe des Lebens bessere „Angriffspunkte" haben, während die ausgeprägtere genetische Ähnlichkeit der EZ diese Paarlinge viel stärker gegen solche Tendenzen abschirmt.

Die relative Bedeutung von genetischen und Umweltfaktoren ändert sich jedoch nicht nur über die Lebensspanne. Auch bei querschnittlicher Betrachtung finden sich differenzielle Erblichkeiten, beispielsweise entlang des Kontinuums sozioökonomischer Faktoren wie dem familiären Einkommen. So fanden Harden et al. (2007) in einer Stichprobe von 839 17-jährigen Zwillingspaaren (509 EZ, 330 ZZ), dass mit zunehmendem elterlichen Einkommen die Erblichkeit für das Merkmal Intelligenz zunahm, während der Einfluss der geteilten Umwelt kontinuierlich abnahm. Während in der Gruppe der Familien mit dem niedrigsten Jahreseinkommen genetische Faktoren etwa 40 % und geteilte Umwelteffekte etwa 45 % der Varianz in der Intelligenz erklärten, wurden die genetischen Effekte in der Gruppe der Bestverdiener auf ca. 55 % geschätzt, während geteilte Umweltfaktoren nurmehr ca. 35 % der Varianz aufklärten. Diese Ergebnisse unterstreichen die Bedeutung des komplexen Zusammenwirkens von Anlage und Umweltfaktoren und wenden sich gegen simplifizierende Deutungen genetischer Daten im Sinne einer schicksalhaften Determination komplexer psychologischer Merkmale durch genetische Faktoren.

1.8.3 Genetische Einflüsse versus Unveränderbarkeit

Derartigen Deutungsversuchen von Erblichkeiten eine Absage zu erteilen ist schon allein deswegen erforderlich, weil verhaltensgenetische Daten aus Zwillings- und Adoptionsstudien lediglich Aussagen über Gruppen von Personen erlauben. Die Übertragung auf die Merkmalsausprägung einzelner Personen ist ebenso unzulässig wie die Deutung der Erblichkeit im Sinne einer genetischen Festlegung von Merkmalsniveaus. Abbildung 1.2 veranschaulicht diesen Gedanken.

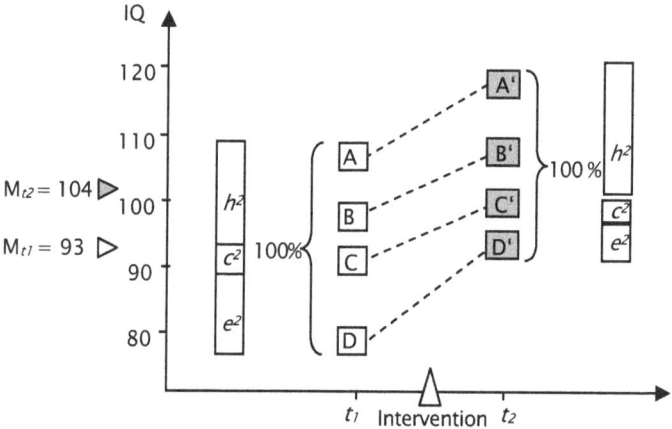

Abbildung 1.2 Rangreihenstabilität, Nievauveränderungen und Erblichkeit. h^2 = Erblichkeit, c^2 = Effekte geteilter Umwelt, e^2 = Effekte nichtgeteilter Umwelt, M_{t1} = Mittelwert zum Zeitpunkt t_1, M_{t2} = Mittelwert zum Zeitpunkt t_2, A–D = Intelligenz-Testwerte der fiktiven Individuen A–D, A'–D' = Intelligenz-Testwerte der fiktiven Individuen A–D nach Intervention.

Es sind zu einem Zeitpunkt t_1 die IQ-Werte vier fiktiver Personen (A–D) abgetragen. Der Gruppenmittelwert beträgt bei dieser Messung $M_{t1} = 93$. Nach einer erfolgreichen Intervention zur Förderung der kognitiven Fähigkeiten wird der IQ erneut gemessen. Es zeigt sich ein Gruppenmittelwert von $M_{t2} = 104$. Da die vier Personen zwar allesamt ihr Leistungsniveau gesteigert haben, jedoch die Rangreihe unverändert ist, ergäbe sich eine perfekte Rangkorrelation (Stabilität). Dies verdeutlicht bereits, dass hohe Stabilitätswerte ähnlich denen aus der zuvor beschriebenen schottischen Längsschnittstudie zur Intelligenz über 65 Jahre nicht gleichzusetzen sind mit der Unveränderbarkeit von individuellen Werten oder Gruppenmittelwerten. Die verhaltensgenetische Perspektive setzt zudem an einem völlig anderen Punkt an, nämlich an der Varianz zwischen den Individuen (A–D). Wie die Abbildung andeutet, drückt die Erblichkeit (h^2) zu t_1 aus, wie viel Prozent der Varianz zwischen den Individuen beim ersten Messzeitpunkt auf genetische Unterschiede zwischen den Personen zurückgeht. Analog bildet h^2 zu t_2 ab, wie viel Prozent der Varianz zwischen den Individuen beim zweiten Messzeitpunkt auf genetische Unterschiede zwischen den Personen zurückgeht. Die Erblichkeit erlaubt hingegen keine Schätzung des möglichen Zugewinns durch die Intervention bzw. von M_{t1} zu M_{t2}. Es ist sogar möglich, dass die Erblichkeit zu t_2 (wie in der Abbildung angedeutet) zunimmt, ohne dass davon die Veränderbarkeit betroffen sein muss. Änderungen in der relativen Bedeutung von Anlage und Umweltfaktoren hängen von einer Vielzahl von Einflussgrößen ab, beispielsweise vom Ausmaß der Variation in relevanten Umweltvariablen wie etwa Bildungsangeboten.

Zusammengefasst kann aus verhaltensgenetischer Sicht festgehalten werden, dass interindividuelle Differenzen in der Intelligenz maßgeblich von genetischen Faktoren beeinflusst werden, die im Laufe des Lebens an Bedeutung gewinnen, während Effekte geteilter Umwelteinflüsse in ihrer Bedeutung abnehmen. Nichtgeteilte Umwelteinflüsse (z. B. Peer-Gruppen) werden ab der frühen Kindheit wichtiger und behalten diese Wichtigkeit bei. Sozioökonomische Faktoren moderieren die Bedeutung von Anlage und Umwelt. Ethnische Gruppenunterschiede lassen sich mit diesen Befunden jedoch ebenso wenig erklären wie ein Mangel an Veränderbarkeit bzw. Förderbarkeit.

1.8.4 Molekulargenetische Befunde zur Intelligenz

Im Gegensatz zur quantitativen Verhaltensgenetik beschäftigt sich die Molekulargenetik mit der Suche nach spezifischen Genen und genetischen Mechanismen, die mit komplexen Verhaltensweisen assoziiert sind. Im Jahre 2006 erschien ein Überblicksartikel im *European Journal of Human Genetics* (Deary et al., 2006), der zu dem Ergebnis kommt, dass die vorausgegangene, etwa zehn Jahre umspannende, molekulargenetische Forschung bis zu diesem Zeitpunkt keine robusten und replizierbaren Befunde bezüglich einzelner Kandidatengene für Intelligenz erbracht habe. Zudem sei anzunehmen, dass die Varianzaufklärung der im Zuge genomweiter Assoziationsstudien untersuchten Einzelnukleotid-Polymorphismen (*single nucleotide polymorphism*, *SNP*) unterhalb von 1 % liegt. Als SNPs werden Variationen von einzelnen Basenpaaren in einem DNA-Strang bezeichnet. Sie stellen etwa 90 % aller genetischen Varianten im menschlichen Genom dar. Ihre wissenschaftliche Bedeutung liegt im häufigen Auftreten und der hohen Variabilität, außerdem sind sie sehr schnell und einfach zu bestimmen. Deswegen werden sie zum Beispiel bei der Suche nach Chromosomenabschnitten mit Einfluss auf die Ausprägung eines quantitativen Merkmals (*quantitative trait loci, QTL*) genutzt.

In einer aufwändigen Studie aus dem Jahre 2008 wurden DNA-Chips verwendet, die eine genomweite autosomale (d. h. unter Ausschluss der Geschlechtschromosomen) Analyse von 500 000 SNPs erlaubten (Butcher et al., 2008). Im Rahmen dieser Studie wurde zunächst die DNA von 7 000 Kindern, die aufgrund ihrer Intelligenztestleistung als hoch- bzw. niedrig intelligent eingestuft wurden, mittels DNA-Pooling gruppenweise untersucht. Insgesamt 47 von den untersuchten 500 000 SNPs kamen zwischen den Gruppen in unterschiedlicher Häufigkeit vor. In einem zweiten Schritt wurden individuelle Genotypisierungen von 3 195 Kindern über das gesamte Fähigkeitsspektrum durchgeführt. Von den vormals 47 SNPs wiesen nunmehr nur noch sechs eine Assoziation mit der Intelligenz auf. Zudem reduzierte die Anwendung einer Korrektur für zufallsbasierte Funde die Zahl der überzufälligen Ergebnisse auf lediglich ein (!) einziges bedeutsames SNP. Keines der ursprünglich gefundenen sechs SNPs erklärte mehr als 0,4 % der Varianz in g.

Die Befundlage molekulargenetischer Forschung zur Intelligenz ist derzeit somit als ausgesprochen dürftig einzuschätzen. Inwieweit sich die Hoffnung bestätigt, mit Hilfe leistungsfähigerer DNA-Chips (derzeit sind Varianten erhältlich, die bis zu eine Million SNPs analysieren können) zum Ziel zu kommen, bleibt abzuwarten.

1.9   Der Wunsch nach Förderung

Dass Intelligenz ein positiv bewertetes und wünschenswertes Merkmal ist, wird nach der vorherigen Darstellung ausgewählter Kriteriumskorrelationen niemanden verwundern. Groß ist somit auch das Interesse an Fördermöglichkeiten. In diesem Kontext ließ eine großangelegte Längsschnittstudie aufhorchen, deren Ergebnis nahelegte, dass anhaltendes und ausschließliches Stillen die Intelligenz fördert (Kramer et al., 2008). Die Forscher untersuchten 13 889 Kinder, die zwischen 1996 und 1997 in weißrussischen Krankenhäusern geboren wurden. Die Hälfte der Mütter war dazu ermutigt worden, ihren Nachwuchs ausschließlich zu stillen, die andere Hälfte nicht. Die 7 108 Mütter der Experimentalgruppe unterschieden sich hinsichtlich Alter und Bildungshintergrund nicht von den 6 781 Müttern der Kontrollgruppe. Sechseinhalb Jahre später wurde die Intelligenz der Kinder getestet und es wurden Schulleistungen verglichen. Es zeigte sich, dass die Kinder der Experimentalgruppe, in der nach Angaben der Mütter tatsächlich länger und exklusiver gestillt worden war, höhere Werte in verbaler (+7,5 IQ-Punkte) und nonverbaler Intelligenz (+2,9 IQ-Punkte) aufwiesen. Insgesamt fiel der IQ der Kinder in der Experimentalgruppe um 5,9 Punkte höher aus als in der Kontrollgruppe. Zudem konnten die Kinder der Experimentalgruppe laut dem Urteil ihrer Lehrer sowohl besser lesen als auch schreiben.

Das fehlende, aber vermutlich entscheidende Datum in dieser Studie ist jedoch die Intelligenz der Mütter. Diese hatte sich in einer zwei Jahre zuvor veröffentlichten Metaanalyse als entscheidender Faktor erwiesen (Der et al., 2006). Wurde der mütterliche IQ gemeinsam mit weiteren sozioökonomischen Variablen kontrolliert, sank der einstmalig 4,7 IQ-

Punkte betragende Vorsprung gestillter Kinder auf 0,5 IQ-Punkte ab.

1.10 Kein Fazit

Der vorliegende Beitrag erhebt keinerlei Anspruch, eine vollständige oder ausgewogene Darstellung des aktuellen Standes der Intelligenzforschung zu leisten. Aus Sicht des Autors stellt die nahezu ein Jahrhundert lang die Intelligenzforschung beherrschende Strukturdebatte jedoch nicht länger eine zentrale Forschungsfrage dar. Vielmehr rücken die prädiktive Validität des Konstrukts sowie Diskussionen um Zusammenhänge makrosozialer Indikatoren und Intelligenz im Sinne von „Humankapital" (Ebenrett et al., 2003) auf gesellschaftlicher Ebene zunehmend in den Mittelpunkt des Interesses. Die Verknüpfung der Intelligenzforschung mit der Bildungsdebatte birgt dabei zugleich Chancen und Risiken. Insofern politische Empfehlungen formuliert werden, ist Wachsamkeit und eine kritische Auseinandersetzung gefordert, insbesondere dort, wo Befunde, beispielsweise aus dem Bereich der (Verhaltens-)Genetik herangezogen werden, um ideologisch gefärbte Anschauungen zu stützen. Die Verhaltensgenetik bietet einen einzigartigen methodischen Zugang zur Auseinandersetzung mit der Frage nach der relativen Bedeutung von Anlage und Umwelteinflüssen. Moderne verhaltensgenetische Designs (z. B. das *Extended Twin Family Design*, in dessen Rahmen neben Zwillingen auch deren Eltern und Geschwister untersucht werden (Keller et al., 2009; Medland & Keller, 2009) erlauben es, methodische Nachteile früherer Zwillingsstudien aufzufangen und komplexere Wirkmechanismen aufzudecken. Mit Hilfe derartiger Studien wird es möglich sein, ein besseres Verständnis dafür zu entwickeln, unter welchen Bedingungen und in welcher Weise sich genetische und Umwelteinflüsse im dynamischen Wechselspiel auf komplexes Verhalten wie Intelligenz auswirken.

2 Intelligenz und Kreativität als Schlüsselkomponenten der Begabung

Andreas Fink

2.1 Einleitung

Der Begriff Begabung ist vielerorts anzutreffen, taucht in höchst unterschiedlichen Bereichen und zu verschiedenen Zeitpunkten in der Geschichte auf und wird gerade in unserer leistungsorientierten, auf Nutzen- und Gewinnmaximierung ausgerichteten Gesellschaft als wichtige Ingredienz für das erfolgreiche Weiterkommen nicht nur in beruflichen, sondern auch in privaten Belangen diskutiert. Doch was verbirgt sich hinter diesem abstrakten Begriff? Mit der Begabung liegt ein in der Öffentlichkeit viel beachteter Themenkomplex vor, der zunehmend auch Eingang in die systematische wissenschaftliche Forschung findet. Wurde Begabung früher noch häufig mit der klassischen kognitiven Intelligenz gleichgesetzt, so hat sich heute ein breiterer Begabungsbegriff durchgesetzt, der neben der Intelligenz auch kreative Denk- und Problemlöseprozesse, sozial-emotionale Kompetenzen sowie nicht zuletzt auch motivationale Aspekte und die Persönlichkeit als bedeutsame Facetten der Leistungsfähigkeit eines Menschen inkludiert. Der bekannte Intelligenzforscher Nathan Brody sieht etwa in der „general mental ability the single most important determinant of a person's ability to succeed in various important social roles in our society" (Brody, 1999, S. 24). In ähnlicher Weise wird auch die Kreativität als „good attribute for people to possess" (Simonton, 2000, S. 151) gesehen, welche nicht nur einigen wenigen Kunstschaffenden vorbehalten ist, sondern jeden von uns immanent im Alltag begleitet. Auch wenn die herausragende Bedeutung der Begabung für den privaten sowie beruflichen Erfolg eines Menschen unumstritten scheint, so bestehen dennoch Unklarheiten darüber, worin genau diese Begabung besteht bzw. durch welche Merkmale bzw. Merkmalskombinationen diese konstituiert wird. Im vorliegenden Kapitel soll ein kurzer Streifzug durch die wissenschaftliche Begabungsforschung vorgenommen werden, wobei hier vor allem die Darstellung der Intelligenz und der Kreativität, zweier Schlüsselkomponenten von Begabung, im Vordergrund stehen soll. Neben einschlägigen Befunden aus der psychologischen Begabungsforschung sollen hier im Besonderen auch neurowissenschaftliche Ansätze vorgestellt werden, durch deren Hilfe es zunehmend gelingt, ein umfassenderes und grundlegenderes Verständnis über diese bedeutsamen Begabungsfacetten zu erzielen.

2.2 Intelligenz

Intelligenz gilt als die am besten untersuchte Persönlichkeitseigenschaft, sowohl was die Quantität der vorliegenden empirischen Daten als auch die Dauer der diesbezüglichen Forschungsbemühungen betrifft (Asendorpf, 2007). Intelligenz
ist wie auch viele andere Facetten von Begabung (z. B. die
Kreativität) ein theoretisches, nicht direkt beobachtbares
Konstrukt und aus diesem Grund kommt der Operationalisierung bzw. der Messung dieser bedeutsamen menschlichen
Fähigkeit eine grundlegende Bedeutung zu. Die Anfänge
einer systematischen Messung der menschlichen Intelligenz
werden sehr häufig mit den Arbeiten der französischen Psychologen Alfred Binet, Victor Henri und Theodore Simon
zu Beginn des letzten Jahrhunderts in Verbindung gebracht,
die mit unterschiedlichen Testaufgaben (Aufgaben zum Gedächtnis, zur Vorstellungskraft, Aufmerksamkeit, Willensstärke oder zu motorischen Fähigkeitsbereichen) normal
begabte von minder begabten bzw. retardierten Kindern
unterscheiden wollten. Doch die Idee, Intelligenz durch
einfache sensorische und motorische Aufgaben zu messen,
taucht bereits Ende des 19. Jahrhunderts auf. Sir Francis
Galton vermutete bereits damals, dass interindividuelle Unterschiede in der Intelligenz auch in messbaren Unterschieden in bestimmten Eigenschaften des menschlichen Nervensystems zum Ausdruck kommen müssten. Galton entwickelte eine umfangreiche Testbatterie zur Erfassung von Reaktionszeiten, sensorischer Genauigkeit oder auch physischer
Energie, mit welcher er sich Aufschluss über interindividuelle Unterschiede in der sogenannten *neurologischen Effizienz* und
somit auch der Intelligenz erhoffte. In seinem *anthropometrischen
Laboratorium* testete er hiermit mehrere tausend Personen –
diese ersten Versuche stellten sich allerdings als sehr enttäu

schend heraus, denn keines der erhobenen Maße wies substanzielle Zusammenhänge mit Begabung oder Bildung auf.

Galtons Idee, Intelligenz unter anderem durch einfache Reaktionszeitaufgaben zu messen, wird später im Rahmen des so genannten *Mental-Speed-Ansatzes* der Intelligenzforschung wieder aufgegriffen (siehe Deary, 2000; Jensen, 2006). Dieser Ansatz geht von der Annahme aus, dass in der (zentralnervös bedingten) Geschwindigkeit, mit der Informationen aufgenommen und verarbeitet werden können, eine wesentliche Grundlage intelligenten Verhaltens besteht. Diese grundlegende Bedeutung der Informationsverarbeitungsgeschwindigkeit für die menschliche Intelligenz wurde empirisch über die Erforschung korrelativer Zusammenhänge zwischen den Leistungen in einfachen und somit weitestgehend vorwissens- und bildungsunabhängigen Reaktionszeittests (sogenannte *elementary cognitive tasks*, ECTs) und psychometrisch erfasster Intelligenz überprüft (einen lesenswerten Überblick über den Mental-Speed-Ansatz der Intelligenzforschung findet der interessierte Leser in Neubauer, 1995). Tatsächlich konnten in einer Vielzahl derartiger Studien bedeutsame negative Intelligenz-Reaktionszeit-Zusammenhänge beobachtet werden, d. h. eine hohe Intelligenz geht mit kurzen Reaktionszeiten, eine niedrige Intelligenz hingegen mit hohen Reaktionszeiten einher.

Ausgehend vom Mental-Speed-Ansatz der modernen Intelligenzforschung wurden zunehmend auch Versuche unternommen, die Bedeutung der Verarbeitungsgeschwindigkeit für die menschliche Intelligenz durch die Analyse unterschiedlicher Parameter der Gehirnaktivierung im Elektroenzephalogramm (EEG) auch auf neurophysiologischer Ebene nachzuweisen. Dies kann auch als wichtiger Meilenstein in der Intelligenzforschung angesehen werden, auch wenn sich erste Versuche zur Erforschung neuronaler Grundlagen der menschlichen Intelligenz als weniger erfolgreich gestalteten. Erste neurowissenschaftliche Studien zur Intelligenz konzentrierten sich zunächst – ganz in der Tradition des Mental-Speed-Ansatzes der Intelligenzforschung – auf unterschiedliche Speed-Parameter des menschlichen Nervensystems. Hier sind vor allem Versuche zu nennen, psychometrisch erfasste Intelligenz mit Latenzparametern aus *evozierten Potenzialen* (Latenzen von EEG-Reaktionen auf akustische, visuelle oder sensorische Reize) oder mit der *nerve conduction velocity*, bei der die Übertragungsgeschwindigkeit elektrischer Impulse entlang einzelner Nervenfasern erfasst wird, in Beziehung zu setzen. Diesbezügliche Befunde lieferten allerdings kein konsistentes Bild (siehe dazu Neubauer, 1995). In ähnlicher Weise konnten auch für die Ableitung anderer Parameter aus dem Evozierten Potenzial, etwa die Länge bzw. „Komplexität" des Evozierten Potenzials (*string length*) bzw. Anpassungsfähigkeit des Zentralnervensystems auf Anforderungen an die Informationsverarbeitung (*neural adaptability*) keine einheitlichen und somit aussagekräftige Befunde erzielt werden (Neubauer, 1995).

2.3 Die Hypothese der Neuralen Effizienz

Bedingt durch den rasanten technologischen Fortschritt und die damit verbundene (Weiter-)Entwicklung moderner bildgebender Verfahren, durch deren Hilfe die Gehirnaktivität während der Bearbeitung unterschiedlicher kognitiver Aufgaben unter Verwendung immer elaborierterer Mess- bzw. Untersuchungsparadigmen analysiert werden kann, erfuhr die neurowissenschaftlich orientierte Intelligenzforschung in den letzten Jahrzehnten einen beachtlichen Aufschwung. In einer Überblicksarbeit von Neubauer und Fink (2009) werden die bis dato existierenden Befunde aus neurowissenschaftlichen Studien zur Intelligenz zusammengefasst. Berücksichtigt werden hier etwa Studien, in denen der Glukose-Metabolismus des Gehirns oder die regionale Hirndurchblutung (quantifiziert über Positronen-Emissions-Tomographie, PET) während der Bearbeitung von unterschiedlichen Intelligenztestaufgaben gemessen wird, oder auch Studien, in denen die Funktions- oder Arbeitsweise des Gehirns mittels funktionaler Magnetresonanztomographie (fMRT) oder durch das Ausmaß der Ereignisbezogenen Desynchronisation (ERD) der Gehirnströme im EEG erfasst wird.

Die Erforschung neurophysiologischer Korrelate der Intelligenz durch neuere bildgebende Verfahren wurde vor allem durch Studien der amerikanischen Forschungsgruppe um Richard Haier (University of California, Irvine) belebt. So gaben etwa Haier und Mitarbeiter (1988) in einer der ersten Studien zu diesem Themenbereich ihren Probanden einen bekannten Intelligenztest (*Raven's Advanced Progressive Matrices*) vor und untersuchten gleichzeitig die Gehirnaktivierung mittels PET. Die Ergebnisse dieser Studie waren erstaunlich. Weniger intelligente Personen zeichneten sich durch eine vergleichsweise starke Glukose-Metabolismus-Rate bzw. durch einen starken Energieverbrauch ihres Gehirns aus, während bei höher intelligenten Personen ein vergleichsweise geringer Energieverbrauch beobachtet werden konnte. Dieses ursprünglich von Haier als Neurale Effizienz bezeichnete Phänomen besteht im Wesentlichen darin, dass höher intelligente Personen während der Bearbeitung von Intelligenztestaufgaben in der Regel nur jene kortikalen Areale rekrutieren, die sie auch tatsächlich zur erfolgreichen Bewältigung der Aufgabe benötigen, während weniger intelligente Personen während der Bearbeitung kognitiv anspruchsvoller Aufgaben durch eine eher ineffiziente Nutzung ihres Gehirns charakterisiert werden können, wie es durch eine diffuse Aktivierung unterschiedlicher (auch nicht-aufgabenrelevanter) Gehirnareale und somit in einem höheren Energieverbrauch zum Ausdruck kommt.

Mittlerweile konnte die Neurale Effizienzhypothese in zahlreichen Studien bestätigt werden (Neubauer & Fink, 2009). Bemerkenswert ist hier auch, dass die negative Beziehung zwischen psychometrisch erfasster Intelligenz und Indikatoren der Gehirnaktivierung während der Bearbeitung unterschiedlicher kognitiver Aufgaben mit unterschiedlichen neurophysiologischen Messmethoden beobachtet werden konnte, auch wenn hier EEG-Studien rein quantitativ in der Überzahl sind. Die Neurale Effizienz scheint somit eine bedeutsame Grundlage intelligenten Verhaltens auf der Ebene des physiologischen Substrats darzustellen. Nichtsdestoweniger liegen mittlerweile auch überzeugende empirische Befunde vor, die nicht mit der Neuralen Effizienzhypothese in Einklang zu bringen sind bzw. eine Modifikation derselben nahe legen. Dabei hat sich vor allem das Geschlecht, der Aufgabeninhalt (verbal vs. figural-räumlich) sowie die Schwierigkeit oder Komplexität der Aufgabe als bedeutsam herausgestellt (Neubauer & Fink, 2009). Einschlägige empirische Befunde weisen hier beispielsweise darauf hin, dass die negative Intelligenz-Aktivierungsbeziehung bevorzugt bei Männern und weniger bei Frauen zu beobachten ist (Grabner et al., 2004; Neubauer & Fink, 2003). In weiteren Studien konnte gezeigt werden, dass Neurale Effizienz nicht nur in Abhängigkeit vom Geschlecht, sondern auch in Abhängigkeit vom Aufgabeninhalt variiert (Neubauer et al., 2002, 2005; Jaušovec & Jaušovec, 2008). Demzufolge zeigen Männer und Frauen bevorzugt in jener Domäne die im Sinne der

Neuralen Effizienzhypothese zu erwartende negative Beziehung zwischen Intelligenz und Gehirnaktivierung, in der sie dem jeweils anderen Geschlecht überlegen sind: Frauen in der verbalen Domäne und Männer in der figural-räumlichen Domäne. Außerdem legen neuere empirische Befunde auch einen moderierenden Einfluss der Aufgabenkomplexität auf die Neurale Effizienz dahingehend nahe (Doppelmayr et al., 2005), dass die negative Intelligenz-Aktivierungsbeziehung vorwiegend nur bei subjektiv einfacheren bis moderat schwierigen Testaufgaben beobachtbar ist; bei extrem schwierigen Testaufgaben hingegen zeichnen sich höher intelligente Personen durch eine stärkere Gehirnaktivierung aus (siehe dazu Neubauer & Fink, 2009).

Befunde aus der neurowissenschaftlich orientierten Intelligenzforschung liefern vor allem dahingehend ein sehr konsistentes Bild, dass bei Intelligenztestaufgaben frontale bzw. im Besonderen präfrontale Gehirnregionen involviert sind (Duncan et al., 2000) und dass neural effiziente Muster der Gehirnaktivierung zumeist in diesen Hirnregionen anzutreffen sind (Neubauer & Fink, 2009). Dem Frontalkortex werden viele wichtige Funktionen zugeschrieben. Er übernimmt wichtige Planungs-, Kontroll- oder Supervisionsaufgaben bei einer Reihe von unterschiedlichen Denk- oder Problemlöseprozessen, weshalb er gelegentlich auch als „Dirigent des Gehirns" oder als „Sitz der Intelligenz" bezeichnet wird. Doch angesichts neuerer Befunde ist nicht die Aktivität des Frontalkortex alleine für interindividuelle Unterschiede in der Intelligenz verantwortlich. Jung und Haier (2007) kommen in ihrer Metaanalyse von einschlägigen neurowissenschaftlichen Studien zur Intelligenz zu dem Schluss, dass vielmehr das koordinierte Zusammenspiel von frontalen und parietalen Hirnregionen maßgeblich für Intelligenz zu sein scheint.

Unterschiede in der Intelligenz werden in der einschlägigen Forschungsliteratur auch mit Unterschieden im Ausmaß der *Myelinisierung* der Axone in Verbindung gebracht (Miller, 1994). Demnach sollen intelligentere Menschen stärker myelinisierte Gehirne haben, was mit einer höheren Leitungsgeschwindigkeit sowie mit einer geringeren Fehleranfälligkeit in der Informationsverarbeitung einhergeht. Die beobachtete höhere Neurale Effizienz bei höher intelligenten Personen könnte aber auch Ausdruck dafür sein, dass sie stärker bereinigte Gehirne haben. Aus *post mortem* durchgeführten Untersuchungen zum Verlauf der sogenannten synaptischen Dichte ist bekannt, dass die Dichte der synaptischen Verzweigungen in den ersten Lebensmonaten bzw. -jahren deutlich zunimmt (Huttenlocher, 1990). In dieser Zeit wird – bedingt durch die vielfältigen und zahlreichen Erfahrungen und Eindrücke, die in der Regel auf ein Kind dieses Alters einwirken – eine Vielzahl neuer synaptischer Verbindungen aufgebaut. Danach ist vermutlich bis zum Eintritt in die Pubertät eine deutliche Abnahme der synaptischen Verbindungen zu beobachten, die Ausdruck einer Art neuralen Bereinigung des Gehirns (*neural pruning*) sein könnte, in der redundante, also letztlich überflüssige synaptische Verbindungen abgebaut werden (Haier, 1993). Dass die Hypothese der neuralen Bereinigung auch im Hinblick auf die Erklärung interindividueller Unterschiede in der Intelligenz bedeutsam sein könnte, lässt sich vor allem an Befunden festmachen, denen zufolge dieser Bereinigungsprozess bei hochbegabten Menschen sehr deutlich ausgeprägt ist, während er bei geistig retardierten Personen kaum zu beobachten ist (Haier, 1993).

Schließlich werden auch individuelle Unterschiede in der *neuronalen Plastizität* als mögliche Grundlage von Intelligenzunterschieden diskutiert (Garlick, 2002). Höher intelligente Personen sollen demnach Gehirne besitzen, die besser in der

Lage sind, sich gezielt an Stimulationen aus der Umwelt an-
zupassen. Intelligente Gehirne sind demzufolge besser „ge-
tuned", d. h. feiner auf die Anforderungen aus der Umwelt
abgestimmt. Und ein besser auf die Umwelt abgestimmtes
Gehirn ist eher in der Lage, Informationen schnell, fehlerfrei
und effizient (d. h. mit einem geringeren Energieverbrauch)
zu verarbeiten.

2.4 Kreativität

Ähnlich wie die Intelligenz nimmt auch die Kreativität in
unterschiedlichen Bereichen unseres alltäglichen Lebens eine
besondere Rolle ein. Doch der besonderen Bedeutung der
Kreativität steht ein noch eher bruchstückhaft vorhandenes
wissenschaftliches Verständnis dieses Phänomens gegenüber.
In der einschlägigen Fachliteratur wird Kreativität sehr häufig als Fähigkeit definiert, etwas Originelles, Neuartiges zu
produzieren. Gleichzeitig wird aber auch betont, dass ein
kreatives Produkt auch brauchbar, wertvoll und realisierbar
sein muss (Sternberg & Lubart, 1996). Joy Paul Guilford,
vermutlich einer der einflussreichsten Kreativitätsforscher,
stellt in seiner Definition Charakteristika der kreativen Person in den Vordergrund (Guilford, 1950). Demzufolge
zeichnen sich kreative Personen im Vergleich zu weniger
kreativen Personen (1) durch eine höhere *Sensitivität gegenüber
Problemstellungen* aus, d. h. Kreative nehmen in bestimmten
Situationen eher einen erklärungs- oder änderungsbedürfti-
gen Sachverhalt wahr. (2) Kreatives Talent kann nach Guilford auch durch den quantitativen Aspekt der Produktivität
bzw. (Ideen-)*Flüssigkeit*, also durch die Fähigkeit, innerhalb
einer bestimmten Zeit eine große Menge von Ideen hervorzubringen, charakterisiert werden. (3) Eine kreative Person

zeichnet sich zudem auch dadurch aus, dass sie neuartige, originelle Ideen hervorbringt (*Neuigkeit*); auch (4) die Vielfalt der Ideen (*Flexibilität*) sowie (5) die *Originalität* der produzierten Einfälle (Seltenheit, von herkömmlichen Denkschemata abweichende Denkprodukte) sind nach Guilford wichtige Charakteristika der Kreativität.

Guilfords bedeutendster Verdienst für die Kreativitätsforschung kann vermutlich wohl darin gesehen werden, dass er mit seiner Charakterisierung kreativen Talents auch den Grundstein für die systematische Erfassung bzw. Messung unterschiedlicher Aspekte des kreativen Denkens legte. Viele der von ihm vorgeschlagenen Merkmale einer kreativen Person finden sich als Indikatoren kreativer Problemlöseprozesse in gängigen psychometrischen Kreativitätstests wieder: Produktivität oder Ideenflüssigkeit entspricht dabei der Häufigkeit der produzierten Einfälle oder Ideen. Die Ideenvielfalt oder -flexibilität wird üblicherweise erfasst durch die Anzahl der unterschiedlichen Kategorien, denen die produzierten Einfälle zuzuordnen sind. Die Einzigartigkeit oder Originalität der Ideen wird zumeist über die statistische Seltenheit der produzierten Einfälle operationalisiert, gelegentlich werden hier in Anlehnung an die *Consensual-Assessment*-Technik von Amabile (1982) auch Originalitäts-Fremdeinschätzungen herangezogen. Tests zur Erfassung des kreativen Denkens unterscheiden sich insofern grundlegend von traditionellen Leistungstests (z. B. Intelligenztests), als es bei diesen keine „richtige" Lösung auf eine vorgegebene Aufgaben- oder Problemstellung gibt. Während bei Intelligenztestaufgaben, etwa dem schlussfolgernden Denken (z. B. Fortsetzen von Zahlenreihen: 1 3 5 ?) die einzig richtige Lösung (7) erkannt werden muss, sind im Alternativen Verwendungstest – dem vermutlich am häufigsten verwendeten Test zur Erfassung *divergenter* (kreativer) Denkprozesse – möglichst viele und vor allem originelle Verwendungsarten für einen herkömmlichen Alltagsgegenstand (z. B. Ziegel, Bleistift, Schnur oder Konservendose) zu nennen, wobei hier die Antworten im Hinblick auf Ideenflüssigkeit (Anzahl der produzierten Ideen), Ideenflexibilität (Unterschiedlichkeit der Ideen) und Ideenoriginalität (Seltenheit der Ideen) ausgewertet werden. Sehr häufig finden sich in gängigen Kreativitätstests auch ungewöhnliche oder erklärungsbedürftige Situationen oder Sachverhalte, zu denen mögliche Erklärungen, Ursachen oder Konsequenzen genannt werden müssen (z. B. „Was würde alles passieren, wenn plötzlich eine Eiszeit hereinbrechen würde?"; siehe dazu Verbaler Kreativitätstest VKT von Schoppe, 1975). Auch figural-bildhafte Testaufgaben, in denen unvollständige Zeichen, Figuren oder Symbole fortgesetzt oder ergänzt werden müssen, zählen zum fixen Bestandteil gebräuchlicher Inventare zur Erfassung von Kreativität (vgl. Torrance Tests of Creative Thinking; Torrance, 1966; Aufgaben zum Einfallsreichtum aus dem Berliner-Intelligenzstrukturtest von Jäger et al., 1997).

2.5 Neurophysiologische Korrelate der Kreativität

Die Verfügbarkeit von psychometrischen Tests sowie experimentellen Paradigmen zur Quantifizierung zumindest bestimmter Aspekte des kreativen Denkens hat in unterschiedlichen wissenschaftlichen Fachdisziplinen (z. B. Pädagogik, Psychologie, Computerwissenschaften, Kognitionswissenschaften etc.) eine rege Auseinandersetzung mit dieser Thematik initiiert, nicht zuletzt auch in neurowissenschaftlich orientierten Wissenschaftsdisziplinen. Neurowissenschaftli-

che Studien zur Kreativität verfolgen das Ziel, die Funktions-
oder Arbeitsweise des Gehirns während kreativer Denkprozesse zu analysieren, um auf diese Weise zusätzlich zu beha-
vioralen Forschungsbefunden zu einem besseren Verständnis dieses komplexen menschlichen Fähigkeitskonstrukts
beitragen zu können. Ähnlich wie bei der Intelligenz kommt
auch bei der neurowissenschaftlichen Erforschung der Kreativität eine breite Palette von Methoden zum Einsatz: Von
der Analyse unterschiedlicher Parameter im EEG, etwa der
Hemisphärenasymmetrie, dem Ausmaß der kortikalen Aktivierung oder der Kohärenz von EEG-Signalen über die
Messung der regionalen Hirndurchblutung (PET) bis hin zur
Analyse von kreativen Gehirnzuständen mittels funktionaler
Magnetresonanztomografie (fMRT) oder Nahinfrarotspekt-
roskopie (NIRS) reicht hier das Spektrum.

In welchen Gehirnzuständen werden nun kreative Einfälle
produziert? Oder, in welchen Mustern der Gehirnaktivierung
unterscheiden sich kreative von weniger kreativen Personen?
Mittlerweile liegen zu diesen Forschungsfragen bereits einige
empirische Befunde vor. Zumeist handelt es sich dabei um
Befunde aus EEG-Studien, in denen die *Alphaaktivität*
(EEG-Aktivität im Frequenzbereich zwischen etwa 8 und 12
Hz) während der Bearbeitung unterschiedlicher, speziell für
den neurowissenschaftlichen Kontext konzipierter Testaufgaben untersucht wird (siehe z. B. Fink et al., 2007). Den
Befunden dieser Studien zufolge dürfte die EEG-Alpha-
aktivität ein bedeutsames Korrelat kreativer Denk- oder
Problemlöseprozesse darstellen. Im Speziellen konnte hier
beobachtet werden, dass die Alphaaktivität mit der Originalität der Einfälle (je origineller der Einfall, desto mehr Alpha;
Fink & Neubauer, 2006; Grabner et al., 2007), mit den kreativen Anforderungen einer Aufgabe (je kreativer die Aufgabe, desto mehr Alpha; Fink et al., 2007) sowie mit dem Krea-

tivitätsniveau einer Person korreliert (je kreativer eine Person, desto mehr Alpha; Fink et al., 2009a, 2009b; Jaušovec, 2000). Außerdem geht auch ein Kreativitätstraining mit Veränderungen in der Alphaaktivität einher (Fink et al., 2006). Im Hinblick auf die topographische Verteilung der Effekte scheint auch hier – ähnlich wie bei der Intelligenz – frontalen und parietalen Hirnregionen eine besondere Bedeutung zuzukommen, ein Befund, der zusätzlich auch von fMRT und PET-Studien untermauert wird (Dietrich, 2004).

Die beobachteten EEG-Befunde zu neurophysiologischen Korrelaten der Kreativität deuten insgesamt auf einen Zustand stark ausgeprägter *internaler* (also von externer Stimulation unbeeinflusster) Aktivität des Kortex während kreativer Denkprozesse hin. Die in mehreren Studien beobachtete diffuse Zunahme der Alphaaktivität in posterior parietalen Bereichen der rechten Hemisphäre könnte in diesem Zusammenhang die Kombination oder Re-Kombination von gedanklich weiter auseinander liegender (semantischer) Information ermöglichen (Fink et al., 2009a). Unterstützung erhält der posteriore Teil unseres Gehirns dabei vom Stirnlappen unseres Gehirns. Der frontale Kortex ist bei einer Vielzahl von kognitiven Prozessen maßgeblich beteiligt: Er spielt eine wichtige Rolle im Zusammenhang mit der Intelligenz, dem Arbeitsgedächtnis oder dem schlussfolgernden Denken; außerdem werden ihm auch wichtige Planungs-, Kontroll- und Supervisionsfunktionen bei Denkprozessen zugeschrieben. Auch kreatives Denken beinhaltet eine Reihe von kognitiven Prozessen, die dem Frontalhirn zugeschrieben werden können: Kognitive Flexibilität, die Fokussierung oder Defokussierung der Aufmerksamkeit, die (Neu-)Kombination von gespeicherten Denkinhalten oder die Beurteilung der Praktikabilität bzw. Realisierbarkeit eines Einfalls, um nur einige zu nennen (siehe dazu Dietrich, 2004; Heilman et al., 2003). Die in zahlreichen Kreativitätsstudien beobachtete Zunahme der Alphaaktivität im frontalen Kortex könnte einen Zustand repräsentieren, in dem frontale Gehirnregionen nicht von ablenkenden (aufgabenirrelevanten) kognitiven Prozessen beeinflusst werden und sich quasi von der Außenwelt abschotten – wodurch ein reibungsloser Ablauf der kreativen Ideenproduktion (in parietalen Hirnregionen) gewährleistet werden könnte.

2.6 Resümee und Ausblick

Angesichts der herausragenden Bedeutung, die Intelligenz und Kreativität als Schlüsselkomponenten von Begabung in unterschiedlichen Bereichen unseres Lebens spielen, erscheint es nur allzu verständlich, dass diesen beiden Fähigkeitsdimensionen auch in der Wissenschaft ein sehr starkes Interesse entgegengebracht wird. Das gilt insbesondere für die Intelligenz, dem am häufigsten untersuchten Persönlichkeitsmerkmal überhaupt (Asendorpf, 2007), aber auch für die Kreativität, die zunehmend Gegenstand systematisch wissenschaftlicher Forschungsbemühungen wird. Dabei wird die Erforschung beider Konstrukte durch neurowissenschaftliche Studien wesentlich bereichert. So geht Intelligenz einschlägigen Befunden zufolge mit einer effizienten Aktivierung des Gehirns einher, auch wenn hier einige neuere Befunde Modifikationen bzw. Erweiterungen dieser so genannten Neuralen Effizienzhypothese nahe legen (Neubauer & Fink, 2009). Auch die bis dato existierenden Befunde aus der neurowissenschaftlich orientierten Kreativitätsforschung liefern sehr vielfältige Hinweise über mögliche neurophysiologische Korrelate kreativer Denk- oder Problemlöseprozesse. Im Besonderen zeigen sie auch, dass Kreativität mit gewöhnlichen Denkprozessen einhergeht, was entscheidend dazu beigetragen hat, die geheimnisvolle Natur der vielerorts nur einigen wenigen vorbehalten geglaubten kreativen Schöpfungskraft zu entmystifizieren (Bowden et al., 2005, Dietrich, 2004). Kritisch muss hier allerdings angemerkt werden, dass die verwendeten Aufgaben zur Erfassung des kreativen Denkens vergleichsweise einfache Aufgabentypen darstellen und dass die vorgefundenen neurophysiologischen Korrelate kreativer Denkprozesse somit nur als Hinweise auf grundlegende Aspekte der Kreativität verstanden werden können. Die neurowissenschaftliche Erforschung kreativer Denkprozesse wird darüber hinaus auch durch den Umstand erschwert, dass die Untersuchungsteilnehmer – gänzlich anders als in ihrer natürlichen Umgebung – ihre Kreativität in einer abgeschirmten EEG-Kabine oder auf dem Rücken liegend im Magnetresonanztomographen unter Beweis stellen müssen. Die Herausforderung für zukünftige neurowissenschaftliche Studien zur Kreativität wird somit vor allem auch darin bestehen, die Gehirnaktivität während der Bearbeitung komplexerer, alltagsnäherer Kreativitätsaufgaben zu untersuchen.

Insgesamt legen Befunde aus der neurowissenschaftlichen Begabungsforschung auch nahe, dass unterschiedliche Facetten von Begabung (z. B. sprachliche, mathematische Begabung, Kreativität) keine statischen Entitäten darstellen, sondern durch geeignete Trainingsprogramme auch bedeutsam verbessert werden können. Lernen oder Training gehen – ganz im Sinne der Vorstellung von einem plastischen, „lernfähigen" Gehirn, das fein auf die vielfältigen Anforderungen aus der Umwelt abgestimmt ist (Garlick, 2002) – auch mit Veränderungen in Gehirnfunktionen einher. Angesichts dieses viel versprechenden Befundes sind wir somit alle gefordert, vorhandene Begabungspotenziale nicht nur frühzeitig zu erkennen, sondern diese auch bestmöglich zu fördern.

3 Wann ist ein Gehirn intelligent?

Onur Güntürkün

3.1 Einleitung

Auch Genies können irren. Manchmal halten sich ihre Fehleinschätzungen über Generationen. So beeinflusst ein großer Irrtum des herausragenden Frankfurter Neurologen Ludwig Edinger (1855–1918) unser Hirnbild in vielem bis heute. Entgegen seiner Vorstellung basiert das immer höhere geistige Leistungsvermögen verschiedener Tiere und des Menschen nicht etwa schlicht darauf, dass im Verlauf der Evolution neue Gehirnkomponenten sozusagen stufenweise hinzukamen. Schon gar nicht benötigt Intelligenz eine Großhirnrinde, genauer gesagt einen Neokortex. Viele Vögel verhalten sich ohne diese Struktur schlau und gewitzt. Sogar die Hirngröße allein gibt nicht unbedingt ein Maß für den Intelligenzgrad. Worauf basiert Intelligenz dann? Und vor allem: Was zeichnet unser Gehirn aus? Was ist das Besondere an der menschlichen Intelligenz? Erst jetzt allmählich begreifen die Hirnforscher, dass sie neue Konzepte brauchen, um die Intelligenzevolution zu ergründen.

Edinger, noch immer unbestritten einer der bedeutendsten Neuroanatomen, nahm sein Medizinstudium im Jahr 1872 auf. In jenem Jahr hielt Emil du Bois-Reymond in Leipzig auf der Versammlung Deutscher Naturforscher und Ärzte seine Jahrhundertrede *Über die Grenzen des Naturerkennens* (Du Bois-Reymond, 1912). Der Berliner Physiologe sinnierte in seinem Vortrag darüber, wie geistige Vorgänge wohl zustande kommen mögen – und wo die Grenzen von deren naturwissenschaftlichem Verständnis liegen. Du Bois-Reymond verglich die Gehirne – deren Bau, soweit damals bekannt, und die geistigen Leistungen – von Menschen und verschiedenen Tieren. In den Tierseelen, wie er sich ausdrückte, würden wir „stufenweise minder vollkommene Glieder einer und derselben Entwicklungsreihe" erblicken. Die Vorstellung entsprach dem Denken seiner Zeit: Damals sahen viele Naturforscher die Evolution von Arten gern als Stufenreihe hin zur Perfektion. Vor allem fürs Gehirn sollte das gelten, dessen vollkommenste Ausprägung demnach dem Menschen zukam.

Ludwig Edinger spezialisierte sich als Forscher auf die Neurologie. Er wollte die Evolution der Gehirne von Wirbeltieren im Zusammenhang mit ihren geistigen Leistungen genauer verstehen. Dazu untersuchte er mit den modernsten damals verfügbaren neuroanatomischen Techniken viele Tiergehirne aus allen fünf Wirbeltierklassen. Die Forscher glaubten damals noch, die Fische, Amphibien, Reptilien, Vögel und Säugetiere wären in ebendieser Reihenfolge nacheinander entstanden. Die Säugetiere galten somit als am jüngsten, und die Primaten bildeten vermeintlich deren modernste Vertreter. Von denen wiederum stellte der Mensch angeblich die neueste Entwicklung dar.

3.2 Neokortex –
wirklich so überragend?

Edinger erkannte, dass das sogenannte Stammhirn bei allen Wirbeltieren gleich aufgebaut ist. Folglich, so schloss er, hatten diese Struktur sicherlich schon die frühen Wirbeltiere besessen, also bereits urtümliche Fische – was zutrifft. Für einige andere markante Hirnkomponenten galt das nach seinen Beobachtungen nicht. Vielmehr waren jene Strukturen wohl später eine nach der anderen bei den höheren Wirbeltierklassen hinzugekommen. Nach seiner Erkenntnis besaßen also die evolutionsgeschichtlich jeweils älteren Organismentypen jene Hirnstrukturen noch nicht beziehungsweise höchstens in sehr primitiver Form. Aufgrunddessen folgerte Edinger, ganz im Denken seiner Zeit: Die jeweils höheren geistigen Leistungen hätten erst Tiere auf der entsprechend nächsthöheren Evolutions- und somit Gehirnstufe erlangt. Tiere einer niedrigeren Entwicklungsstufe würden gleiches Verhalten auch mit noch so viel Trainingsanleitung niemals hervorbringen. Eine wichtige Arbeit dazu, die all diese Überlegungen zusammenfasste, erschien im Jahr 1903.

Nun ist das hervorstechende Merkmal am Gehirn der Säugetiere ihr so genannter Neokortex – ein Begriff von Edinger. Der Neokortex bildet den Hauptanteil der Großhirnrinde. Wie Edinger richtig erkannte, existiert diese wichtige Struktur, die beim Menschen so markant ausgebildet ist, tatsächlich bei keiner anderen Wirbeltierklasse, entstand also offenbar erst mit den Säugetieren. Dass der Neokortex komplexe Denkprozesse und erfahrungsgeleitetes Verhalten ermöglicht und letztlich auch die geistige Überlegenheit des Menschen, wussten die Forscher damals schon. Der zu der Zeit logische Schluss des Frankfurter Wissenschaftlers war: Die Säugetiere überragen alle anderen Wirbeltiere an Intelligenz. Sie allein müssen nicht mehr starr ihren Instinkten folgen. Sie können sich freier verhalten als Reptilien und selbstverständlich auch als Vögel – ein Irrtum, wie wir sehen werden.

Der berühmte Neurologe erkannte einen weiteren wichtigen Evolutionsprozess: Die Gehirne der Wirbeltiere waren im Lauf ihrer Weiterentwicklung immer größer geworden. So besitzen Vertreter von neueren Wirbeltierklassen – und teils auch von neueren Gruppen innerhalb einer Klasse – in der Regel relativ zu ihrer Größe und oft sogar absolut mehr Hirnmasse als Vertreter von älteren Klassen. Pauschal betrachtet haben Vögel und Säugetiere größere Gehirne als etwa Amphibien oder Fische. Krass fällt etwa der Vergleich zwischen einem Wolf und einem Weißen Hai aus. Das Säugetier Wolf bringt es auf rund 36 Kilogramm Körpergewicht. Ein Weißer Hai – aus der alten Gruppe der Knorpelfische – wiegt im Mittel 1500 Kilogramm. Aber das Gehirn eines Weißen Hais bemisst nur 34 Gramm, das eines Wolfs 120 Gramm (Roth & Dicke, 2005).

Intelligentes Verhalten hätte sich folglich, so postulierte Edinger, dank zweier Evolutionstrends herausgebildet. Zum einen wären mehrmals neue Hirnkomponenten hinzugekommen, zuletzt bei den Säugetieren der Neokortex. Zum anderen sei die Gehirngröße angewachsen. Zweifellos besitzt der Mensch ein besonders großes Gehirn. Allerdings ist es auch heute noch weniger einfach, als man meinen sollte, dieses Phänomen einzuordnen.

Die Thesen Edingers beruhten auf vergleichend anatomischen Befunden. Viele seiner Konzepte, auch manche Irrtümer, wirken bis heute nach. So verwenden wir immer noch Begriffe wie das Wort Neokortex, in denen jene Ideen stecken. Leider entwickelten spätere Forscher anhand dieser

Gedanken auch einige zwar schlagkräftige, aber schlichtweg unsinnige Vorstellungen wie die Phrase vom dreieinigen Gehirn (*triune brain*). Gemeint war damit, dass ein urtümliches, für Instinkte zuständiges „Reptilienhirn" vom für Gefühle zuständigen „Altsäugerhirn" überlagert wäre, welches erstmals Lernen ermöglicht habe. Darüber sollte schließlich das „Neusäugerhirn" für logisches Denken und intelligentes Verhalten sitzen. Solche allzu sehr simplifizierenden, grundfalschen Bilder stehen bis heute in erschreckend vielen Lehrbüchern.

Aber die neuere Forschung stellt mittlerweile auch manche Denkmodelle in Frage, deren innere Fehler nicht so leicht aufzudecken sind. So glauben nach wie vor einige Wissenschaftler, der Neokortex sei in der Hirnevolution die jüngste, modernste Komponente. Vor allem aber halten viele ihn fälschlich für die entscheidende, unerlässliche Struktur für komplexes Denken und ein Bewusstsein, nicht zuletzt wegen seiner auffälligen Untergliederung in sechs anatomisch deutlich unterschiedliche Schichten mit entsprechend sortierten Verschaltungen. Es stimmt nämlich nicht, dass einzig ein Neokortex solche geistigen Phänomene ermöglicht. Darum wird es Zeit, über die Evolution der Intelligenz neu nachzudenken.

Edinger selbst dürfen wir seine Irrtümer und vor allem die späteren Fehlentwicklungen nicht anlasten. Er dachte und forschte auf der Höhe seiner Zeit. In seine Theorie integrierte er das gesamte damalige Wissen, und um seine Annahmen zu überprüfen, verwendete er die modernsten vorhandenen Techniken. Erst ungefähr ein halbes Jahrhundert nach seinem Tod standen der Hirnforschung und anderen Disziplinen wissenschaftliche Verfahren zur Verfügung, die allmählich tiefere, genauere Einblicke und Einsichten in Hirnfunktionen und Hirnleistungen ermöglichten. Nicht zuletzt trugen auch akribische Verhaltensstudien ihren Teil dazu bei. Das mehrte die Zweifel an dem scheinbar so klaren Verlauf der Intelligenzevolution.

Die meisten Probleme hatten Edinger die Vögel bereitet. Denn sie besitzen zwar eindeutig keinen Neokortex und auch sonst keine geschichtet strukturierte Hirnrinde, aber trotzdem ein vergleichsweise riesiges Großhirn. Sie stehen darin den Säugetieren nicht nach. Doch ihr Gehirn sieht auf den ersten Blick ganz anders aus. Welche Hirnbereiche sind bei ihnen wohl so stark angewachsen? Das so genannte Striatum, beschloss Edinger nach langem Ringen, also Kerngebiete, die bei den Säugetieren tiefer im Gehirn liegen. Heute wissen wir: Er irrte sich. Tatsächlich sind die anatomischen Verhältnisse reichlich diffizil. Anatomen nennen die beiden größten Bestandteile des Großhirns *Pallium* (Mantel) und *Subpallium*. Dieser Mantel wölbt sich, der Name sagt es, über dem tiefer gelegenen Subpallium. Bei fast allen Säugetieren nimmt das Pallium einen riesigen Teil des Gehirns ein und stellt überwiegend den Neokortex dar. Somit umfasst das Pallium die entscheidenden Hirnbereiche, die unser Denken und Erleben zum allergrößten Teil hervorbringen. Das Subpallium enthält als seine größte Komponente das *Striatum* (manchmal als Streifenkörper bezeichnet), das zu den *Basalganglien* gehört. Lange glaubten die Forscher, das Striatum wäre nur auf das Erlernen und die Kontrolle von Bewegungen spezialisiert. Erst in den letzten Jahren wird deutlich, dass es auch bei kognitiven Prozessen wie zum Beispiel dem Lernen von Kategorien mitwirkt.

3.3 Moderne Gehirne
mit unerwartet alten Wurzeln

Edinger meinte nun, die Vögel, die ja keinen Neokortex ausgebildet haben, besäßen praktisch kein Pallium und somit keine Intelligenz. Vielmehr habe sich stattdessen das Striatum enorm ausgedehnt. Demgemäß würden sie über ein extrem komplexes Instinktverhalten verfügen, könnten aber nicht wie die Säugetiere ihr Verhalten flexibel und erfahrungsabhängig kontrollieren. Nur – beim riesigen Großhirn der Vögel handelt es sich gar nicht um ihr Striatum. Das liegt jüngeren Studien zufolge auch bei ihnen in der Tiefe und ist im Verhältnis zum Gesamtgehirn keineswegs größer als bei den Säugetieren. Vielmehr besteht auch ihr Großhirn hauptsächlich aus Pallium, also „Hirnmantelmaterial".

Was wissen wir heute über das große Pallium der Vögel? Es weist tatsächlich keine Schichtung auf, die funktionell der des Säugetierneokortex entspräche. Doch verblüffenderweise erscheinen praktisch alle anderen Eigenschaften des Hirnmantels bei den Säugetieren und den Vögeln nahezu identisch (Jarvis et al., 2005): Die Ähnlichkeiten reichen bis hin zum Aufbau der Systeme für die Sinnesverarbeitung, also deren Untergliederung, Arbeitsweise und Zusammenspiel. Auch die lokalen Muster der Genexpression, mithin die bei der neuronalen Verschaltung aktiven Regulationsmechanismen, sind nahezu identisch. Wir vermuten deswegen, dass diese Funktions- und Verrechnungsprinzipien ein altes Erbe darstellen, das bei den Wirbeltieren lange vor dem Erscheinen von Säugetieren und Vögeln existierte, also mindestens schon bei den Vorläufern der heutigen Reptilien. Eine neue Errungenschaft der Säugetiere war dann nur, dass sie Teile des Großhirns in die charakteristische, streng gegliederte sechsschichtige Struktur überführten – was bei den Vögeln eben nicht erfolgte.

Doch genau genommen war selbst das Prinzip, am Großhirn eine geschichtete Hirnrinde auszubilden, gar nicht völlig neu. Auch manche Reptilien besitzen eine Art Hirnrinde. Bei Schildkröten ist sie dreischichtig und umfasst ebenfalls Teile ihres Palliums. Die neuseeländischen Brückenechsen weisen sogar ein insgesamt geschichtetes Pallium auf, ähnlich einem Kortex. Diese Reptilien gelten als lebende Fossilien, denn sie haben sich seit 200 Millionen Jahren kaum verändert (Reiner & Northcutt, 2000). Anscheinend ereigneten sich somit solche Rindenbildungen in der Wirbeltierevolution schon in früher Zeit immer wieder. Manchmal wurde die Struktur später abgewandelt – unter Umständen auch noch wesentlich verfeinert und verbessert wie bei den Säugetieren –, in anderen Fällen aufgegeben, wie vermutlich bei den Vögeln.

Edinger konnte noch nicht wissen, dass die Vögel nicht vor den Säugetieren, sondern erst 50 bis 80 Millionen Jahre nach ihnen entstanden waren und somit die jüngste Wirbeltierklasse darstellen. Ihre hohe Intelligenz, deren Ausmaß Verhaltensforscher erst heute allmählich erkennen, hätte zu seinem Evolutionsentwurf überhaupt nicht gepasst. Sie entwickelten nämlich eigenständig ein Gehirn für erstaunliche Denkleistungen. Das geistige Talent von Papageien und Rabenvögeln erreicht sogar das von Menschenaffen, wie inzwischen viele Studien beweisen (Kirsch et al., 2008).

Verwundern mag allerdings, wie stark sich die Art des Denkens in den beiden Tiergruppen bei solchen Leistungen ähnelt. Offensichtlich sind dabei die gleichen inneren Mechanismen am Werk. Zum Beispiel scheint sich bei jungen Elstern – Rabenvögeln – das zunehmende Verständnis für eine so genannte Objektpermanenz in der gleichen Reihenfolge auszubilden wie bei kleinen Kindern (Pollok et al., 2000). Wie der Schweizer Psychologe Jean Piaget erkannte, machen Kinder bis zum Alter von 24 Monaten bei solchen Aufgaben typische Fehler, die sich altersabhängig schrittweise ändern. So weiß ein Säugling offenbar nicht, dass ein Gegenstand, der vor seinen Augen verdeckt wird, weiterhin da ist. Wie können so verschiedene Großhirne gleichartiges Denken hervorbringen, das sich bis in solche Feinheiten ähnelt?

3.4 Gleichwertige Gehirne

Beim Menschen – wie auch bei allen anderen Säugetieren – gilt die Hirnrinde im Bereich der Stirn, der *Präfrontalkortex*, als der Sitz von Denken und Intelligenz. Dieser Bereich hat sich beim Menschen sehr stark ausgedehnt. Hier laufen die kognitiven Teilprozesse zusammen, werden bewertet und koordiniert. Das heißt, hier generiert das Gehirn auch, flexibel auf die Situation abgestimmt, die Handlungsentscheidungen für zielgerichtetes Verhalten.

Gleiches leistet bei den Vögeln eine Großhirnregion namens *Nidopallium caudolaterale*, kurz NCL. Viele Einzelheiten stimmen beim Präfrontalkortex und NCL weitgehend überein oder entsprechen einander in verblüffendem Maß: die neurochemischen Systeme, die anatomischen Verbindungen, die Arten, wie Nervenzellen auf Außenreize antworten. Ist zum Beispiel das Kurzzeitgedächtnis gefordert, geschieht im NCL bis in die kleinsten zellulären Details im Prinzip das Gleiche wie im Präfrontalkortex eines Säugetiers. Sogar bei Hirnverletzungen gleichen sich die Ausfälle in vieler Hinsicht frappant. Vögel mit NCL-Läsionen haben zum Beispiel große Mühe, zu verstehen, dass Regeln, die sie einmal gelernt haben, so nun nicht mehr gelten, sondern durch andere ersetzt wurden. Sie verhalten sich somit extrem starrsinnig – genau wie Menschen mit Läsionen des Frontalhirns (Güntürkün, 1997). Anscheinend erfüllt das NCL für die Vögel so ziemlich dieselben Funktionen wie bei den Säugetieren der Präfrontalkortex.

Normalerweise würden Biologen vermuten, dass zwei Strukturen mit derart großen Übereinstimmungen aus derselben Urstruktur hervorgegangen sind, die ein gemeinsamer Vorfahre besaß. Doch in diesem Fall trifft das nachweislich nicht zu. Vielmehr verwendeten Säugetiere und Vögel wohl verschiedene Anteile eines Urpalliums. Aus der entsprechenden Mixtur entwickelten sie dann jeweils ihr eigenes Denkorgan. Schon dessen Lage zeigt die getrennte Herkunft und eigenständige Entstehung: Das NCL der Vögel liegt am hintersten Ende ihres Großhirns – der Präfrontalkortex der Säugetiere bildet den vordersten Teil ihres Stirnhirns.

Diese Erkenntnisse lassen annehmen, dass die Wirbeltiere neuronale Lösungen für höhere kognitive Leistungen wahrscheinlich nur in begrenzter Menge bereithielten. Als die Säugetiere und die Vögel unabhängig voneinander eine evolutionäre Entwicklung durchliefen, in der mehr geistige Flexibilität Vorteile bot, da entstanden in beiden Linien Gehirne mit besonderen Strukturen im Großhirn, die ein von Denken begleitetes Verhalten erlaubten: Bei den Säugern wurde das der präfrontale Kortex, bei den Vögeln das Nidopallium caudolaterale. Dank dessen vermögen Vögel wie Säugetiere kognitive Teilfunktionen situationsgemäß zu koordinieren – das heißt ihr Verhalten und dessen Auswirkungen fortlaufend zu beobachten, immer wieder neu auf die Verhältnisse abzustimmen und überdies mit Erfahrungen abzugleichen (Güntürkün, 2005).

Das Beispiel der Vögel beweist, dass höhere kognitive Fähigkeiten nicht unbedingt einen Neokortex erfordern. Offenbar musste es aber wohl eine Großhirnbildung sein, und eine bestimmte anatomische und physiologische Binnenstruktur war ebenfalls vonnöten. Doch eine strenge Schichtung der Zellen und ihrer Kontakte wie in unserer Hirnrinde scheint für Denken nicht wesentlich zu sein. Stimmt es denn wenigstens, dass wir Menschen unsere Intelligenz unserem großen Gehirn verdanken? Selbst da lautet die Antwort nur bedingt Ja. Denn das trifft nur zu, wenn man den Vergleich richtig wählt. Damit tun sich die Forscher allerdings immer noch schwer.

3.5   Der Enzephalisationsquotient

Zwar wusste man schon vor Edinger, dass die Gehirngrößen bei verschiedenen Tiergruppen enorm variieren. Auch vermutete man schon damals bei größeren Gehirnen mehr Verarbeitungskapazität – was zutrifft. Aber natürlich besitzt der Mensch nicht das größte Gehirn überhaupt. Unseres wiegt im Mittel knapp 1,4 Kilogramm, das von Afrikanischen Elefanten rund 5,7 und von Pottwalen fast 9 Kilogramm. Trotzdem sind wir zweifellos intelligenter. Unsere Klugheit kann folglich nicht einfach daher kommen, dass die Gehirngröße im Lauf der Evolution der Wirbeltiere wuchs und schließlich in unserem Gehirn kulminierte.

Sollte man darum besser das so genannte relative Hirngewicht betrachten, es also in Relation zum Körpergewicht setzen? Vergleicht man mit diesem Maß zum Beispiel Fische und Säugetiere, so gewinnen Letztere. Und innerhalb der Säugetiere hebt sich der Mensch tatsächlich klar hervor –

doch nur, solange man Tiere nimmt, die uns absolut gesehen an Hirnmasse übertreffen, sprich alle sehr großen Säugetiere. Das Gehirn eines Pottwals oder Elefanten ist also im Verhältnis zum Körper wirklich um einiges kleiner als unseres. Für kleine Säugetiere gilt das aber keineswegs. Eine Spitzmaus überragt uns beim relativen Hirngewicht deutlich. Und die Vögel? Bei solch einer relativen Wertung fügen sie sich ohne Weiteres in das Schema für Säugetiere, das heißt, ihre Gehirne sind im Verhältnis zum Körper nicht kleiner geraten als bei den Säugern.

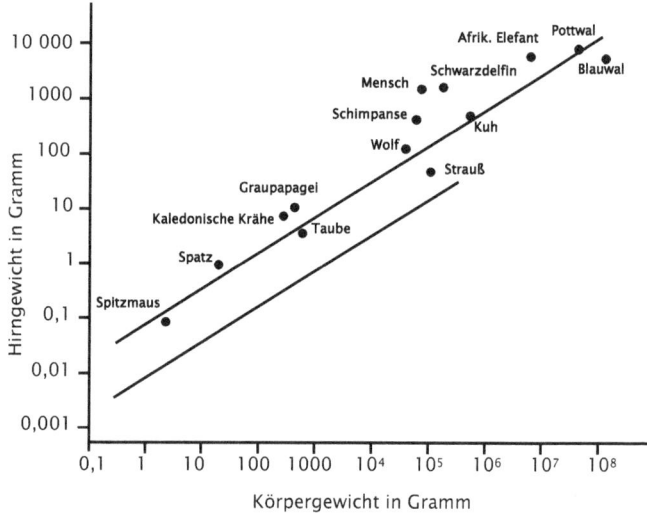

Abbildung 3.1 Stellt man die Gehirngröße in Relation zum Körpergewicht, dann weicht der Enzephalisationsquotient (EQ) des Menschen weit vom zu erwartenden Wert eines Säugetiers seines Gewichts ab. Die obere Gerade zeigt den für Warmblüter zu erwartenden Durchschnitt, die untere den anderer Wirbeltiere.

Ganz klar ergäbe es ein falsches Bild, wollte man aus dem relativen Hirngewicht allein auf die Intelligenzhöhe schließen. Die Forscher ersannen einen Ausweg: Sie bestimmen so genannte Enzephalisationsquotienten (EQs). Das meint die Relation vom gemessenen zum erwarteten relativen Hirngewicht. Wie in Abbildung 3.1 ersichtlich, ergibt die doppeltlogarithmische Darstellung für die Arten jeder Wirbeltierklasse je eine lang gestreckte, ansteigende Punktewolke. Für jede Wolke lässt sich eine so genannte Regressionsgerade errechnen, im Bild fett gezeichnet. Diese Linie zeigt sozusagen den Durchschnitt: Dort liegen die Punkte jener Arten, die gemessen an ihrer Größe genau das vorausgesagte Hirngewicht ihrer Klasse aufweisen. Alle Arten, deren Punkte fern der Linie stehen, haben ein größeres oder kleineres Gehirn als erwartet.

Der Wert für den Menschen liegt weit oberhalb dieser Geraden. Sein Gehirn ist bis zu achtfach größer als bei seiner Größe zu erwarten – sein EQ beträgt 7 bis 8. Tümmler haben einen EQ von etwa 5,3, Schimpansen einen von 2,5. Diese Verhältnisse entsprechen schon eher unserer Vorstellung. Trotzdem ist Vorsicht angebracht. Denn auch wenn unser Enzephalisationsquotient zu unserer Intelligenz anscheinend gut passt, so muss das für andere Arten nicht gelten. So besitzen Delfine einen hohen EQ, aber ihre Hirnrinde ist vergleichsweise dünn. Nähme man nur die Dicke des Kortex als Maß, kämen sie schlechter weg als beim EQ. Oder: Die Vertreter mancher Arten sind vielleicht nur deshalb größer und schwerer als nach ihrem Hirngewicht zu erwarten – haben also einen ziemlich geringen EQ –, weil ihre Revierkämpfe viel Kraft, sprich Körpermasse, erfordern. Solche Tiere sind darum wahrscheinlich nicht unbedingt dümmer als kleinere verwandte Arten mit einem höheren EQ. Folglich ist der Enzephalisationsquotient auch nur ein

Hilfskonstrukt. Zwar sagt er schon einiges mehr aus als die einfacheren Berechnungen. Doch noch sind die Biologen nicht so weit, dass sie den Zusammenhang von Intelligenz und Hirngröße wirklich verstehen würden (Roth & Dicke, 2005).

Trotz der vielen ungelösten Fragen wird niemand leugnen: Grundlegend für die überragende Intelligenz des Menschen ist sein auffallend großes Gehirn. Er besitzt zwar weder das größte Gehirn überhaupt noch das größte im Verhältnis zur Körpermasse. In Ersterem übertreffen ihn manche sehr großen Tiere, in Letzterem viele sehr kleine. Zumindest aber ist unser Gehirn riesig im Vergleich zu anderen Säugern unserer Größe oder unseres Gewichts. Schimpansen kommen mit weniger als einem Drittel aus.

Wozu nutzt der Mensch sein großes Gehirn? Was kann er wirklich mehr als andere Arten? Solche Fragen sind keineswegs banal. Gut – wir verdanken der zusätzlichen Hirnmasse sicherlich deutlich mehr Denkvermögen, mehr kognitive Kompetenz im Allgemeinen. Erklärt das aber schon unsere überragenden Leistungen? Oder erwarb der Mensch zusätzlich neuartige Fähigkeiten, ganz neue geistige Qualitäten? Letzteres ist zwar anzunehmen, aber für die Wissenschaftler nicht leicht zu ergründen, und wird entsprechend intensiv diskutiert. Viele, die auf diesem Feld forschen, halten den Erwerb von Sprache für den entscheidenden qualitativen, revolutionären Sprung. Zweifellos hat die Evolution des Sprachvermögens die Denkfähigkeit des Menschen weit nach oben katapultiert. Der Auftritt der Sprache bildete auf jeden Fall einen wichtigen Meilenstein für unsere Intelligenzentwicklung.

3.6 Sprache und soziale Intelligenz

Aber Sprache allein vermag es offensichtlich nicht, unsere Intelligenz hervorzubringen – oder Sprachbesitz die menschliche Überlegenheit hinreichend zu erklären. Einige Menschenaffen haben immerhin bis zu mehrere hundert Sprachsymbole erlernt, die sie sogar situationsgemäß neu zu kombinieren verstehen. Diese Individuen sind im Ganzen dennoch nicht etwa klüger als nicht sprachtrainierte Artgenossen. Gehörlos geborene Menschen, die viel zu spät an eine ihnen angemessene Sprachform herangeführt wurden – am besten ist eine Gebärdensprache –, sind trotz einiger kognitiver Defizite selbst den bestgeschulten Menschenaffen intellektuell immer noch weit überlegen. Auch erfinden gehörlose Kinder, die ohne Gebärdenschulung aufwachsen, häufig spontan ihre eigene Gebärdensprache mit eigener Grammatik. Anscheinend machen Affen so etwas praktisch nie. Die menschliche Intelligenz erwächst somit nicht nur aus Sprache, denn sie entwickelt sich zu einem beträchtlichen Grad auch ohne ein sprachlich hochkomplexes Umfeld.

Worauf mag unsere geistige Überlegenheit sonst beruhen? Seit einiger Zeit untersuchen Forscher eine neue These. Sie vermuten – und entdecken dafür immer mehr Belege –, dass den Menschen über allem Anderen seine soziale Intelligenz auszeichnet. Wir können uns weitgehend mühelos in andere hineinversetzen und deren Stimmung erfassen. Wir erahnen oft bereits anhand schwach angedeuteter Gesten oder kaum merklicher Anzeichen, was jemand möchte oder vorhat. Auch vermögen wir Handlungen anderer genau zu imitieren. Selbst Schimpansen können das Meiste davon wesentlich schlechter, obwohl sie manche anders gearteten Intelligenzaufgaben vergleichsweise gut meistern. Mit umfangreichen

Versuchen bewiesen Wissenschaftler des Max-Planck-Instituts für evolutionäre Anthropologie in Leipzig, dass Schimpansen und Orang Utans physikalisch-naturgesetzliche Zusammenhänge ungefähr in einem Grad verstehen wie zweieinhalbjährige Kinder. Doch Kinder dieses Alters schnitten doppelt so gut ab wie jene Affen, wenn komplexe soziale Fähigkeiten gefordert waren wie etwa, jemand anderen einzuschätzen oder von ihm zu lernen (Herrmann et al., 2007).

Hieraus folgt: Die geistige Überlegenheit des Menschen, selbst über seine nächsten Primatenverwandten, beruht nicht einfach auf seiner allgemein erweiterten, also insgesamt höheren Intelligenz. Auch die kommt ihm in vielen Bereichen zu. Doch zum einen leistet sein Sprachvermögen einen besonders großen Beitrag, zum anderen wohl auch seine ausgeprägte soziale Intelligenz. Vor allem diese beiden Kompetenzen trugen wahrscheinlich dazu bei, dass sich neben unsere biologische Evolution gleichwertig eine zweite Entwicklung setzte: die kulturelle. Die Kultur aber fördert, ja bedingt erst unsere Intelligenz in hohem Maß. Wie sehr wir Menschen hierauf angewiesen sind, dokumentieren traurige Schicksale von Kindern. Wenn die soziale Einbettung in eine menschliche Kultur in den ersten Lebensjahren fehlt, können sich die normalen kognitiven Fähigkeiten, kann sich die uns eigene Intelligenz nicht ausbilden – das, worin wir uns so klar von den Menschenaffen unterscheiden. Kinder benötigen auch mehr als sozial-emotionale Bindungen, damit die menschentypischen Hirnverdrahtungen entstehen – wenngleich wohl erst ein soziales Bindungsgefüge die Bereitschaft zum kulturellen Lernen weckt.

Was ein totales Defizit an menschlicher Kultur in der frühen Kindheit anrichtet, offenbaren seltene Unglücksfälle wie das

Schicksal der beiden indischen „Wolfsmädchen" Amala und Kamala. Sie wehrten sich, als sie am 17. Oktober 1920 aus dem Wolfsrudel befreit wurden, das bis dahin ihre Familie gewesen war und sie auch heftig gegen die Befreier verteidigte. Sie wurden in ein Kloster gebracht, wo das jüngere Mädchen, bei der Entdeckung etwa eineinhalb Jahre alt, ein Jahr später starb. Kamala, die ältere der beiden, dürfte etwa achteinhalb Jahre alt gewesen sein. Sie brauchte sehr lange, bis sie lernte, aufrecht zu stehen und einige Schritte auf zwei Beinen zu gehen. Hatte sie es eilig, ließ sie sich stets wieder auf alle viere fallen. In den ersten Jahren brachte sie an menschlichen Tönen, wenn sie stimmlich kommunizierte, nur die angeborenen Laute hervor: Schreien, Stöhnen, Lachen und Weinen. Erst im Jahr 1923 lernte das Kind Laute für „Ja" und „Nein". 1924 bildete Kamala zum ersten Mal einen Zweiwortsatz. Mit knapp 17 Jahren beherrschte sie 50 Wörter und eine minimale Grammatik. In dem Alter starb sie an Nierenversagen. Nach acht Jahren in Menschenobhut lagen ihre kognitiven und kommunikativen Leistungen nicht erheblich über denen von sprachtrainierten Schimpansen.

Unsere Intelligenz basiert nicht auf einer in ihrer Art einmaligen Hirnstruktur mit Qualitäten, die es außer bei den Säugetieren nirgends gibt. Zu dem, was wir sind, macht uns der Überschuss an Hirnmasse – den wir vor allem im sozialen Feld nutzen, sowohl um miteinander zu kommunizieren als auch, um Situationen zu verstehen und andere Menschen einzuschätzen. Solch ein Gehirn entwickelt sich nicht von selbst. Damit es zu menschengemäßen geistigen Leistungen findet, also die für unsere Art typischen Verschaltungen aufbaut, benötigen wir als Kinder eine adäquate soziale und kulturelle Einbettung. Wir sind weit davon entfernt, diesen Vorgang im Detail zu verstehen. Dazu müsste man auch die Evolution unseres Gehirns erst wesentlich besser begreifen.

Noch weniger wissen wir darüber, wie Denken bei den verschiedenen Tieren funktioniert, wie sie zum Beispiel ohne Sprache Schlüsse ziehen.

3.7 Schluss

Unzählige Fragen hat die Intelligenzforschung lange noch nicht gelöst. Etwa: Welche Möglichkeiten eröffnet die Kommunikation mit Elektrizität wie bei einigen Fischen? Oder: Welche kognitiven Prozesse werden Tieren möglich, deren Kleinhirn beträchtlich an Größe gewann, während ihr Großhirn dafür schrumpfte? Spannend wäre auch zu ergründen, ob Tiere intelligenter wurden, die evolutionsbedingt kleiner geworden sind, ihr Gehirn aber nicht – wie bei einigen Neuweltaffen. Seit Ludwig Edinger haben wir vieles dazugelernt. Aber das Allermeiste liegt noch vor uns.

Der Beitrag ist eine ergänzte und überarbeitete Fassung des gleichnamigen Beitrags von Onur Güntürkün *Wann ist ein Gehirn intelligent?* (Spektrum der Wissenschaft 11/2008, 124–132, © 2009 Spektrum der Wissenschaft Verlagsgesellschaft mbH Heidelberg).

4 Mnemotechniken – Strategien für außergewöhnliche Gedächtnisleistungen

Gunther Karsten

4.1 Einleitung

Unser Organismus – und damit auch unser Hirn – ist konstruiert, um Mammuts zu erlegen, Beeren zu sammeln, das Lagerfeuer in der Höhle am Brennen zu halten und so die eigene Sippe gegen die Gefahren und Unbilden der Natur zu verteidigen. Wie man einbalsamierten Pharaonen, eingefrorenen Gletscherleichen oder versteinerten Knochenresten unserer Vorfahren entnehmen kann, hat sich der Bauplan des Menschen in den letzten 100 000 Jahren kaum verändert. Auch unser Geist hat sich in vielen vergangenen Generation eher darin bewährt, einen Säbelzahntiger zu überlisten als Termine zu jagen.

Und noch heute kann man entdecken, wie sinnvoll der Aufbau unseres Gehirns für das Überleben in der Wildnis ist. Denn würden alle Sinneseindrücke wahllos in unserem Datenspeicher fixiert, wäre seine Kapazität wohl schon nach den ersten Lebenswochen erschöpft. Wie wichtig das Vergessen für unser Gedächtnis ist, kann man auch bei jedem Schreck-Erlebnis erkennen – schon nach wenigen Sekunden ist das Knarzen einer Tür im dunklen Keller vergessen, wenn wir bemerkt haben, dass das Ereignis es nicht wert war, abgespeichert zu werden. War es nur ein Windzug, der die Tür bewegte, können wir daraus nichts fürs Leben lernen und der Höreindruck „Knarzen" wird nicht den Weg in tiefere Gedächtnisregionen finden. Ein steinzeitlicher Jäger wäre schon nach wenigen Metern im Wald dem Nervenzusammenbruch nahe, würde sein Gedächtnis nicht permanent verdächtige Geräusche und Bilder löschen.

Unvergesslich bleibt dagegen das Röhren, die Jagd und der Kampf mit einem Hirsch oder Wildschwein, wenn der Steinzeit-Jäger anschließend mit einem frischen Wildbraten belohnt wird. Ganz offensichtlich spielen Gefühle – positive wie negative – eine wesentliche Rolle dabei, ob man sich ein Geräusch, ein Bild, einen Duft oder eine nüchterne Zahl einprägt. Und bestimmte Instanzen im Kopf müssen über die Verteilung, Bewertung und Verknüpfung von Sinneseindrücken entscheiden. Diese natürlichen und in Jahrtausenden bewährten mentalen Prozesse können zur Optimierung des Gedächtnisses genutzt werden. Die Mittel dazu finden sich in den Werkzeugen, die nach dem griechischen Wort $\mu\nu\acute{\eta}\mu\eta$ als *Mnemotechniken* bezeichnet werden.

Die Entdeckung der Mnemotechniken wird dem griechischen Dichter der Antike Simonides von Keos (etwa 556–468 v. Chr.) zugeschrieben (Yates, 1966; Patten, 1990). Während bereits im Mittelalter Mnemotechniker an Höfen und auf Veranstaltungen mit ihren Fähigkeiten auftraten (Yates, 1966; Patten, 1990; Manuel, 2000), werden seit 1991 regelmäßige Weltmeisterschaften im Gedächtnissport ausgetragen. Die konkreten Mnemotechniken sind im Laufe der Zeit weiter bearbeitet und angepasst worden (Bellezza, 1981), die Grundideen sind jedoch seit jeher die gleichen: Durch den Einsatz von Bildern, semantischen Verknüpfungen und Emotionen wird ursprünglich bedeutungslosem und unstrukturiertem Lernmaterial Bedeutung und Struktur verliehen und durch die damit einhergehende Aktivierung verschiedener Hirnareale und Anknüpfungspunkte im Langzeitgedächtnis die Merkleistung verbessert (Butcher, 2000; Konrad & Dresler, 2007). Im Folgenden sollen einige sehr mächtige Mnemotechniken vorgestellt werden, die gleichermaßen im Alltag, in Lernsituationen sowie im Gedächtnissport angewendet werden können. Als zu lernende Informationseinheiten sollen dabei Zahlen als Beispiele dienen: Aufgrund ihrer Abstraktheit bilden sie ein besonders schwieriges Lernmaterial, da sie im Allgemeinen keine mentalen Bilder und keine Emotionen hervorrufen und daher beim Einprägen kaum in irgendeiner Weise assoziierend oder verknüpfend verarbeitet werden. Um Zahlen für das Gedächtnis leichter „verdaubar" zu machen, muss somit zunächst eine Transformation erfolgen.

4.2   Einfache Zahlen–Systeme

Das einfachste System zur Transformation von Zahlen ist das *Zahlen-Form-System*. Die Basis zum Auffinden von anschaulichen Begriffen ist die Form der zehn Ziffern von 0–9. Jede einzelne Ziffer lässt eine oder vielleicht auch mehrere

Ideen in uns entstehen, welcher Gegenstand aus unserer Umwelt die Form der Ziffer in sich birgt. So erinnert z. B. 0 an einen Reifen, 1 an einen Bleistift, 2 an einen Schwan, 3 an einen Po, 4 an ein Segelboot, 5 an einen Haken, 6 an einen Golfschläger, 7 an eine wehende Fahne, 8 an eine Sanduhr und 9 an eine Lupe. Als Beispiel wollen wir die Telefonnummer 672031 transformieren. Der Trick ist, für diese Telefonnummer eine möglichst interessante Geschichte zu erfinden. Es gibt davon unendlich viele, nur eine davon wäre folgende: Ein Golfspieler (6) zielt auf eine Fahne (7). Doch der Ball fliegt so weit, dass er in einem See mit Schwänen (2) landet. Also setzt er sich in seinen Jeep mit Allrad-Antrieb (0), um dorthin zu fahren. Gerade will er den Ball aus dem See fischen, da taucht eine wunderschöne Frau mit einem wohlgeformten Po (3) auf. Da der Golfspieler äußerst entzückt und auch Künstler ist, zieht er einen Bleistift (1) aus der Tasche, um die Frau zu zeichnen. Eine solche Geschichte für eine Zahlenreihe zu kreieren, mutet zunächst seltsam an – doch es funktioniert! Wesentlich ist, sich diese Bildgeschichte in allen möglichen Einzelheiten vorzustellen, am besten auch mit allen Sinneseindrücken, die die Geschichte emotional aufwerten: Sie sehen nicht nur den Golfspieler, sondern hören auch den Abschlag des Golfballes, spüren die Angst der verscheuchten Schwäne. Sie riechen das Reifengummi und fühlen die Nässe des Wassers, wenn Sie als Golfspieler nach dem Ball ins Wasser greifen.

Beim *Zahl-Reim-System* versucht man für jede Ziffer von 0–9 ein Wort zu finden, welches sich auf die Ziffer reimt – z. B. Bier für die 4. Beim *Zahl-Symbol-System* sucht man dagegen nach einem Objekt oder einer Situation, das bzw. die typischerweise für die Ziffer steht – z. B. die fünf Finger einer Hand für die 5. Wenn Sie sich für ein solch einfaches Codiersystem entscheiden, ist es egal, welches Sie verwenden;

Sie könnten auch Begriffe verschiedener Systeme miteinander kombinieren, wenn Ihnen bestimmte Begriffe einzelner Systeme besonders gefallen, und so ein auf Sie zugeschnittenes individuelles Zahlensystem zusammenstellen. Wichtig ist nur, dass Sie es so oft wie möglich für das Memorieren von Zahlen benutzen, damit Sie es bald nahezu automatisch anwenden.

4.3 Das Master-System

Obgleich die bisher vorgestellten Zahlen-Codiersysteme zum Einstieg in Mnemotechniken gut geeignet sind, um Fantasie und Kreativität zu aktivieren, sind sie doch ein bisschen umständlich. Da wir nur eine Ziffer zu einem Begriff codieren, müssen wir uns schon für eine sechsstellige Telefonnummer einen mitunter verqueren Miniatur-Roman überlegen. Wesentlich effizienter ist das *Master-System*. Die Geschichte dieses System lässt sich bis ins Jahre 1648 zurückverfolgen, als Johann Winkelmann unter dem Pseudonym Stanislaus Mink von Wennsshein in seinem Buch *Von der Gedechtniß-Kunst* die Grundzüge des Master-Systems vorgestellt hat. In den Jahrhunderten darauf wurde es dann u. a. von dem Konstanzer Mönch Gregor von Feinaigle verbessert, wobei die bekannteste und hier dargestellte Version von Aimé Paris stammt, einem Gedächtnisexperten aus Frankreich. Zahllose Gedächtniskünstler und wohl alle Gedächtnissportler der heutigen Zeit verwenden dieses System zum Memorieren von Zahlen. Der Grundgedanke des Master-Systems ist die Kodierung der einzelnen Ziffern von 0–9 zu Konsonanten, wobei bei der Zuordnung nach Möglichkeit auf die Ähnlichkeit der Form oder anderer Merkhilfen geachtet wurde. Die vollständige Kodierung ist in Tabelle 4.1 dargestellt.

Tabelle 4.1 Ziffer-Konsonanten-Kodierung

Ziffer	Haupt-konso-nant	Merkhilfe	weitere Konso-nanten
0	z	0 ist im Roulette „Zero"	s, ß
1	t	1 hat einen Strich wie t	d
2	n	n hat 2 Striche nach unten	–
3	m	m hat 3 Striche unten	–
4	r	r ist der letzte Buchstabe von vier	–
5	l	L ist das römische Zeichen für 50	–
6	sch	erste 3 Konsonanten von „sechs"	ch, j, weiches c
7	k	sie sehen (etwas) ähnlich aus	ck, g, hartes c
8	f	(das altdeutsche) f ist ähnlich zu 8	v, w, ph
9	p	p ist das Spiegelbild zu 9	b

Tabelle 4.2 Ein Vorschlag für Masterbegriffe von 0-99

0. Sau	20. Nase	40. Rose	60. Schüsse	80. Fass
1. Tee (Service)	21. Naht (Messer)	41. Ratte	61. Schutt	81. Fit (Kniebeuge)
2. Noah	22. Nonne	42. RAN (Mikro)	62. Scheune	82. Fahne
3. Mai (Blumen)	23. Nemo (Kapitän)	43. Rum	63. Schaum	83. WM (Medaille)
4. Reh	24. Narr	44. Rohr	64. Schere	84. Fury (Pferd)
5. Lee (Jeans)	25. Nil	45. Rolle	65. Schal	85. Falle
6. Schi	26. Nische	46. Rauch	66. Schach	86. Fisch
7. Kuh	27. Nike (Schuh)	47. Rock	67. Scheck	87. Waage
8. Fee	28. Neffe	48. Reif	68. Schaf	88. Waffe
9. Po	29. Nappa (Leder)	49. Raupe	69. Scheibe (Glas)	89. VIP (Krone)
10. Tasse	30. Moos	50. Lasso	70. Käse	90. Bus
11. tot (Skelett)	31. Matte	51. Latte	71. Kette	91. Bett
12. Tanne	32. Mang (Motorrad)	52. Linie	72. Kanne	92. Bahn
13. Team	33. Mama	53. Leim	73. Kamm	93. Baum
14. Teer	34. Meer (Eimer)	54. Leier	74. Karre	94. Bier
15. Tollwut (Hund)	35. Müll	55. Lolli	75. Keule	95. Ball
16. Tasche	36. Masche	56. Loch	76. Koch	96. Buch
17. Theke	37. Mac (Burger)	57. Lack	77. Kacke	97. Backe (Ohrfeige)
18. Taufe	38. Mafia (Waffe)	58. Lava (Stein)	78. Kaffee	98. Bifi (Wurst)
19. Taube	39. Map (Karte)	59. Lupe	79. Kappe	99. Papa

Da mehr Konsonanten als Ziffern zur Verfügung stehen, sind einige Ziffern mehrfach kodiert, wobei vornehmlich der Klang über die Mehrfachzuordnung entscheidet. So klingt das b ähnlich wie ein p und codiert ebenfalls 9. Gleichfalls klingt d ähnlich wie t und stellt auch einen Codierkonsonanten für 1 dar. Mit Hilfe der Ziffer-Konsonanten-Codierung lassen sich nun spielend Wörter bilden: Wenn die Ziffer 1 durch „t" repräsentiert wird und die Ziffer 5 durch „r", dann können die Konsonanten „t" und „r" mit etwas Kreativität zu einem Begriff erweitert werden – z. B. *Tier, Tor* oder *Teer* für die Zahl 14. Mit dieser Umwandlung von Ziffern zu Konsonanten und der Erweiterung zu Begriffen kann für alle Zahlen von 0–99 ein Master-Begriff entwickelt werden. Dieser möglichst anschauliche Master-Begriff steht dann immer und unabänderlich für die entsprechende Zahl. Tabelle 4.2 zeigt die 100 Master-Begriffe des Master-Systems, das ich beim Gewinn der Weltmeisterschaft 2007 eingesetzt habe.

Wenn Sie die Liste meiner Master-Begriffe betrachten, sehen Sie in Klammern noch eine nähere Erläuterung zu einigen Begriffen. So ist *Tollwut* für die Zahl 15 ein eher abstrakter Begriff, der noch anschaulich gemacht werden muss; also sollten wir uns einen tollwütigen bissigen Hund vorstellen. Gleiches gilt für den Begriff *Mai* für 3; hier muss man sich für ein bildhaftes Objekt entscheiden, das den Mai sichtbar und spürbar macht und welches man immer vor dem „inneren Auge" sieht, wenn man die Zahl 3 hört – für mich ist dies ein riesiger, duftender Blumenstrauß. Begriffe wie *Müll* oder *Buch* brauche ich nicht näher erläutern, denn aus meiner Erfahrung weiß ich, dass jeder eine klare Vorstellung von solchen leicht „fassbaren" Wörtern hat. Anders sieht es beim Wort *Nische* aus: der Trick ist hier, dass man ein Ersatzbild findet, welches nur entfernt etwas mit dem Begriff zu tun haben braucht – so sehe ich mich bei der Zahl 26, mit ausgestreckten Armen und Beinen einen gewaltigen Hechtsprung machen (in eine Nische). In entsprechender Weise ergeht es dem Begriff *Meer* für 34. Jeder ist zwar in der Lage, sich ein riesiges, nahezu unendlich erscheinendes Meer vorzustellen, aus Gründen, die jedoch erst im folgenden Kapitel über die Loci-Methode verständlich werden, sollte das mentale Bild für den Master-Begriff von mittlerer Größe sein. Also nimmt man sich einen kreativen Trick zu Hilfe: so ist für mich die 34 ein bunter Eimer, der Meerwasser enthält!

Zur Entwicklung eines individuellen Mastersystems – oder zur Abwandlung des hier vorgestellten – ist die Beachtung einiger Regeln hilfreich: Das Master-Wort beginnt mit dem Codier-Konsonanten der Ziffer entsprechend der Ziffer-Konsonanten-Codierung; Vokale (und der Buchstabe h) sind neutral und können im Master-Wort beliebig vorkommen (z. B. *Tee* für 1); das Master-Wort für eine Doppelzahl wird durch die zwei Codier-Konsonanten bestimmt (z. B. *Mama* für 33); sind Doppelkonsonanten akustisch nicht einzeln hörbar, zählen sie zusammen als ein Konsonant (z. B. *Mappe* für 39 oder *Bett* für 91); Master-Worte sollten konkret und anschaulich sein, Substantive sind meist besser als Verben oder Adjektive (z. B. *Leier* statt leer für 54); der Klang ist entscheidend, nicht die Schreibform (z. B. *Fisch* für 86); das Master-Wort sollte immer dasselbe klare und lebhafte „mentale Bild" in einem hervorrufen; dieses muss sich von anderen Master-Wörtern bildlich ausreichend unterscheiden.

Das System ist wie ein sich evolutionär entwickelnder Organismus. Durch die Anwendung in der Praxis werden sich hier und da Schwächen herausstellen. Wenn Ihre Erfahrung zeigt, dass das mentale Bild für eine bestimmte Zahl sich nicht manifestieren will oder zwei Zahlen aufgrund ähnlicher mentaler Bilder häufiger verwechselt werden, sollten Sie kreativ werden: Feilen Sie an Ihrem Master-Wort-Katalog und lassen Sie ihn mit der Zeit zu einem wundervollen mentalen Werkzeug erblühen.

4.4 Die Loci-Methode

Im Altertum verwendeten und lehrten berühmte Intellektuelle wie Cicero, Quintilian oder Seneca der Ältere eine spezielle Gedächtnismethode, um ihre epochalen Reden zu halten. Insbesondere für den Abruf von Argumentationsketten, die Speicherung von Fakten zur jederzeitigen Wiedergabe und das Einprägen von Reden bewährte sich diese damals weit verbreitete Mnemotechnik. Den Zuhörern erschien der aufwändig konstruierte und memorierte Vortrag dann wie eine spontan gehaltene Rede. Diese sogenannte *Loci-Methode* (lat. *locus* = Ort, Platz, Stelle) war damals von so großer Bedeutung, dass man von ihr einfach als „Die Methode" (*memorica technica*) sprach. Obgleich es nun schon mehr als 2 500 Jahre her ist, scheint der Ursprung der Loci-Methode doch genau datierbar zu sein. Cicero schreibt darüber in seinem Werk *De oratore* und erwähnt den angesehenen Dichter Simonides von Ceos (ca. 556–468 v. Chr.) als mutmaßlichen Begründer dieser damals so verbreiteten Merktechnik. Zur Entstehung gibt es eine wundersame Anekdote (Yates, 1966): Simonides hatte den Auftrag, auf einem Bankett im Jahre 477 v. Chr. ein Gedicht zu Ehren des Gastgebers vorzutragen. In sein Werk flocht er einige Verse zum Lob der Götter Castor und Pollux ein. Direkt nach dem Vortrag zahlte der Gastgeber nur die Hälfte des vereinbarten Honorars und riet Simonides höhnisch, sich die andere Hälfte von den Götterjünglingen Castor und Pollux zu holen. Kurz darauf wurde Simonides mitgeteilt, dass zwei junge Männer vor dem Gebäude auf ihn warten würden. Als er draußen war und vergeblich nach ihnen schaute, stürzte das Gebäude ein. Das Gerücht geht, dass die beiden Götter hierdurch ihre Zeche zahlten. Alle Menschen im Gebäude starben beim Einsturz und waren so verstümmelt, dass ihre Verwandten sie nicht mehr identifizieren konnten. Nur Simonides konnte helfen, da er sich durch sein gespeichertes visuelles Abbild des Saales und der Personen genau erinnerte, an welchem Platz jedes Opfer gesessen hatte. Durch dieses einschneidende Erlebnis kam er auf den Gedanken, zu lernende Informationen an verschiedenen räumlichen Plätzen einer vertrauten Umgebung mental zu fixieren und diese bildliche Vorstellung als Erinnerungshilfe zu nutzen. Mit diesem Ereignis begann dann der Siegeszug dieser Merkmethode im Altertum, fortgeführt im Mittelalter durch die großen Kirchenlehrer Albertus Magnus und Thomas von Aquin. Obgleich Redewendungen aus vergangenen Zeiten noch an diese Methode erinnern – etwa der Ausdruck „an erster Stelle ist zu nennen ...“ –, geriet dieses kostbare Wissen in der Neuzeit zunehmend in Vergessenheit. Erst in den letzten Jahren wurde die Loci-Methode wiederbelebt und setzt nun hoffentlich ihren Weg durch die Schulen, Universitäten und sonstige Ausbildungsinstitute fort.

Um die erfolgreiche Mnemotechnik der klassischen Rhetoriker anzuwenden, wird zunächst eine präzise Route festgelegt, auf der sich markante Plätze oder auch größere Objekte befinden. Im zweiten Schritt werden diese einzelnen Routenpunkte mit den zu lernenden Informationsdaten verknüpft – diese werden gleichsam verortet, natürlich in Form eines interessanten mentalen Bildes. Doch wie erstellt man eine solche Route zur Abspeicherung von Wissen? Im Laufe der Jahre habe ich mir viele Routen mit insgesamt etwa 4 000

Routenpunkten zum Memorieren erarbeitet. Am Anfang machte ich dabei noch viele Fehler, doch mit der Zeit erkannte ich, was man zu beachten hat und was man auf keinen Fall dabei tun darf; im Folgenden habe ich diese Erfahrungen in einer Auflistung von Regeln zusammengefasst. Als Beispiel verwende ich das von mir erfundene imaginäre *Memory-Hotel* (siehe Tab. 4.3).

Es gibt im Grunde zwei Arten der Nutzung von Routenpunkten. Entweder Sie setzen die Loci-Methode für das kurzfristige Abspeichern von Informationen ein, z. B. das Merken zu erledigender Dinge, für kurzzeitig zu speichernde Fakten oder wichtige Argumente in einer bevorstehenden Diskussion. In diesen Fällen reichen sicherlich 2–3 Routen mit insgesamt etwa 20–50 Routenpunkten. Der immense Vorteil ist die sichere und lückenlose Abrufbarkeit von Information, die mental auf diese Weise „verortet" wurde. Zwar vergisst man diese auf Routenpunkten gespeicherten Informationen deutlich langsamer als auf übliche Weise abgespeichertes Wissen, doch dem Vergessen fällt auch dieses Wissen anheim. Doch ganz bestimmt haben Sie das Wissen einige Stunden bis einige Tage parat – ganz entscheidend abhängig von der Intensität Ihrer Visualisationskraft. Danach verlöschen die mentalen Bilder allmählich und Ihre Route ist wieder „frei" für neue Informationen.

Oder Sie verwenden Routen zur dauerhaften Abspeicherung. Dies bedeutet, dass Sie Informationen auf den Routenpunkten so lange verankern und wiederholen, bis sie im Langzeitgedächtnis sicher abrufbar sind, oder bis Sie die Daten und Fakten nicht mehr benötigen. Für diesen Anwendungsbereich benötigen Sie allerdings deutlich mehr Routen, da Sie eine Wissensroute i. d. R. nur für ein bestimmtes Arsenal von Fakten erstellen.

Tabelle 4.3 Das Memory-Hotel

Regeln zum Erstellen von Memo-Routen	Beispielroute
Vertraute Umgebung: Erstellen Sie Ihre erste Memo-Route in einer Ihnen sehr vertrauten Umgebung, in der Sie sich häufiger aufhalten und evtl. auch einen emotionalen Bezug haben. Ich empfehle als morgentlichen Startpunkt im Memory-Hotel das Bett.	Der Tag beginnt morgens mit dem Aufwachen: im Bett. Dies ist Ihr 1. Routenpunkt (RP).
Eindeutige Reihenfolge: Die Abfolge der einzelnen Routenpunkte sollte absolut eindeutig in Bezug auf die räumlichen Positionen sein. Sie gehen sie in sinnvoller Reihenfolge von A nach B nach C etc. ab. Die zeitliche Abfolge ihrer alltäglichen Handlungen ist dabei nicht relevant.	Schräg zum Bett steht ein kleiner schwarzer Fernseher: Ihr 2. RP.
Einprägsame Routenpunkte: Nach Möglichkeit sollten Sie interessante und markante Stellen oder Objekte als RP wählen: Ein antiker Leder-Schaukelstuhl z. B. ist geeigneter als ein 08/15-Plastikhocker.	Rechts neben dem Fernseher steht ein riesiger, stachliger, grüner Kaktus: Ihr 3. RP.
Mittlere Ausmaße: Der Routenpunkt sollte nicht zu groß, aber auch nicht zu klein sein: Ein kleiner Fleck an der Wand ist zu klein, ein ganzer Wald zu groß.	Sie wollen frische Luft schnappen und öffnen das große Fenster: Ihr 4. RP.
Mäßiger Abstand: Auch hier gilt, der Abstand zwischen den einzelnen Routenpunkten sollte nicht zu groß und nicht zu klein sein. Cicero empfahl ca. 30 Fuß. Ich verwende Distanzen von 0,5 m bis ca. 20 m, wobei 1–3 m am besten sind (bei größeren Distanzen wird die Abfolge der RP im Geiste unklar, bei sehr geringen Distanzen können die mentalen Bilder überlappen und sich gegenseitig stören).	Auf dem Weg zum Badezimmer steht in 1,5 m Entfernung zum Fenster an der anderen Wand ein kleiner runder Tisch: Ihr 5. RP.

Tabelle 4.3 Das Memory–Hotel (Fortsetzung)

Regeln zum Erstellen von Memo–Routen	Beispielroute
Dauerhafte Positionierung: Da wir bei unserer Route eine feste Abfolge der RP anstreben, sollte die Position eines RP nicht so leicht veränderlich sein, deshalb sind unbewegliche RP am besten geeignet. Aber auch ein mobiles Objekt kann als RP gewählt werden, wenn Sie es mit einem bestimmten Ort assoziieren.	Gleich rechts in dem Badezimmer befindet sich die Toilette: Ihr 6. RP. (Die Klobürste lassen Sie außer Acht, diese könnte auch mal woanders stehen.)
Ausreichende Unterschiedlichkeit: Um später die mentalen Bilder unterscheiden zu können, dürfen die RP nicht zu ähnlich zueinander sein; so sollte man keine zwei ähnlich aussehenden Objekte in seiner Route aufnehmen.	Der Toilette gegenüberliegend befinden sich zwei Waschbecken; Sie integrieren aber nur ein Waschbecken in Ihrer Route: Ihr 7. RP.
Normale Blickebene einhalten: Es ist immer unschön, wenn man etwas vergisst. Dies passiert mit der Loci-Methode im Grunde nur dann, wenn man bei der Wiedergabe einen RP auslässt. Deshalb sollte man in der Regel Routenpunkte wählen, die sich in der normalen Blickebene befinden, also möglichst nicht auf dem Boden oder an der Decke (denn auch der mentale Blick geht nicht dorthin).	Zwar befindet sich eine äußerst interessante Lampe an der Decke des Badezimmers, aber der Blick schweift eher zu der in der Ecke befindlichen luxuriösen Duschkabine aus Marmor: Ihr 8. RP.
Betrachtungswinkel festlegen: Jeden RP kann man von vielerlei unterschiedlichen Blickwinkeln betrachten; für die Abspeicherung des RP ist es aber bedeutend, sich auf einen bestimmten Winkel festzulegen. Bevorzugt sollte dieser schon durch das natürliche Abschreiten der Route bestimmt sein.	Auf dem Weg zur Hotelzimmertür passieren Sie den massiven Kleiderschrank; entscheiden Sie sich, in welchem Winkel Sie in zur mentalen Abspeicherung anschauen wollen: Ihr 9. RP.
Durchnummerierung: Um eine gewisse Ordnung in seine Route zu bringen, sollten die RP durchnummeriert werden; ferner sollten Routenbereiche durch runde RP–Nummern abgeschlossen werden.	Die Route beenden Sie mit der Tür des Hotelzimmers: Ihr 10. RP.

4.5 Mentalfaktoren außergewöhnlicher Gedächtnisleistungen

Während die Anwendung von Mnemotechniken seit Jahrtausenden außergewöhnliche Gedächtnisleistungen ermöglichten, werden diese Leistungen seit Anfang der 1990er Jahre auf den jährlichen Gedächtnismeisterschaften systematisch dokumentiert. In der Gedächtnisforschung finden Mnemotechniken und außergewöhnliche Gedächtnisleistungen dagegen nach wie vor eher sporadische Beachtung – systematische Forschungen oder erklärende Theorien sind eher Ausnahmen im nahezu unüberschaubaren Feld der Gedächtnisforschung (vgl. Kapitel 5 in diesem Band; Konrad & Dresler, 2007). In meinen vielen Jahren als aktiver Gedächtnissportler haben sich sieben Faktoren als besonders bedeutend für die Praxis einer Mnemotechnik-gestützten Art des Einprägens und Lernens erwiesen. Diese sollen abschließend vorgestellt werden.

Transformation Das Transformieren soll helfen, schwer Verdauliches in „leckere Lernhappen" umzuwandeln. Oft haben wir es beim Lernen mit abstrakter Information zu tun, wie z. B. Zahlen oder auch schwierigen Vokabeln. Wahrscheinlich aufgrund der Verarbeitungsprozesse unseres Gedächtnisses ist es für Menschen schwer, sich solche abstrakte, also unanschauliche Information einzuprägen. In diesem Fall führt man vor dem eigentlichen Lernen eine Transformation durch, d. h. man wandelt den theoretischen in einen anschaulicheren Lernstoff um und speichert diesen dann ab. Wenn es Ihnen gelingt, sich die Ordnungszahl 92 des chemischen Elements Uran besser zu merken, weil ein lieber Ur-

Ahn von Ihnen tatsächlich auch mit 92 Jahren gestorben ist, dann haben Sie die abstrakte Zahl zu einem emotionsgeladenen Alter transformiert.

Assoziation Mit diesem Begriff wird die Fähigkeit bezeichnet, Verbindungen zwischen Informationen herzustellen. Durch den Prozess des Assoziierens wird Lernstoff leicht aufgenommen und bleibt auch länger abrufbar. Gleichzeitig wird dabei die Intelligenz geschult, da es manchmal ganz und gar nicht offensichtlich ist, wie man zwei Begriffe, die scheinbar nichts miteinander zu tun haben, gedanklich verbinden soll. Doch durch intelligentes, differenziertes Denken wird man immer eine für das Einprägen hilfreiche Assoziation finden. Es sei hier noch anzumerken, dass man beim assoziativen Lernen zwei Bereiche unterscheiden muss: Zum einen kann man Assoziationen zwischen den neu aufzunehmenden Lerneinheiten kreieren und so eine schnellere Abspeicherung des entstandenen Wissenskomplexes erreichen; oder man schafft eine Assoziation zwischen dem zu lernenden Material und bereits im Langzeitgedächtnis abgespeichertem Material. Übrigens ist letzteres die Erklärung dafür, warum man umso leichter lernt, je mehr man weiß – viel abgespeichertes Wissen führt zu vielen Assoziationsmöglichkeiten. Wenn man in dem Pin-Code 9871 die Jahreszahl der französischen Revolution erkennt, dann ist das eine gelungene Assoziation!

Fantasie In vielen Schulen, Universitäten und Fortbildungsinstituten wird der Fehler gemacht, den Lernstoff stets auf das Wesentliche reduzieren zu wollen. Dies mag gut gemeint sein, aber dieser reduktive Ansatz beraubt uns der unermesslichen Fantasie und Kreativität unseres Geistes. Besser – auf jeden Fall zum Erinnern – ist die elaborative Art des Lernens. Hierbei wird der zu lernenden Information weitere, nach Möglichkeit alle Sinne umfassende Informationen hinzugefügt. Alle Menschen haben im Grunde genommen eine fantastische Fantasie. Und gerade diese geistige Fähigkeit wird viel zu selten zum Lernen eingesetzt. Meist wird der Lernstoff als trockener Wissensextrakt vermittelt, so dass er für uns uninteressant und für unser Gedächtnis nur schwer aufnehmbar ist. Bereitet man den Lernstoff jedoch mit Fantasie und Kreativität auf, so wird er nicht nur viel leichter und länger einprägsam, sondern dass Lernen macht so auch deutlich mehr Spaß (Karsten, 2007). Wer sich beispielsweise *torche*, das französische Wort für „Fackel", einprägt, indem er sich einen Storch vorstellt, der die Fackel im Schnabel trägt, wird diese fantasievolle Information sehr viel besser behalten.

Emotion Dieser Faktor bedarf kaum der weiteren Erklärung. Jeder weiß, dass Informationen oder Ereignisse über lange Zeit – manchmal (leider) ein Leben lang – in Erinnerung bleiben, wenn sie starke emotionale Empfindungen hervorgerufen haben. Hirnforscher finden immer mehr Belege, dass Gefühle eine wesentliche Rolle beim Erinnern spielen (LaBar & Cabeza, 2006). Man kann fast behaupten, dass Emotionen als perfektes Fixiermittel oder Kleber für Informationen fungieren. Diesen Umstand machen wir uns beim Lernen zu Nutze, indem wir bewusst emotionale Bilder in das zu lernende Material integrieren. Dabei können wir die gesamte Palette unserer Gefühlsregungen nutzen, die uns von der Natur gegeben sind, wie Humor, Zorn, Leidenschaft, Grusel, Erotik und Furcht. Wenn es Ihnen leicht fällt, sich den Begriff „aride Trockenzone" für einen Vortrag einzuprägen, wenn Sie an den schrecklichen Durst in der Wüste oder an das Death Valley denken, haben Sie das Emotions-Prinzip perfekt umgesetzt.

Logik Der beste Weg, Lernmaterial abzuspeichern, ist sicherlich, ein logisches Verständnis für den Sachverhalt zu entwickeln. Doch leider ist dies nicht immer möglich. Entweder wäre es zu langwierig, die tiefen Zusammenhänge zu verstehen; oder – was häufiger ist – dem Lernmaterial liegt überhaupt keine Logik zu Grunde, wie z. B. bei Vokabeln oder Namen. Haben wir jedoch das Lernmaterial durch die vorher beschriebenen Schritte in der richtigen Art und Weise aufbereitet, sind wir nun fast immer in der Lage, unsere Logik und Kombinationsgabe zur noch intensiveren Abspeicherung einzusetzen. Eine digitale Ziffernfolge wie 101001000100101 können Sie sich spontan besser merken, wenn Sie die auf- und absteigende Folge der Nullen erkennen!

Lokalisation Dieser mentale Schritt beim Lernen von neuem Material ist der älteste methodische Weg, um Wissen so abzuspeichern, dass es nicht nur lückenlos, sondern auch in einer ganz bestimmten Reihenfolge aus dem Gedächtnis abgerufen werden kann. Wie bereits beschrieben wird das Lernmaterial in der Loci-Methode „verortet", d. h. beim Lernen an einem ganz bestimmten Ort bzw. Platz einer bekannten Umgebung verankert. Dort kann es dann beim späteren Abruf gezielt lokalisiert und abgerufen werden.

Visualisierung Die phänomenale Fähigkeit des Menschen, im Geiste Bilder entstehen zu lassen, die gar nicht in der wirklichen Welt aktuell durch unsere Sinnesorgane wahrgenommen werden, ist nicht nur der abschließende, sondern vielleicht auch der wichtigste Schritt, um außergewöhnliche Gedächtnisleistungen zu erreichen. Alle Lerninhalte werden mit Unterstützung der oben aufgeführten Mentalfaktoren so deutlich wie möglich im Geiste als mentales Bild vorgestellt und in dieser Gestalt vom Gedächtnis abgespeichert. Die enormen visuellen Speicherfähigkeiten unseres Gehirns wurden bereits 1973 von Standing in einem mittlerweile klassischen Experiment gezeigt: Den Versuchspersonen wurde alle fünf Sekunden ein klares und aussagekräftiges Bild vorgelegt – insgesamt 1 000 Stück an der Zahl. Anschließend wollte man wissen, wie viele sie sich davon hatten einprägen können. Man gab ihnen im zweiten Teil des Experiments jetzt immer zwei Bilder gleichzeitig zur Ansicht, von denen eines neu und das andere bereits im ersten Versuchsteil gezeigt worden war. Das Ergebnis war verblüffend: Im Durchschnitt erinnerten sich die Probanden an 992 der 1 000 Bilder! Führte man jedoch dieses Experiment in entsprechender Weise mit Wörtern durch, so lag der Erinnerungsgrad nur bei 70 %. Dies ist der Grund, warum Sie bei jedem Lernen unbedingt Ihre Visualisationskraft zu Hilfe nehmen sollten. Ferner sollte das in Ihrem Kopf entstehende Mentalbild, welches stellvertretend für den mehr oder minder abstrakten Lernstoff steht, nicht nur von optischer Natur sein; vielmehr sollten Sie – wenn immer möglich – alle Sinnesmodalitäten in Ihr Mentalbild einbauen, also auch z. B. Töne oder Gerüche.

Die wohl verbreitetste Lerntechnik ist in den genannten Mentalfaktoren nicht enthalten: Auswendiglernen durch Wiederholung ist eine äußerst ineffiziente Lernstrategie (Bellezza, 1981). Wenn die sieben Mentalfaktoren beim Einprägen von Informationen beachtet werden, verliert der Vorgang des Wiederholens an Bedeutung – lediglich für eine dauerhafte Abspeicherung ist eine Wiederholung des Lernmaterials in bestimmten zeitlichen Abständen notwendig (Karsten, 2002). Für außergewöhnliche kurzfristige Gedächtnisleistungen ist mühsames Lernen durch Wiederholung nicht notwendig – die alljährlichen Leistungen der wachsenden Zahl von Gedächtnissportlern, die klassische Annahmen über die Grenzen des Gedächtnisses um Größenordnungen übertreffen, geben dafür eindrucksvolle Belege!

Die hier vorgestellten Mnemotechniken und viele weitere Methoden des Gedächtnistrainings hat der Autor ausführlicher in seinen Büchern *Erfolgsgedächtnis* (Karsten, 2002) und *Lernen wie ein Weltmeister* (Karsten, 2007) dargestellt.

5 Psychologie und Neurobiologie außergewöhnlicher Gedächtnisleistungen

Anna Seemüller & Martin Dresler

5.1 Gedächtnisphasen und –systeme

Bereits seit dem späten 19. Jahrhundert sind außergewöhnliche Gedächtnisleistungen Gegenstand systematischer wissenschaftlicher Studien, wobei jedoch der Großteil der Gedächtnisforschung auf der Untersuchung normaler oder beeinträchtigter Gedächtnisleistungen beruht. Im Folgenden sollen Befunde außergewöhnlicher Gedächtnisleistungen, Erklärungsansätze sowie neurobiologische Zusammenhänge vorgestellt werden. Die Erklärung der Funktionsprinzipien außergewöhnlicher Gedächtnisleistungen basieren auch auf den grundlegenden Gedächtnisphasen und -systemen, die zunächst beleuchtet werden sollen.

Der Prozess der Gedächtnisbildung, von Müller & Pilzecker (1900) als *Konsolidierung* bezeichnet, verläuft nicht abrupt nach einem Alles-oder-nichts-Prinzip, sondern erstreckt sich über eine bestimmte zeitliche Dauer. Die Unterscheidung einzelner Phasen der Gedächtnisbildung lässt sich bereits *a priori* durch die Notwendigkeit zur Registrierung und Enkodierung zu lernender Information, zur Speicherung bzw. zum Schutz vor Datenverlust und zum Abruf der gespeicherten Information treffen (Baddeley, 1995). Entsprechend dieser Überlegungen wird traditionell zwischen Enkodierung, Speicherung bzw. Konsolidierung im engeren Sinne und Abruf als wesentlichen Stufen des Gedächtnisses unterschieden (Mesulam, 2000; Parkin, 2001). Der Begriff Konsolidierung wird dabei gegenwärtig für zwei verschiedene Ebenen der Gedächtnisbildung verwendet: Synaptische Konsolidierung findet innerhalb weniger Minuten bis Stunden nach einer Lernerfahrung auf Stufe einzelner Neuronen statt, während Systemkonsolidierung Wochen, Monate oder Jahre benötigt und eine Reorganisation ganzer Neuronenkreise umfasst (Lechner et al., 1999; McGaugh, 2000; Dudai, 2004). In jüngerer Zeit wird die Konsolidierungsphase außerdem weiter differenziert; so unterscheidet z. B. Walker (2005; vgl. Stickgold, 2005) zumindest bei motorischem Lernen zwischen konsolidierender *Stabilisation*, die den während des Trainings zu beobachtenden Lernerfolg erhält, und daran anschließendem konsolidierendem *Enhancement*, das unabhängig von weiterer Übung den Lernerfolg zusätzlich erhöht. Weiterhin gilt Konsolidierung nicht mehr als einmalige und abgeschlossene Phase endgültiger Gedächtnissicherung, stattdessen werden konsolidierte Gedächtnisspuren oder *Engramme* als potenziell labile Strukturen betrachtet, die nach ihrer Reaktivierung erneut *rekonsolidiert* werden müssen, um nicht *dekonsolidiert* zu werden (Nader, 2003; Dudai, 2004).

Möglicherweise bildet eine solche Rekonsolidierung die Grundlage für eine spätere Reorganisation des Gedächtnisses (Frankland & Bontempi, 2005). Es wird jedoch auch diskutiert, inwiefern Rekonsolidierung tatsächlich eine grundsätzliche und erneute Konsolidierung bedeutet oder möglicherweise lediglich eine Beeinflussung des noch andauernden ursprünglichen Konsolidierungsprozesses darstellt (Dudai & Eisenberg, 2004; Alberini, 2005).

Ein weiterer zeitlicher Aspekt dient seit Ebbinghaus (1885) und James (1890) zur Differenzierung verschiedener Gedächtnissysteme, so dass heute auch im Alltag zwischen *Kurz-* und *Langzeitgedächtnis* unterschieden wird. Das Kurzzeitgedächtnis greift dabei vor allem auf sensorische und Oberflächeneigenschaften zurück, während das Langzeitgedächtnis insbesondere semantische oder Tiefeneigenschaften enkodiert (Mesulam, 2000). Atkinson & Shiffrin (1968) postulieren zusätzlich noch eine ikonische oder echoische Form des *Ultrakurzzeitgedächtnisses*, das für Sekundenbruchteile sensorische Daten hält. Die weitere Ausarbeitung durch Baddeley & Hitch (1974) zum Konzept des *Arbeitsgedächtnisses* hat sich weitgehend durchgesetzt: Danach ist das Arbeitsgedächtnis zum Aufrechterhalten und Manipulieren gegenwärtiger Sinnesdaten und abgerufener Informationen aus dem Langzeitgedächtnis fähig. Kern des Arbeitsgedächtnisses ist die *Zentrale Exekutive*, die auf Daten verschiedener sensorischer Speicher bzw. *slave systems* wie die phonologische Schleife oder den visuell-räumlichen Notizblock zugreift (Baddeley, 1995, 2003).

Auch das Langzeitgedächtnis lässt sich weiter differenzieren, wobei im Wesentlichen zwischen einem je nach Nomenklatur *deklarativen*, *propositionalen* oder *direkten* Gedächtnis, bei dem das Produkt des Gedächtnisses bewusst im Geiste gehalten werden kann, und einem *nondeklarativen, indirekten* oder *Gewohnheitsgedächtnis* unterschieden wird, zu dem kein bewusster Zugang existiert und dessen Leistung sich daher lediglich im Verhalten zeigt (Baddeley, 1999; Mesulam, 2000).

Tulving & Donaldson (1972) unterteilen das deklarative Gedächtnis wiederum in ein *episodisches* Gedächtnis für persönlich erfahrene Ereignisse, an die man sich mit „autonoetischer Bewusstheit" *erinnert*, und ein *semantisches* Gedächtnis für Fakten über die Welt, die schlicht *gewusst* werden (Tulving, 2001), wobei nach Baddeley (1995) das semantische Gedächtnis möglicherweise einfach aus einer Akkumulation vieler Episoden resultiert. Das episodische Gedächtnis wird oft mit dem *autobiografischen* Gedächtnis gleichgesetzt, welches die Erinnerungen einer Person an sie selbst betreffende Ereignisse umfasst, kann aber auch in einem breiteren Sinne als Gedächtnis auch für eher unpersönliche Erinnerungen an z. B. gelernte Wortlisten oder Filme verstanden werden (Kopelmann & Kapur, 2001). Conway (2001) hingegen unterscheidet das nur wenige Minuten oder Stunden andauernde episodische Gedächtnis, das erfahrungsähnliche ereignisspezifische und sensorisch-perzeptuelle Details kürzlicher Erfahrungen umfasst, von einem autobiografischen Gedächtnis, das heterogene Informationen über das eigene Leben umfasst und in das Ersteres integriert wird.

Auch das nichtdeklarative Gedächtnis kann als Oberbegriff für verschiedene Subsysteme verstanden werden, der Phänomene wie *Priming* und das *prozedurale* Gedächtnis umfasst (Mesulam, 2000). Unter Priming wird dabei die Verbesserung der Verarbeitung, Wahrnehmung oder Identifikation eines Reizes verstanden, die darauf beruht, dass der gleiche oder ein ähnlicher Reiz kurz zuvor verarbeitet wurde (Grote,

2001). Im Phänomen des Priming spiegeln sich vermutlich neuronale Residuen einer vorherigen Aktivierung wider, die die Geschwindigkeit und Zugänglichkeit einer späteren Aktivierung erhöhen (Baddeley, 1995). Das prozedurale Gedächtnis bildet die Grundlage für Gewohnheiten und eher automatisch ablaufende Fertigkeiten, die sich weniger in einem bewussten „Wissen, dass" als in einem unbewussten „Wissen, wie" ausdrücken. Es lässt sich unterteilen in Subsysteme für Konditionierung, einfaches Assoziationslernen und kognitive, perzeptuelle und motorische Fertigkeiten, wobei letztere wiederum kontinuierliche Fertigkeiten wie sensomotorische Adaptation und diskontinuierliche Fertigkeiten wie das Lernen von Sequenzen umfassen (Eichenbaum & Cohen, 2001; Doyon et al., 2003).

Nach Hebb (1949) werden Informationen im Kurzzeitgedächtnis durch neuronale Aktivität aufrechterhalten, bevor sie in Form fester neuronaler Veränderungen in das Langzeitgedächtnis übertragen werden. Anatomisch werden das Arbeitsgedächtnis vor allem mit fronto-parietalen Cortexregionen, die deklarativen Gedächtnissysteme vor allem mit dem limbischen System, dem mediotemporalen Cortex und den Assoziationscortices und prozedurale Gedächtnisleistungen vor allem mit den Basalganglien und dem Kleinhirn in Verbindung gebracht (Tranel & Damasio, 1995; Mesulam, 2000). Als grundlegend für die Gedächtnisbildung auf neuronaler Ebene können die beiden Annahmen gelten, dass die Informationsspeicherung des Gedächtnisses einerseits vor allem denjenigen sensomotorischen Bahnen intrinsisch ist, die auch an der Verarbeitung des entsprechenden aktiven oder passiven Verhaltens beteiligt sind, und andererseits im Wesentlichen in der Veränderung der Effektivität bereits bestehender neuronaler Verbindungen besteht (Tranel & Damasio, 1995). Insbesondere letztere Idee ist durch die

Arbeiten von Hebb (1949) und Lomo (1966, 2003) konkretisiert worden. Danach wird die synaptische Verbindung zwischen zwei Nervenzellen verstärkt, wenn beide Zellen wiederholt gleichzeitig aktiv sind. Den dieser Verstärkung zu Grunde liegenden Mechanismus bildet das Phänomen der *Langzeitpotenzierung*, eine selektive und nutzungsabhängige Intensivierung synaptischer Transmission insbesondere durch Wachstum dendritischer Dornen, die vor allem im Hippocampus seit langem nachgewiesen ist (Bennett, 2000; Segal, 2005).

5.2 Außergewöhnliche Gedächtnisleistungen

Auch Menschen mit „schlechtem Gedächtnis" sind normalerweise in der Lage, große Mengen an Informationen im Langzeitgedächtnis zu speichern. Interindividuelle Unterschiede in der Leistung des Langzeitgedächtnisses fallen daher nicht so stark auf wie Leistungsunterschiede im Kurzzeitgedächtnis. Bereits in der Mitte des 20. Jahrhunderts stellte Miller (1956) fest, dass die unmittelbare Gedächtnisspanne bei fast allen Menschen der „magischen Zahl sieben, plus oder minus zwei" entspricht: Etwa sieben – von Miller als Chunks bezeichnete – Informationseinheiten kann jeder Mensch üblicherweise nach einmaliger Präsentation von zwei Sekunden Dauer pro Chunk wiedergeben. Umso außergewöhnlicher wirken daher Menschen, deren Gedächtnisspanne deutlich über diesem Wert liegt. Bereits seit dem späten 19. Jahrhundert sind solche außergewöhnlichen Gedächtnisleistungen Gegenstand sorgfältiger wissenschaftlicher Untersuchungen. Die erste größere experimentelle Studie außergewöhnlicher Gedächtnisleistungen wurde dabei vom Begründer der Intelligenztestung Alfred Binet durchgeführt (Binet, 1894; vgl. Brown & Deffenbacher, 1975). Die von ihm untersuchten Gedächtniskünstler wiesen eine Zahlengedächtnisspanne von teilweise über 40 Zahlen auf, die sie vor allem aufgrund visueller und auditorischer Verbildlichungsstrategien erreichten. Der wenige Jahre später von Müller (1911; 1913; 1917) untersuchte Gedächtniskünstler Rückle brachte es gar auf eine Gedächtnisspanne von über 400 Zahlen, die ihm in einer Geschwindigkeit von etwas unter vier Sekunden pro Zahl vorgelesen wurden, während der von Susukita (1933, 1934) untersuchte Isihara bei etwas geringerer Enkodierungsgeschwindigkeit und Exaktheit über 2 000 Zahlen memorieren konnte.

Den wohl populärsten Fall eines außergewöhnlichen Gedächtnisses stellt der von Luria (1987) über mehrere Jahrzehnte untersuchte russische Journalist Schereschewski dar, der u. a. umfangreiche mathematische Formeln, Matrizen oder fremdsprachige Gedichte auswendig lernen und auch Jahre später noch fehlerfrei wiedergeben konnte. Der Segen eines solch außergewöhnlichen Gedächtnisses war in seinem Falle jedoch mit einer ausgeprägten psychischen Instabilität verbunden, die vor allem aus der Unfähigkeit resultierte, einmal Gelerntes wieder vergessen zu können. Für diese Art der pathologischen Übererinnerung haben Parker et al. (2006) den Begriff *hyperthymestisches Syndrom* vorgeschlagen. Ebenfalls überragende Gedächtnisleistungen können Menschen mit *Savant Syndrom* vollbringen (siehe Kapitel 7). Sie zeigen eine seltene Kombination aus mentaler Retardierung und außergewöhnlichen Leistungen in einem eng begrenzten kognitiven Teilbereich – auch treffend Inselbegabung genannt –, welche bereits seit über zweihundert Jahren bekannt ist (Miller, 1999). Eng damit verbunden ist die tiefgreifende

Entwicklungsstörung des Autismus (Heaton & Wallace, 2004). Außergewöhnliche Gedächtnisleistungen sind jedoch nicht grundsätzlich mit pathologischen Befunden verbunden: In den zuvor genannten und vielen weiteren Untersuchungen von Gedächtniskünstlern lassen sich keinerlei Hinweise über eine Verbindung zwischen außergewöhnlichem Gedächtnis und psychopathologischer Auffälligkeit finden (Brown & Deffenbacher, 1975).

5.3 Erklärungstheorien

Einen Versuch der Erklärung außergewöhnlicher Gedächtnisleistungen geben Ericsson und Chase (1982; Ericsson 1985, 1988) mit ihrer *skilled memory theory.* Danach sind außergewöhnliche Gedächtnisleistungen im Wesentlichen Folge der Aneignung effizienterer Speicher- und Abrufprozesse unter Rückgriff auf das Langzeitgedächtnis. Die Theorie postuliert drei Prinzipien: Die schnelle Aufnahme von Informationen wird durch eine bedeutungsvolle *Enkodierung* unter Rückgriff auf Wissensstrukturen des semantischen Langzeitgedächtnis geleistet. Während dieser Speicherung im Langzeitgedächtnis werden bestimmte *Abrufhinweise* explizit mit den enkodierten Informationen assoziiert, die später den Abruf aus dem Langzeitgedächtnis auslösen. Schließlich können diese Enkodierungs- und Abrufprozesse des Langzeitgedächtnisses durch *Training* soweit beschleunigt werden, dass sich die Speichergeschwindigkeit der des Kurzzeitgedächtnisses annähert und die benötigte Präsentationszeit der zu enkodierenden Informationen mit fortschreitendem Training abnimmt. Diese Theorie geht vor allem auf die Studien von Chase & Ericsson (1981) sowie Ericsson (1985) zurück, in denen College-Studenten mit einer normalen Gedächtnisspanne von etwa sieben Chunks nach intensivem Training ihre Zahlengedächtnisspanne auf einen Bereich von 22 bis hin zu 82 Chunks erweiterten.

Die Implikation dieser Theorie und ihrer Weiterentwicklung zum Konzept des *Langzeitarbeitsgedächtnisses* (Ericsson & Kintsch, 1995), dass außergewöhnliche Gedächtnisleistungen im Wesentlichen erlernt und auf einzelne Typen von Gedächtnisinhalten beschränkt sind (Ericsson & Lehmann, 1996), ist seither Gegenstand intensiver Diskussionen. So argumentierten Thompson et al. (1991, 1993) nach eingehender Untersuchung des indischen Gedächtniskünstlers Rajan Srinivasan, dass zumindest in diesem Einzelfall außergewöhnliche Gedächtnisleistungen ohne Zugriff auf präexistente Wissensstrukturen des Langzeitgedächtnisses möglich seien. Zwar konnten Ericsson et al. (2004) in Untersuchungen an Rajan diesen Einwand entkräften, jedoch legt eine Reihe von Untersuchungen von Wilding und Valentine (1988, 1991, 1994a, 1994b, 1997) eine Unterscheidung von *strategischen* und *natürlichen* Memorierern nahe, die der Impliklation einer reinen Erlernbarkeit von außergewöhnlichen Gedächtnisleistungen widerspricht: Natürliche Memorierer können sich im Vergleich zu Strategen auch lange Zeit nach dem ersten Abruf noch weitgehend vollständig an das Gelernte erinnern, weisen kaum Beschränkungen auf einzelne Informationstypen auf, benutzen keine oder kaum Mnemotechniken und weisen ein außergewöhnliches Gedächtnis auch für Informationstypen auf, die Mnemotechniken nicht zugänglich sind.

Eine weitere Unterscheidung zwischen Memorieren mit dem Ziel der *Kurzzeitspeicherung* bzw. des schnellen Abrufs auf der einen Seite und Memorieren zur *Langzeitspeicherung* auf der anderen Seite legen Studien von Takahashi et al. (2006) und

Hu et al. (2009) nahe. Sie untersuchten Weltrekordhalter im Rezitieren der Nachkommastellen der Zahl π, die nach jahrelangem, intensivem Training eine Leistung von 40 000– 60 000 erinnerten Stellen erreichten. Trotz dieser außergewöhnlichen Langzeitgedächtnisleistung zeigten sie durchschnittliche Gedächtnisspannen für Zahlen und teilweise geringere Gedächtnisspannen für Wörter als Kontrollpersonen. Hu et al. (2009) interpretieren diese Diskrepanz als Hinweis auf zwei unabhängige Memorier-Fähigkeiten, die beide erlernbar sind.

5.4   Neurobiologische Befunde

In den letzten Jahren helfen vermehrt bildgebende Verfahren, außergewöhnliche Gedächtnisleistungen neurobiologisch zu erklären. So konnten Maguire et al. (2000, 2006) mit Hilfe struktureller Magnetresonanztomografie nachweisen, dass das mit der intensiven Ausbildung und Ausübung des Berufs Londoner Taxifahrer verbundene außerordentliche geografische Langzeitgedächtnis mit einer Umstrukturierung der grauen Substanz des Hippocampus einhergeht. Bei der Untersuchung der außergewöhnlichen Leistungen von Gedächtnissportlern fanden sie keine hirnstrukturellen Unterschiede zu Kontrollpersonen, mit Hilfe funktioneller Magnetresonanztomografie jedoch eine deutliche veränderte kortikale Aktivierung während des Memorierens: Gedächtnissportler wiesen entsprechend der verwendeten räumlichen Mnemotechnik der Loci-Methode (siehe Kapitel 4.4) eine stärkere Aktivierung der an der räumlichen Verarbeitung beteiligten kortikalen Areale auf (Maguire et al., 2003). Zu einem ähnlichen Ergebnis kommen auch Tanaka et al. (2002) bei der Untersuchung der erweiterten Zahlengedächtnisspanne von japanischen Abakusexperten, bei denen im Gegensatz zu Kontrollpersonen weniger die kortikalen Areale des sprachlichen Arbeitsgedächtnisses, dagegen stärker die räumlich-visuellen Hirnareale aktiv waren. Diese Befunde stehen in Einklang mit einer erhöhten Aktivität in räumlich-visuellen und frontalen Hirnregionen bei Personen mit überdurchschnittlichen Gedächtnisleistungen während der Enkodierung (Nyberg et al., 2003). Einen direkten Vergleich der kortikalen Aktivität mit und ohne Verwendung der Loci-Methode führten Kondo et al. (2005) durch. Dabei fanden sie unterschiedliche Hirnaktivitätsmuster bei Nicht-Gedächtnisexperten während der Enkodierung und des Abrufs des gleichen Materials vor und nach der Instruktion und Nutzung der Loci-Methode. Die zur Steigerung der Abrufleistung eingesetzte Loci-Methode steht zudem in Zusammenhang mit der generellen kognitiven Kapazität: Ältere zeigten eine geringere Leistungssteigerung durch die Nutzung der Loci-Methode als jüngere Personen. Eine erhöhte Aktivität in visuell-räumlichen Hirnarealen bei älteren Personen wurde nur gefunden, wenn sie von der angewandten Mnemotechnik profitierten (Nyberg et al., 2003). Insgesamt hält Ericsson (2003) diese Ergebnisse für weitere Belege für seine *skilled memory theory*, nach der außergewöhnliche Gedächtnisleistungen nicht angeboren, sondern erlern- und trainierbar sind.

5.5   Fazit

Wie in anderen kognitiven Bereichen auch unterscheiden sich Menschen in der Leistung ihrer Lern- und Gedächtnisfertigkeiten. Berichte über Naturtalente, deren außergewöhnliche Gedächtnisleistungen schlicht angeboren scheinen und häufig mit pathologischen Begleiterscheinungen einhergehen, sind jedoch eher die Ausnahme – weitaus häufiger sind außergewöhnliche Gedächtnisleistungen das Ergebnis des Einsatzes erlern- und trainierbarer Mnemotechniken. Diese Techniken scheinen den mühsamen Zweitschritt der Gedächtniskonsolidierung – Übertragung der Information vom Kurz- ins Langzeitgedächtnis durch häufige Wiederholung – in gewisser Weise zu umgehen, indem sie die zu erlernenden Informationen direkt mit Elementen des Langzeitgedächtnisses verknüpfen. In Untersuchungen mit bildgebenden Verfahren äußert sich der erfolgreiche Einsatz von Mnemotechniken wie der Loci-Methode durch erhöhte neuronale Aktivität in visuell-räumlichen Arealen.

Im Vergleich zur Gedächtnisforschung insgesamt ist die Studienlage bezüglich außergewöhnlicher Gedächtnisleistungen und Mnemotechniken jedoch noch immer sehr überschaubar. Zukünftige Experimente zur Nutzung von Mnemotechniken ebenso wie zum Vergleich außergewöhnlicher und durchschnittlicher Gedächtnisleistungen während der Enkodierung und des Abrufs können zu einem besseren Verständnis der zugrundeliegenden Mechanismen und des Zusammenhangs von Kurzzeit- und Langzeitgedächtnis beitragen. Zudem bieten Methoden und Erfolge des Gedächtnistrainings völlig neue Perspektiven in der aktuellen Debatte um Aus- und Nebenwirkungen des *Neuroenhancements* – immerhin liegen die nachgewiesenen Effekte von Mnemotechniken um Größenordnungen über denen, die derzeit für pharmakologische Enhancer diskutiert werden.

6 Schnell-Lesen: Was ist die Grenze der menschlichen Lesegeschwindigkeit?

Jochen Musch & Peter Rösler

6.1 Einleitung

Im schulischen, universitären und beruflichen Bereich ist heute die Bewältigung einer großen Fülle von Lesestoff unabdingbar. Die Geschwindigkeit, mit der Texte verstehend gelesen werden können, ist ein limitierender Faktor für den Erfolg auf diesen Gebieten. Das Interesse an der Möglichkeit, die Lesegeschwindigkeit zu steigern, ist deshalb in den letzten Jahrzehnten stets groß gewesen. Der vorliegende Beitrag stellt die wichtigsten Befunde und die Schlussfolgerungen dar, die aus den bislang vorliegenden Untersuchungen zum Schnell-Lesen gezogen werden können. Im Mittelpunkt stehen dabei die erheblichen methodischen Probleme, die einer validen Quantifizierung der Leseleistung im Wege stehen. Sie wurden, wie wir zeigen werden, in den allermeisten Untersuchungen nicht zufriedenstellend gelöst. Schlussfolgerungen über die natürlicherweise oder durch ein Training erreichbare Grenze der menschlichen Lesegeschwindigkeit können deshalb nur mit deutlichen Einschränkungen gezogen werden und müssen notwendigerweise vorläufigen Charakter haben.

6.2   Was ist Schnell-Lesen?

Für großes Interesse sorgt schon seit den 1950er Jahren die Behauptung, dass das natürliche Lesetempo von durchschnittlich ca. 250 wpm (Wörtern pro Minute) mit Hilfe eines geeigneten Trainings auf ein Mehrfaches erhöht werden kann. Insbesondere von Wood (1961) wurden Lesegeschwindigkeiten von über 1 000 wpm als erreichbar dargestellt; auch wurde von ihr behauptet, dass es sogenannte natürliche Schnell-Leser gebe. Gemeint sind damit Personen, die auch ohne Training mit sehr hoher Geschwindigkeit bei gutem Verständnis lesen können (Brown et al., 1981). Evelyn Wood, die das Thema Schnell-Lesen in den 1950er Jahren populär machte, identifizierte nach eigenen Angaben über 50 solcher natürlicher Schnell-Leser, die angeblich mit Geschwindigkeiten zwischen 1 500 und 6 000 wpm lesen konnten (Wood, 1960). Allerdings stießen solche und ähnliche Behauptungen schnell auf erhebliche Kritik. Das lag zum einen daran, dass viele anekdotische Berichte außergewöhnlicher Schnell-Lese-Leistungen einer kritischen Überprüfung nicht standhielten: „It was concluded that the only extraordinary talent exhibited by the two speed-readers was their extraordinary rate of page-turning" (Homa, 1983). Zum anderen argumentierte Spache (1962), dass es aus ganz prinzipiellen Gründen unmöglich sei, schneller als mit 800–900 wpm zu lesen. Eine höhere Geschwindigkeit sei nicht erreichbar, wenn man annehme, dass das Auge während des Leseprozesses mit einer Fixation vermutlich nicht mehr als 2,5 bis 3 Wörter erfassen könne, die kürzesten Fixationen ca. 1/6 bis 1/5 Sekunde dauern und die Sakkaden zur nächsten Fixation bzw. zur nächsten Zeile 1/30 bis 1/25 Sekunde dauern – schneller zu lesen ist dann nicht einmal möglich, wenn man annimmt, dass bei der Blickbewegung keinerlei Regressionen auftreten, was jedoch tatsächlich in aller Regel der Fall ist. Als Ergebnis dieser Betrachtungen vermutete Spache (1962), dass das menschliche visuelle System aus prinzipiellen Gründen keine Lesegeschwindigkeiten über 900 wpm zulasse.

Als eine weitere die Lesegeschwindigkeit limitierende Größe diskutierten Sticht et al. (1974) die Geschwindigkeit, mit der Menschen sprechen bzw. Sprache durch Zuhören (*auding*) verstehen können. Möglicherweise kann die Geschwindigkeit des Lesens die Geschwindigkeit des *inneren Mitsprechens*, welches das normale Lesen in aller Regel begleitet, nicht übersteigen (Carver, 1977). Die durch diese Mitsprechlimitierung entstehende obere Grenze für die Geschwindigkeit des normalen Lesens einer Person bezeichnet Carver (1990) – mit einem aus *reading* und *auding* gebildeten Kunstwort – als *rauding rate*. Sie beträgt für College-Studenten typischerweise ca. 300 wpm. Carver (1990) argumentiert, dass Personen mit einer *rauding rate* von über 600 wpm entweder überhaupt nicht existieren oder aber extrem selten seien. Lesen mit einer darüber hinausgehenden Geschwindigkeit bezeichnet er deshalb als *skimming* und meint damit ein lediglich überfliegendes Lesen.

Einer der beiden Autoren dieses Beitrags hat im Rahmen der von ihm angebotenen Weiterbildungsseminare für Informatiker die normale Lesegeschwindigkeit von 921 Personen bei der Lektüre eines mittelschweren, biographischen Textes gemessen. Wie Abbildung 6.1 zeigt, erreichte tatsächlich fast keine dieser Personen eine Geschwindigkeit von über 600 wpm. Der Mittelwert der Lesegeschwindigkeit betrug 253 wpm (bei einer durchschnittlichen Wortlänge von 5,8 Buchstaben plus einem Leerzeichen). Da das beim Lesen erreichte Verständnis nicht gemessen wurde, ist es allerdings leicht möglich, dass die schnellsten Leser (mit bis zu 627 wpm) bereits in das von Carver so genannte überfliegende Lesen (*skimming*) verfielen und nicht mehr mit vollem Verständnis gelesen haben.

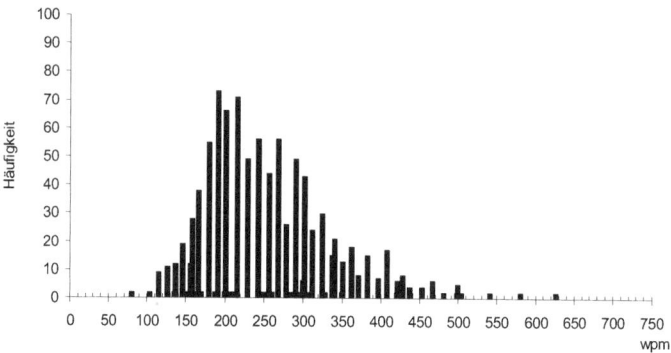

Abbildung 6.1 Lesegeschwindigkeit von 921 vorwiegend akademisch gebildeten Erwachsenen

Welche Lesegeschwindigkeit soll nun aber als Schnell-Lesen verstanden werden? Für den Begriff des Schnell-Lesens scheint es weder in den wissenschaftlichen Publikationen noch unter den Anbietern von Schnell-Lese-Kursen eine einheitliche Definition zu geben. Oft wird schon eine Verbesserung der Lesegeschwindigkeit von beispielsweise 200 auf 400 wpm als Schnell-Lesen bezeichnet; eine solche Geschwindigkeitsverbesserung liegt jedoch, wie die obige Abbildung zeigt, durchaus noch im Bereich natürlich beobachtbarer individueller Unterschiede in der Lesegeschwindigkeit. Wir werden deshalb im vorliegenden Beitrag in Anlehnung an Carver (1990) nur diejenigen Personen, die *mit gutem Verständnis* mehr als 600 wpm lesen können, als *Schnell-Leser* (Carver: *super reader*) bezeichnen. Personen, die mit gutem Verständnis mehr als 1 500 wpm lesen können, werden wir als *außergewöhnliche Schnell-Leser* bezeichnen. Diese Grenze wählen wir, weil einerseits die von Evelyn Wood untersuchten „natürlichen Schnell-Leser" angeblich so schnell zu lesen vermochten und weil andererseits eine Geschwindigkeit von 1 500 wpm deutlich oberhalb der von Spache (1962) aufgrund von Abschätzungen der Blickbewegungsparameter und der von Carver (1977) aufgrund der Mitsprechlimitierung vermuteten oberen Grenze für die Lesegeschwindigkeit liegt.

Macht die Suche nach außergewöhnlichen Schnell-Lesern vor dem Hintergrund der vermuteten grundsätzlichen Beschränkungen der menschlichen Informationsverarbeitungskapazität überhaupt Sinn? Die Existenz von außergewöhnlichen Schnell-Lesern kann tatsächlich trotz dieser Beschränkungen nicht von vorneherein ausgeschlossen werden. So argumentierten bereits Stevens und Orem (1963), dass das Mitsprechen umgangen und eine Bedeutungsextraktion auch ohne innerliches Mitsprechen (*Subvokalisation*) erreicht werden könne. Für diese prinzipielle Möglichkeit spricht auch die Tatsache, dass zumindest einige von Geburt an taubstumme Personen in der Lage sind, lesen zu lernen. Darüber hinaus ist auch um die Fovea herum noch Sehschärfe gegeben, und es erscheint deshalb durchaus möglich, mit einer Fixation parafoveal und möglicherweise auch zeilenübergreifend Informationen zu extrahieren. Ob die Wörter innerhalb der perzeptuellen Spanne dabei seriell oder parallel verarbeitet werden, ist Gegenstand einer intensiven theoretischen Debatte (Angele et al., 2009; Kliegl et al., 2006). Schließlich gibt es auch erhebliche individuelle Unterschiede in der Sehschärfe. Ashwin et al. (2009) zeigten beispielsweise, dass Autisten eine mittlere Sehschärfe haben können, die fast an diejenige von Greifvögeln herankommt. Auch wenn die Existenz von außergewöhnlichen Schnell-Lesern deshalb nicht von vorneherein ausgeschlossen werden kann, liegt die Beweislast hierfür natürlich bei denen, die ihre Existenz behaupten. Zwei Fragestellungen sind dabei zu unterscheiden: Zum einen die Frage nach der Existenz solch außergewöhnlicher Schnell-Leser, zum anderen die Frage nach der Erreichbarkeit solch außergewöhnlicher Schnell-Lese-Fähigkeiten durch ein hierfür geeignetes Training. Für beide Fragestellungen ist die Messung des Leseverständnisses bei der Erfassung der Lesegeschwindigkeit von entscheidender Bedeutung.

6.3 Leseverständnis und Lesegeschwindigkeit

Keine Messung der Lesegeschwindigkeit ist aussagekräftig ohne eine gleichzeitige Messung des erreichten Leseverständnisses. Vom langsamen (lernenden) über das normale bis zum überfliegenden Lesen kann durch eine entsprechende Instruktion fast jede beliebige Lesegeschwindigkeit induziert werden; entscheidend ist dabei jedoch, wie viel ein Leser von dem gelesenen Text tatsächlich versteht. Carver (1990) postuliert einen fast umgekehrt proportionalen Zusammenhang zwischen der Lesegeschwindigkeit und dem Leseverständnis, sobald die personenspezifische *rauding rate* überschritten wird. Demnach würde ein Leseverständnis von 80 % bei einer Person mit einer *rauding rate* von 300 wpm etwa auf 40 % bzw. 20 % zurückgehen, wenn die Lesegeschwindigkeit auf 600 wpm oder 1 200 wpm verdoppelt bzw. vervierfacht wird. Die von Carver (1985) berichteten empirischen Ergebnisse für einen sehr guten Leser stehen mit diesem vermuteten linearen Zusammenhang, der gar keinen Raum für „echte" außergewöhnliche Schnell-Lese-Leistungen ließe, in guter Übereinstimmung.

Das methodisch einwandfreie Messen des Leseverständnisses ist allerdings alles andere als einfach. Im Folgenden werden deshalb die wichtigsten methodischen Probleme bei der Messung der Lesegeschwindigkeit und der Evaluation der Wirksamkeit von Schnell-Lese-Trainings dargestellt. Der weitaus größte Teil insbesondere der populärwissenschaftlichen, aber auch der meisten Publikationen zum Schnell-Lesen mit wissenschaftlichem Anspruch ist nämlich bei kritischer Betrachtung gar nicht oder nur wenig aussagekräftig, weil eine oder mehrere der folgenden Schwächen ihre Interpretierbarkeit verhindern (vgl. Carver, 1990).

Der völlige Verzicht auf eine Messung des Verständnisses
Jede noch so ausgefeilte Messung der Lesegeschwindigkeit ist nutzlos, wenn nicht gleichzeitig der Grad des dabei erreichten Verständnisses miterfasst wird. Wenn nach einem Schnell-Lese-Kurs die Teilnehmer mit höherer Geschwindigkeit lesen, genügt das für sich genommen keineswegs als Beleg für die Wirksamkeit des durchgeführten Trainings.

Möglicherweise haben die Teilnehmer lediglich ein überfliegendes Lesen eingeübt, welches jedoch mit einem großen Verständnisverlust einhergeht. Ohne eine Messung des Leseverständnisses kann diese Alternativerklärung niemals ausgeschlossen werden. Viele anekdotische Berichte in einschlägigen Ratgeberbüchern können aus diesem Grund nicht als valider Beleg für ein erfolgreiches Schnell-Lese-Training akzeptiert werden. Gleiches gilt aber beispielsweise auch für die Untersuchung von Collins (1979).

Verständnistests, die auch ohne Lektüre des Textes erfolgreich bearbeitet werden können Die Konstruktvalidität der zur Verständnismessung häufig herangezogenen Multiple-Choice-Tests kann erheblich beeinträchtigt sein, wenn die gestellten Fragen auch von Personen beantwortet werden können, die den Text gar nicht gelesen oder lediglich überflogen haben. Dies ist beispielsweise dann der Fall, wenn ein einzelnes gelesenes Schlüsselwort, welches nur bei einer der Antwortoptionen vorkommt, den Ausschluss aller Distraktoren erlaubt, oder wenn die Identifikation der richtigen Lösung bereits auf der Basis schon vorher vorhandenen Weltwissens möglich ist. Insbesondere die verbale Intelligenz ist dann ein bedeutsamer Prädiktor der Leseverständnisleistung und kann als Störvariable bei der Leseverständnisdiagnostik wirksam werden (Rost & Sparfeldt, 2007). Aus diesem Grund ist es notwendig, mit einer Kontrollgruppe zu arbeiten, welche die Multiple-Choice-Fragen beantworten muss, ohne den Text gelesen zu haben. Nur so ist es möglich festzustellen, ob die Leseleistung einer Experimentalgruppe über derjenigen liegt, die für intelligente Leser unter Nutzung metakognitiver Prozesse und bereits vorhandener Gedächtnisinhalte auch ganz ohne die Lektüre des Textes erreichbar ist. Außerdem kann nur ein hinreichend sensitiver Test die möglicherweise lediglich graduelle Verschlechterung des

Leseverständnisses erfassen, die mit dem Übergang vom normalen zum überfliegenden Lesen einhergeht.

Fehlinterpretationen des erreichten Verständnisgrades Bei der Interpretation des erreichten Prozentsatzes korrekter Antworten in Multiple-Choice-Verständnistests ist zu berücksichtigen, dass bei beispielsweise vier Antwortalternativen schon mit bloßem Raten ein Viertel der Fragen korrekt beantwortet werden kann. Wenn demnach ein Teilnehmer beispielsweise 25 % der Fragen korrekt beantwortet hat, hat er nicht etwa 25 % verstanden, sondern gar nichts. Carver (1990) schlägt zur Lösung dieses Problems die Verwendung der Ratekorrekturformel $C = R - [W/(A - 1)]$ vor, wobei C der korrigierte Verständniswert ist, R die Anzahl der richtig beantworteten Fragen, W die Anzahl der falsch beantworteten Fragen und A die Anzahl der Antwortmöglichkeiten je Frage. Eine solche Korrektur kann helfen zu verhindern, dass der vermeintliche Verständnisgrad durch Rateprozesse wesentlich mitbeeinflusst wird. Nicht kontrolliert werden können dadurch jedoch über das bloße Raten hinausgehende metakognitive und Gedächtnisprozesse, die ebenfalls zu einer Überschätzung des erreichten Verständnisgrades führen können.

Fehlende Kontrollgruppe Ohne Kontrollgruppe ist es nicht möglich festzustellen, ob die Teilnehmer eines Schnell-Lese-Kurses lediglich gelernt haben, die das Training begleitenden Tests und Zwischentests besser zu absolvieren (*test wiseness*), ohne dass sich deshalb ihre Leseleistungen tatsächlich verbessert hätten. Die Teilnehmer lernen beispielsweise möglicherweise bei einem Schnell-Lese-Training lediglich, aufgrund bestimmter Formulierungen Distraktoren im Verständnistest als solche zu erkennen. Möglicherweise ist auch in den Verständnistests die richtige Antwort länger als die

Distraktorantworten oder kann mit genügend Erfahrung aufgrund anderer Oberflächenmerkmale als richtige Antwort identifiziert werden. Denkbar ist auch, dass bei einem Training die Fähigkeit erlernt wird, aus der Antwort auf eine frühere Frage auf die richtige Antwort auf eine andere Frage zurückzuschließen. Derartige Bedrohungen der internen Validität von Untersuchungen zur Wirksamkeit von Schnell-Lese-Trainings können durch eine Kontrollgruppe wirksam ausgeschlossen werden. Prinzipiell sollten deshalb nur solche Verbesserungen als echte Verbesserungen akzeptiert werden, die nicht auch in einer Kontrollgruppe beobachtbar sind, die gar kein entsprechendes Training erhält. Problematisch ist vor diesem Hintergrund beispielsweise eine Interpretation der Daten von Brim (1968), weil in dieser Untersuchung keine Kontrollgruppe erhoben wurde.

Unzureichende statistische Aufbereitung der Daten Viele Untersuchungen berichten für die Messung der Lese- und Verständnisleistung nicht die Rohwerte und die Streuungen, sondern lediglich daraus abgeleitete Größen wie den prozentualen Zugewinn. Das ist insbesondere dann problematisch, wenn zur inferenzstatistischen Absicherung der Ergebnisse lediglich p-Werte ohne Angabe der zugehörigen statistischen Prüfgrößen berichtet werden. Eine adäquate Einschätzung der erzielten Effektstärken oder der praktischen Bedeutsamkeit der erhobenen Befunde wird dadurch wesentlich erschwert.

Unzureichende Beschreibung der verwendeten Instrumente Eine kritische Überprüfung der Validität von Befunden ist nur möglich, wenn die zur Lesegeschwindigkeits- und Verständnismessung verwendeten Instrumente so präzise beschrieben werden, dass eine Replikation der Befunde ermöglicht wird. Nötig ist hierfür eine genaue Beschreibung oder besser noch die Reproduktion der verwendeten Texte und der verwendeten Fragen. Wenn solche Angaben wie beispielsweise in der Untersuchung von Moss (1980) fehlen, ist es auch nicht möglich, die schon weiter oben beschriebenen möglichen Fehlinterpretationen des erreichten Verständnisgrades auszuschließen.

6.4 Studien zu den Grenzen der Lesegeschwindigkeit

Bei einer gründlichen Literaturrecherche fanden wir insgesamt über hundert Publikationen, die sich mit einer Überprüfung der Lesegeschwindigkeit im Allgemeinen und des Schnell-Lesens im Besonderen auseinandersetzen. Die meisten dieser Publikationen genügten jedoch den oben skizzierten Standards nicht in ausreichendem Maße und häufig nicht einmal ansatzweise; dies gilt insbesondere für große Teile der grauen Literatur und für die sehr verbreitete populärwissenschaftliche Literatur zum Schnell-Lesen. Nur wenige Untersuchungen werden hohen methodischen Standards gerecht und vermeiden zumindest die offensichtlichsten Fehler bei der Untersuchung von Schnell-Lesern. Viele Untersuchungen beschäftigen sich außerdem mit der Untersuchung von Lesegeschwindigkeiten, die noch im Bereich der normalen Schwankungsbreite individueller Unterschiede in der Lesegeschwindigkeit liegen. Wir konnten lediglich eine sehr kleine Zahl von Publikationen identifizieren, in denen die Gruppe der hier interessierenden außergewöhnlichen Schnell-Leser mit einer Lesegeschwindigkeit von über 1 500 wpm untersucht wurden.

McLaughlin (1969) führte eine intensive Suche nach herausragenden Lesern durch. Von den vier Personen, die dabei in seine engere Auswahl kamen, ist eine „Miss L" von besonderem Interesse. In einer der Untersuchungen, die mit ihr durchgeführt wurden, vermochte sie ein Buch, das noch nicht auf dem Markt erschienen war, mit durchschnittlich 3 750 wpm zu lesen. Ihre Lesegeschwindigkeit variierte dabei je nach Buchseite zwischen 1 200 und 9 000 wpm. McLaughlin gab für einige Textausschnitte den Originaltext des Buches und die Nacherzählung von Miss L wieder. Daraus ist tatsächlich erkennbar, dass sie wesentliche Inhalte des Textes verstanden hat. Es ist jedoch nicht möglich, aus den verfügbaren Informationen auch nur annähernd einen groben prozentualen Verständnisgrad abzuleiten. Auch für die anderen mit Miss L durchgeführten Untersuchungen werden keine Verständnismessungen berichtet. Sie war demnach möglicherweise eine außergewöhnliche Schnell-Leserin nach den von uns angelegten Kriterien; aufgrund einer fehlenden Kontrollgruppe, einer unzureichenden Testdokumentation und der fehlenden Quantifizierung des erreichten Verständnisgrades kann eine zuverlässige Aussage hierzu jedoch nicht getroffen werden.

Schale (1969, 1970) berichtete, dass in ihren Schnell-Lese-Kursen ungefähr ein Prozent der Teilnehmer mit mehr als 20 000 wpm lesen konnten und dabei 70 % oder mehr verstehen konnten. Im Verlauf von vier Jahren identifizierte sie unter über 4 000 Teilnehmern ihrer Kurse 15 solcher *gifted rapid readers*, von denen sie drei näher untersuchte (Schale, 1969, 1970). Dazu gehörte die Testperson „M. T. C.", ein 15 Jahre altes Mädchen von den Philippinen. M. T. C besuchte im Jahr 1968 einen Schnell-Lese-Kurs und wurde gleich im Anschluss daran mit dem *Nelson-Denny-Reading-Test*, Form A getestet. Sie las mit einer Geschwindigkeit von 8 520 wpm und erreichte einen Verständnisgrad, welcher dem 81. Perzentil dieses normierten Tests entsprach. In einer Folgestudie ein Jahr später wurde sie mit dem *Diagnostic-Reading-Test*, Form A für die Klassen 7–13 getestet. Sie las dabei mit einer Geschwindigkeit von 41 000 wpm und verstand 85 % des Textes. Diesen Beschreibungen zufolge kann M. T. C. als Kandidatin für eine außergewöhnliche Schnell-Leserin angesehen werden, ebenso wie die beiden anderen von Schale untersuchten Testpersonen. Aufgrund einer fehlenden Kontrollgruppe kann eine zuverlässige Aussage hierzu jedoch nicht getroffen werden. Zudem kamen neben den beiden normierten Tests auch selbst konstruierte Instrumente zum Einsatz, deren Validität nicht überzeugt; beispielweise verwendete Schale (1969) als Grundlage für die Konstruktion eines Verständnistests die ältere Auflage eines Schnell-Lese-Lehrbuchs, das den getesteten Schnell-Lesern bereits bekannt war.

Carver (1985) führte ebenfalls eine sehr aufwändige Suche nach herausragenden Lesern durch. Er wählte dabei schließlich 16 Personen aus, darunter eine Gruppe von vier außergewöhnlich schnellen Lesern (Schnell-Lese-Gruppe). Die von ihm durchgeführten Untersuchungen genügen methodisch hohen Ansprüchen; wesentliche Störeinflüsse und Designfehler wurden kontrolliert bzw. vermieden. Unter den verwendeten Tests waren auch zwei Tests, die mit Büchern durchgeführt wurden. Diese Bücher enthielten *human interest stories* und wurden so ausgewählt, dass Teilnehmer mit breitem Hintergrundwissen keinerlei Vorteile beim Verständnis haben sollten. Unter den 16 Personen gab es eine Person aus der Schnell-Lese-Gruppe (Testperson SPEED-3,700), die dabei besonders auffällige Leistungen zeigte und deren Ergebnisse Carver vor allem deshalb überraschten, weil sie mit seinen Überlegungen zur Geschwindigkeit des inneren Mitsprechens als limitierendem Faktor der Lesegeschwindigkeit nicht in Übereinstimmung zu bringen waren. Bemerkenswert waren dabei vor allem die Leistungen dieser Person beim Schreiben von Zusammenfassungen der Bücher, zu deren Lektüre nur sehr wenig Zeit zur Verfügung gestellt wurde. Nach Carver (1985) wäre die Testperson SPEED-3,700 ein eindrucksvoller Beweis für die Existenz eines wirklichen *super readers* gewesen, wenn es Belege gegeben hätte, dass sich die Testperson auch noch an sehr viele Details des Buches hätte erinnern können. Bei dem entsprechenden *Detail-Recall-Test* schnitt diese Testperson allerdings unterdurchschnittlich ab. Carver (1985) fand außerdem keine Hinweise darauf, dass ein Teilnehmer seiner Untersuchung eine *rauding rate* von über 600 wpm aufwies. Er kam deshalb zu dem Schluss, dass es sich bei den außergewöhnlich schnellen Lesern in seiner Untersuchung um Personen handelte, die zwar mit Hilfe des überfliegenden Lesens (*skimming*) zu Lesegeschwindigkeiten von über 1 000 wpm in der Lage waren, dabei jedoch nicht mehr als höchstens 75 % der Lesestoffes zu behalten vermochten. Ob Normal-Leser zu außergewöhnlichen Schnell-Lesern trainiert werden können, ist aus der Arbeit von Carver (1985) nicht ableitbar. Zwar waren die vier Personen der Schnell-Lese-Gruppe in unterschiedlichen Schnell-Lese-Kursen geschult worden; wie gut diese vier Personen aber vor diesen Kursen waren, wurde nicht untersucht.

Die Arbeiten von Brown et al. (1981) und Cranney et al. (1982) werden hier gemeinsam vorgestellt, weil beide Arbeiten dieselben empirischen Untersuchungen und dieselben Testpersonen beschreiben. Diese Untersuchungen gehören zu den ganz wenigen Studien, die den oben genannten Kriterien genügen und als methodisch solide bezeichnet werden können. Für die Experimentalgruppe von außergewöhnlichen Schnell-Lesern wurden fünf *skilled rapid readers* ausgewählt, die nicht nur einen Schnell-Lese-Kurs besucht hatten, sondern zudem auch von den Trainern dieser Kurse als besonders geeignet identifiziert wurden und außerdem angaben, schon mindestens ein Jahr lang die in den Kursen erlernte Schnell-Lese-Technik erfolgreich anzuwenden. Diese fünf Schnell-Leser lasen mit durchschnittlich 1 891 wpm und damit um ein Mehrfaches schneller als eine Kontrollgruppe, die mit 345 wpm las. Die Schnell-Leser erreichten dabei trotz ihrer stark erhöhten Lesegeschwindigkeiten einen Verständnisgrad von 65 %, genausoviel wie die deutlich langsamer lesende Kontrollgruppe. Der Verständnisgrad wurde dabei mit einem aufwändigen Verfahren erhoben, in welchem mehrere unabhängige Prüfer die Aufzeichnungen der Testpersonen bewerteten. Die Testpersonen durften die Aufzeichnungen, die sie nach dem ersten Lesen des Texts erstellt hatten, nach einem erneuten sehr schnellen Lesevorgang (*postview*) ergänzen. Dadurch sollte das Problem von zwar verstandenem, aber bis zur Aufzeichnung wieder vergessenem Text minimiert werden. Das Postview fand mit ca. 4 000 wpm statt. Wenn man die Lesezeit des Postviews mit einberechnet, ergibt sich für die fünf Schnell-Leser immerhin noch eine durchschnittliche Lesegeschwindigkeit von 1 134 wpm, während sich bei der Kontrollgruppe nur 304 wpm als Lesegeschwindigkeit ergeben. Angesichts der methodischen Sorgfalt, mit der die Untersuchung durchgeführt wurde, können die Testleistungen der Schnell-Leser als durchaus beeindruckend bezeichnet werden. Sie sind das beste Beispiel für außergewöhnliche Schnell-Lese-Leistungen, das wir in der Literatur gefunden haben und das hohen methodischen Standards genügt. Ob auch Normal-Leser zu so guten Schnell-Lesern trainiert werden können, ist aus dieser Forschung allerdings nicht ableitbar. Zwar waren die fünf außergewöhnlichen Schnell-Leser in Evelyn Wood Reading Dynamics Kursen geschult worden; wie gut sie aber vor diesen Kursen waren, wurde nicht untersucht.

An einigen weiteren Studien wie denen von Taylor (1962) und Nell (1988) haben zwar möglicherweise auch außergewöhnliche Schnell-Leser teilgenommen; diese Studien sind jedoch zu schlecht dokumentiert, um darüber eine verlässliche Aussage treffen zu können.

6.5 Fazit

Es gibt viele Veröffentlichungen zum Schnell-Lesen und zu Schnell-Lese-Trainings. Die meisten dieser Publikationen genügen jedoch nicht den methodischen Standards, die zur zuverlässigen Beantwortung der Frage nach den Möglichkeiten und Grenzen des Schnell-Lesens eingehalten werden müssen. Außergewöhnliche Schnell-Leser, also Personen, die mit gutem Verständnis mehr als 1 500 wpm lesen können, sind wegen des Problems der Erfassung des Leseverständnisses methodisch nur sehr schwer von Personen mit guten *Skimming*-Fähigkeiten zu unterscheiden, und es ist durchaus denkbar, dass die Übergänge zwischen diesen beiden Gruppen fließend sind. Es gibt nur einige wenige methodisch anspruchsvolle Studien, die zumindest Hinweise auf die Existenz von außergewöhnlichen Schnell-Lesern geben; die Untersuchungen von Brown et al. (1981) und Cranney et al. (1982) liefern die bislang stärkste Evidenz dafür.

Die Frage, ob normale Leser durch Schnell-Lese-Trainings zu außergewöhnlichen Schnell-Lesern geschult werden können, kann mit den bislang vorgestellten Untersuchungen nicht positiv beantwortet werden. Die vorliegenden bestätigenden Berichte sind wegen methodischer Mängel nur schwer oder gar nicht interpretierbar. Künftige Untersuchungen sollten deshalb nicht ohne die vorherige Schaffung der erforderlichen Voraussetzungen zur gründlichen Untersuchung von außergewöhnlichen Schnell-Lesern durchgeführt werden. Zu entwickeln sind dazu objektive und reliable Tests, mit denen die Fähigkeit zum Schnell-Lesen auch im Bereich von sehr hohen Geschwindigkeiten valide erfasst werden kann. Insbesondere im deutschen Sprachraum herrscht derzeit jedoch ein empfindlicher Mangel an solchen Tests. Der kürzlich vorgelegte Lesegeschwindigkeits- und verständnistest für die Klassen 6–12 (LGVT 6–12; Schneider et al., 2007) ist ein interessanter und vielversprechender Ansatz in dieser Richtung. Er greift allerdings durch sein Antwortformat, welches das Beantworten von Fragen *während* des Lesevorgangs vorsieht, unmittelbar in den Leseprozess ein; dies könnte geeignet sein, gerade besonders geübte Schnell-Leser bei der Anwendung ihrer fortgeschrittenen Lesetechniken zu stören.

Gute Tests sollten gleichwohl wie der LGVT 6–12 nicht nur die Messung der Lesegeschwindigkeit ermöglichen, sondern auch helfen zu kontrollieren, welchen Verständnisgrad Schnell-Leser im Vergleich zu normalen Lesern erreichen. Die im vorliegenden Beitrag skizzierten methodischen Fallstricke bei der Messung der Lesegeschwindigkeit müssen dabei vermieden werden. Mit Hilfe solcher Tests könnte dann versucht werden, in geeigneten Leserpopulationen außergewöhnliche Schnell-Leser zu identifizieren. Zu untersuchen wäre dabei, welche reproduzierbaren Leistungen diese im Einzelnen zeigen und welchen Limitierungen sie bei hohen Lesegeschwindigkeiten unterliegen. Wenn auf diese Weise außergewöhnliche Schnell-Leser gefunden werden und diese in der Vergangenheit Schnell-Lese-Trainings durchlaufen haben, sollten diese Trainings evaluiert und auf die wirksamen Trainingsinhalte hin untersucht werden, um so festzustellen, ob die durchlaufenen Trainings die Ursache für die gezeigten Leistungen sind – oder ob es sich um natürliche Schnell-Leser handelt, deren Lesegewohnheiten zu untersuchen dann gleichwohl von erheblichem Interesse wäre. Mit einer solchen Forschungsstrategie könnte es gelingen, die Frage nach der Grenze der menschlichen Lesegeschwindigkeit zuverlässiger zu beantworten, als dies nach dem derzeitigen Wissensstand möglich ist.

7 Savants – die neuronale Organisation komplexer mentaler Prozesse

Thorsten Fehr

7.1 Was ist ein Savant?

Der Begriff *Savant* ist eigentlich die Verkürzung des ursprünglichen Begriffs *Idiot Savant*, der gewissermaßen direkt beschreibt, was der Hintergrund des eigentlichen Syndroms ist: Betroffene Menschen sind mit außergewöhnlichen Spartenfähigkeiten ausgestattet, zeigen aber gleichzeitig wesentliche Defizite in anderen mentalen Bereichen (Treffert, 1989). Das Savant-Syndrom grenzt sich daher definitionsgemäß von anderen Arten des Auftretens außergewöhnlicher mentaler Leistungen ab. So werden sogenannte Wunderkinder (*prodigies*), talentierte Menschen oder Experten nicht mit wesentlichen mentalen Defiziten oder geistigen Behinderungen in Zusammenhang gebracht (Kalbfleisch, 2004). Allerdings findet man auch in den letztgenannten Gruppen häufig Anzeichen von emotionalen Defiziten im Verhalten oder zumindest einen zuweilen ausgeprägten emotionalen und/oder kognitiven Exzentrismus (Fehr et al., 2010, 2011), wie beispielsweise bei vielen erfolgreichen Künstlern und Wissenschaftlern.

Mentale Komponenten wie *Intelligenz*, welche durch das Ausmaß kompetenter, zügiger, angemessener und motivierter Reaktionen auf einen Umstand oder ein Problem messbar wird, oder *Kreativität*, welche durch neuartige und sinnvoll verwendbare Lösung und/oder Interpretationen eines Problems in Erscheinung tritt, werden in Zusammenhang mit dem Savant-Syndrom eher als unterrepräsentiert angesehen (Treffert, 1989). Etwa 50 % aller Savants weisen eine autistische Spektrumsstörung auf, während die anderen 50 % eine mit dem Zentralnervensystem in Zusammenhang stehende Traumatisierung oder Erkrankung aufweisen. Das Savant-Syndrom tritt bei einem von zehn autistischen Menschen auf (Rimland & Fein, 1988).

Die Begabung – gekennzeichnet durch sehr hohe Intelligenz- und Kreativitätsmerkmale, exzellente Gedächtnisleistungen, eine ausgeprägten Affinität zum Lernen, hohe Informationsverarbeitungsgeschwindigkeit und optimale Leistungen in einer oder mehreren mentalen Domänen – stellt einen eigenständigen Bereich in der Diskussion um außergewöhnliche mentale Leistungen dar (Kalbfleisch, 2004). Von *Talent* spricht man hingegen, wenn die Fähigkeiten nur in einer mentalen Domäne außerhalb der Norm liegen. Sogenannte Wunderkinder (Prodigies) entwickeln nach Feldman (1986) in einem mental beanspruchenden Bereich bereits vor dem zehnten Lebensjahr Leistungen auf Erwachsenenniveau, wobei sie sich jedoch von Savants in vielen Bereichen unterscheiden: So weisen sie ein normales Intelligenzniveau auf, kommunizieren und verstehen viel früher unter Gebrauch von logischem Denken und Sprache als Gleichaltrige, schlussfolgern altersgemäß, zeigen logisches Verständnis und eine normale Moralentwicklung. Allerdings zeigen auch Wunderkinder erfahrungsgemäß Probleme mit der emotionalen Anpassung (Kalbfleisch, 2004).

Es ist nicht leicht, für das Savant-Syndrom eine hinreichende Definition zu formulieren. Der Teilbegriff „Syndrom" weist direkt auf die inhärente Problematik des Phänomens hin: Es gibt Savants mit unterschiedlichsten Fähigkeitsprofilen aus den Domänen Gedächtnis, Rechnen, Musik, bildende Kunst und Sprache (Hermelin, 2001). Jede dieser Domänen hat teilweise spezielle, aber auch ineinander verschachtelte Anforderungen an das menschliche Zentralnervensystem und darüber hinaus eine andersartige Entwicklungsdynamik. Dieser Umstand verleiht jedem Savant gewissermaßen ein einzigartiges Profil. Das seltene Auftreten von Savants verschärft die Problematik einer eindeutigen Kategorisierung noch zusätzlich. Im Folgenden soll auf der Basis neurowissenschaftlicher Argumentation das Verständnis für die kortikale Repräsentation komplexer Kognitionen dahingehend befördert werden, dass die Definition des Savant-Syndroms von einer kategorial-modularen hin zu einer funktionell-systemischen Betrachtungsweise möglich wird.

7.2 Zerebrale Repräsentation komplexer Kognitionen

Zunächst muss bei einer neurowissenschaftlichen Betrachtung kognitiver Prozesse grundsätzlich davon ausgegangen werden, dass diese mentalen (kognitiven) Prozesse etwas mit dem Zentralnervensystem zu tun haben. Des Weiteren muss die Prämisse gelten, dass es hirnphysiologische Parameter gibt, die mit diesen Prozessen in Zusammenhang gebracht werden können. Diese Parameter bezeichnet man als sogenannte neuronale Korrelate kognitiver Prozesse. Es gibt verschiedene Methoden der kognitiven Neurowissenschaften, die unterschiedliche Betrachtungsmöglichkeiten mit verschiedenen zeitlichen und räumlichen Messparametern bieten (Fehr, 2009). Dabei zeigt sich jedoch immer wieder, dass komplexe Kognitionen sich zumeist nicht einfach als räumlich modular fassbare Einheiten im 3-dimensionalen Raum beschreiben lassen. Neben erheblichen individuellen Unterschieden, spielen die angewandte Denkstrategie und Veränderungen unterschiedlicher Aspekte über die Zeit hinweg (Lerngeschichte, kontextuelle Anforderungen, etc.) eine erhebliche Rolle in Bezug auf Art und Lokalisation entsprechender neuronaler Korrelate (Fehr, 2008). Des Weiteren wirkt sich die Art der Aufgabenpräsentation (z. B. verbal oder visuell) zentral auf die Art der Aufgabenbewältigung und die damit in Verbindung stehenden neuronalen Korrelate aus (z. B. Fehr et al., 2007a, 2008a).

Gedächtnis spielt bei der Bewältigung komplexer mentaler Prozesse zumeist eine wichtige Rolle. Im Fall von extrem schweren Rechenaufgaben muss beispielsweise davon ausgegangen werden, dass es einen erheblichen Fundus an Zwischenergebnissen und Prinzipien geben muss, damit Aufgabenlösungen, die zum Teil in Sekunden ablaufen, überhaupt erst möglich werden. Diese Zwischenergebnisse (vergleichbar mit dem „Kleinen Ein-Mal-Eins" bei normal rechnenden Menschen) und Prinzipien (Handlungsalgorithmen wie Rechenstrategien) müssen irgendwo im Zentralnervensystem abgelegt und abrufbar sein. Die sogenannte *Chunking-Theorie* geht davon aus, dass Wissen in sogenannten *Chunks* (Informationseinheiten) organisiert ist (Chase & Simon, 1973a, b). Den Autoren zufolge benötigt die Elaboration von Chunk-Netzwerken Jahre der Übung und des Trainings. Hier liegt die Vermutung nahe, dass Chunk-Netzwerke in Zusammenhang mit jahrelang trainiertem Expertenwissen in zeitlich stabilen neuronalen Netzwerken lokalisierbar sein sollte. Wie bisher teilweise veröffentlichte Daten (Fehr et al., 2008b) allerdings zeigen, können die Hirnaktivierungsmuster in Bezug auf die erfolgreiche Bearbeitung hochkomplexer Rechenaufgaben über die Zeit hinweg stark variieren (siehe Abb. 7.1).

Diese Ergebnisse stellen sowohl die neurowissenschaftlichen Methoden sowie bestehende kognitive Modelle vor eine Herausforderung (Fehr, 2008). Zunächst müssen wir feststellen, dass Methoden der funktionellen Bildgebung extreme Limitationen hinsichtlich der zeitlichen Auflösung von Hirnaktivität haben. Um Hirnaktivität in Echtzeit zu messen, bedarf es Methoden wie der Elektroenzephalographie (EEG) oder der Magnetoenzephalographie (MEG) (Fehr, 2009). In Abschnitt 7.3 wird diese Thematik noch einmal vertieft in Zusammenhang mit der komplexen Kommunikation neuronaler Netzwerke aufgegriffen.

Modelle wie die sogenannte *template theory* nach Gobet (1998) können jedoch bei der Interpretation der oben genannten Ergebnisse wertvolle Hinweise liefern. Diese Theorie geht davon aus, dass es zwar einerseits stabile Netzwerke von

Informationseinheiten (Chunks) gibt, dass diese jedoch durch ein Zuordnungsnetzwerk indiziert sind, welches wiederum von komplexen mentalen Handlungsplänen und Handlungsschemen flexibel genutzt werden kann. Zum Beispiel könnte die verstärkte Verwendung verbaler, visueller oder räumlicher Strategien zur Lösung der gleichen Aufgabe bei ein und derselben Person in verschiedenen Lebensabschnitten zu völlig unterschiedlichen Hirnaktivierungsmustern führen.

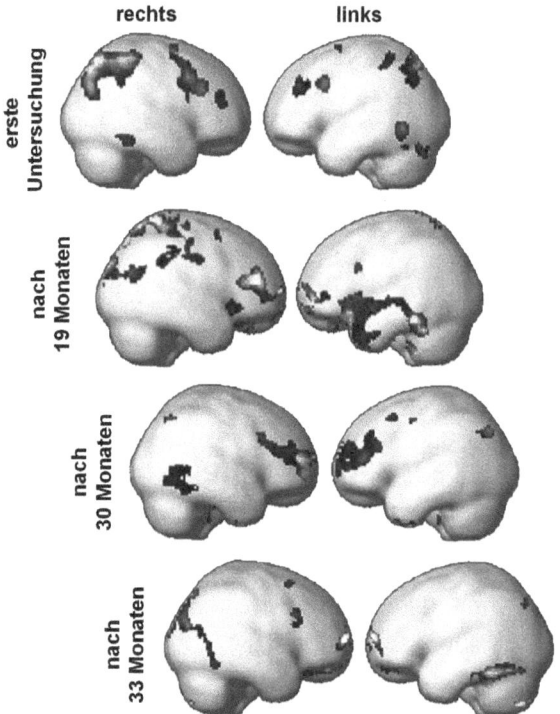

Abbildung 7.1 Hirnaktivierungsmuster in der funktionellen Magnetresonanztomographie bei hochkomplexen Exponentialaufgaben, z. B. „12 hoch 44"

Zusammengefasst bedeutet dies, dass die zerebrale Repräsentation von komplexen Kognitionen hochgradig vernetzt
in unterschiedlichen Regionen des Gehirns organisiert ist.
Erst die Art der Aufgabenverarbeitung aktiviert bestimmte
Teile dieser Netzwerke mehr oder weniger gleichartig, beispielsweise während einer wissenschaftlichen Untersuchung
(z. B. Fehr et al., 2011). Das bedeutet allerdings, dass die
Verwendung bisheriger neurophysiologischer Methoden
vielmehr Auskunft geben kann darüber, *wie* jemand eine
Aufgabe löst und weniger darüber, *was* jemand konkret denkt
und tut (Fehr, 2009).

7.3   Wie kommuniziert das Gehirn?

Wie im vorigen Abschnitt erläutert muss man davon ausgehen, dass komplexe Kognitionen in hochgradig ineinander
verschachtelten neuronalen Netzwerken organisiert sind.
Diese Netzwerke repräsentieren das Wissen (Chunks) um
Inhalte und Handlungsschemen, die in Bezug auf bestimmte
mentale Prozesse komplex miteinander interagieren. Hirnaktivität ist durch chemo-elektrische Prozesse innerhalb und
außerhalb von Neuronen charakterisiert. Messbare elektrische (EEG) und magnetische (MEG) Signale weisen oszillatorische Eigenschaften auf. Es ist davon auszugehen, dass
sich unterschiedliche mentale Prozesse im Gehirn in komplexen dynamischen oszillatorischen Wechselwirkungen
zahlreicher neuronaler Subnetzwerke wiederspiegeln (Basar
et al., 2001; Basar, 1998, 1999). Dabei ist neuronale Aktivität
durch verschiedene ineinander verschachtelte Oszillationen,
die sich teilweise überlagern (Dissonanz) und/oder miteinander in komplexe Wechselwirkung treten (Resonanz

und/oder Konsonanz), beschreibbar. Dieses Orchester an Oszillationen erzeugt so etwas wie eine Supersynergie als messbares Korrelat komplexer mentaler Prozesse (Basar, 2005). Läuft diese physiologische Eigenschaft mit optimalem Timing auf der Basis gut organisierter neuronaler Verschaltungsstrukturen ab, kann man wahrscheinlich auf der Verhaltensebene von optimalen kognitiven Leistungen ausgehen.

Wird ein Hirnbereich immer wieder systematisch aktiv, kommt es in zeitlichem Zusammenhang mit einer bestimmten mentalen Aufgabenart zu einem systematischen Anstieg des Stoffwechsels und damit in der Folge zu einer erhöhten Versorgung mit sauerstoffreichem Blut. Diese Veränderung kann mithilfe der funktionellen Kernspintomographie (fMRT) lokalisiert werden (Logothetis et al., 2001). Allerdings ist die komplexe Art der dynamischen Kommunikation verschiedener miteinander in Verbindung stehender neuronaler Netzwerke in Bezug auf komplexe mentale Prozesse gegenwärtig nur durch EEG oder MEG beschreibbar (Fehr, 2009).

Das Gehirn nimmt über sensorische Einflüsse der Umwelt (visuell, auditorisch, taktil, usw.), aber auch durch Erinnerungen (Aktivierung von Gedächtnisinhalten), Veränderungen wahr und reagiert darauf. Dies geschieht teilweise bewusst, aber auch in großen Teilen unbewusst. Ein neueres Modell von Fuster (2006) beschreibt Handlungsrelevanz und Handlungsabläufe im weiteren Sinne – also auch Denkprozesse – in Zusammenhang mit sogenannten perzeptuellen und exekutiven Gedächtniselementen, sogenannten *Cognits*, die eng miteinander verknüpft sind und komplex miteinander interagieren. Dabei stehen die *perzeptuellen Cognits* für Wahrnehmungsprozesse und Situationsanalysen auf der Basis der Interaktion mit bestehenden Gedächtnisinhalten (neuronal in eher posterioren/hinteren Hirnregionen ver-

netzt) und die *exekutiven Cognits* für Handlungsschemen und
-planung auf der Basis handlungsbezogener Gedächtnisinhalte (neuronal eher in anterioren/frontalen Hirnregionen vernetzt).

Zusammenfassend kann man sagen, dass sinnvolle Kommu-
nikationsformen des Gehirns nicht in kleine, räumlich ein-
grenzbare und modulare Elemente heruntergebrochen werden können. Die hochgradig integrative Form kognitionsbe-
zogener Kommunikation neuronaler Netzwerke lässt sich
schlussendlich eher auf einer prinzipiell funktionellen und
hochadaptiven sowie interindividuell verschiedenen und von
der wahrgenommenen Realität eher abstrahierten und weniger auf einer lokalisatorisch vertraut-konkreten eingrenzen-
den und fixierten Beschreibungsebene fassen (Fehr, 2008).
Hier bedarf es der Weiterentwicklung bestehender wissenschaftlicher Methoden, um zu fassbaren und (be-)greifbaren
Beschreibungsdimensionen (Operationalisierungen) zu kommen.

7.4   Die Entwicklung mentaler Höchstleistungen

Zwei Aspekte sind bei der Entwicklung mentaler Höchstleistungen zunächst zu berücksichtigen: (1) Das Gehirn gehört
bezüglich seiner Entwicklungsdynamik und Funktionsweise
vermutlich zu den komplexesten Phänomenen, die dem
Menschen zugänglich sind und (2) wenn wir von mentalen
Höchstleistungen sprechen, dann sprechen wir gleichzeitig
von einer Reihe völlig unterschiedlicher kognitiver Leis-
tungsarten aus den Bereichen Gedächtnis, Rechnen, Musik,
bildender Kunst und Sprache (Hermelin, 2001), die teilweise

auch noch miteinander kombiniert sein können. Konkret gesagt, ein Blitzschlag macht keinen Menschen zu einem Rechengenie – wenn nicht schon vor einem neuronalen Trauma exzellente Arbeitsgedächtnisleistungen und das Wissen um Rechenalgorithmen vorhanden waren, dann wird auch kein plötzlicher Anstieg in der Leistung in Bezug auf komplexe Rechenoperationen zu erwarten sein. Sollten aber schon entsprechende Funktionen und Strukturen vor einem potentiellen Trauma zumindest prototypisch oder analog vorhanden gewesen sein, ist ein Szenario derart denkbar, dass durch ein traumabedingtes „Herunterfahren" von bestimmten neuronalen Netzwerken im Gehirn (z. B. durch eine Verletzung oder einen Blitzschlag) nichtbetroffene Funktionen und Strukturen in ihrer Entfaltung durch den Wegfall der Hemmung durch andere Hirnbereiche plötzlich begünstigt werden (*paradoxical facilitation*, vgl. Snyder et al., 2003). Beispielsweise können also bei Schädigung exekutiver Strukturen infolge frontaler Traumata oder der altersbedingten Degeneration neuronaler frontaler Netzwerke (z. B. durch fronto-temporale Altersdemenz) perzeptuelle Strukturen in posteriore Hirnregionen die Umwelt intensiver wahrnehmen und verarbeiten, da sie weniger „kontrolliert" oder durch frontale Strukturen in ihrer Aktivität moduliert werden. Sollte zuvor schon eine gewisse motorische Geschicklichkeit oder die Basis für die Umsetzung bildhafter oder modellierender sowie musikalischer Kunst vorhanden gewesen sein, kann dies möglicherweise zu einer beschleunigten Entwicklung oder einer von der Umwelt als plötzlich vorhanden wahrgenommenen künstlerischen Fähigkeit bei den betroffenen Menschen führen.

Eine ganz andere entwicklungsbezogene Erklärung für das Auftreten außergewöhnlicher mentaler Leistungen oder die Ausformung von außerordentlichen Spartenfähigkeiten liefert die Entwicklungsneurophysiologie. Als Grundlage für jedwede menschliche Entwicklung bestimmt das Genom die biologischen Startwerte, von denen aus sich das Individuum in ständiger Wechselwirkung mit seiner Umwelt weiterentwickelt. In verschiedenen Studien werden Zusammenhänge zwischen genetischer Prädisposition und kognitiven Leistungsfaktoren sowie damit in Zusammenhang stehenden Aktivierungen in bestimmten Hirnregionen beschrieben (für einen Überblick siehe Kalbfleisch, 2004). Ebenso wurden Temperamentseigenschaften mit Vererbung in Verbindung gebracht. Die schwierige Erforschung solcher komplexen Zusammenhänge befindet sich allerdings noch am Anfang und entsprechende Ergebnisse sollten noch mit größter Vorsicht interpretiert werden.

Eine Theorie besagt, dass die Entwicklung der linken Hirnhemisphäre bereits vor der Geburt durch einen ungewöhnlich hohen Testosteronstoffwechsel verzögert sein könnte (Treffert, 1989). Dies könnte zu einer paradoxen Beförderung der Entwicklung der rechten Hirnhemisphäre führen und damit zu einer andersartigen kognitiven Entwicklung. Sprache und analytisches Denken würden sich verzögert entwickeln, wohingegen räumliche und eher holistische Aspekte kognitiver Leistungen stärker zur Entfaltung kämen. Beispielsweise ist genau dies häufig bei der autistischen Spektrumsstörung zu beobachten. Stereotyp exzessive Verhaltensweisen bei gleichzeitig verzögerter Sprachentwicklung könnten ein Hinweis auf eine Entwicklungsverzögerung betont linkshemisphärischer kognitiver Komponenten und die Ausformung eines sogenannten *extreme male brains* sein (s. a. Treffert, 1989). Ein weiteres Charakteristikum ist eine beeinträchtigte Entwicklung des Sozialverhaltens und des emotionalen Umgangs. Für diese These in Hinblick auf die Entwicklung außerordentlicher Spartenfähigkeiten spricht zwar, dass etwa 50 % aller Savants Autisten sind, allerdings kann dies keine hinreichende Erklärung sein, da etwa nur jeder zehnte Autist überdurchschnittliche Spartenfähigkeiten entwickelt (Rimland & Fein, 1988). In der Regel führen zentralnervöse Entwicklungsstörungen eher zu Behinderungen und Beeinträchtigungen im Alltag bis hin zur völligen Unselbständigkeit.

Die individuelle hirnphysiologische Entwicklung mit möglicherweise (un-)günstigen Startbedingungen (geistige Behinderung, Autismus) findet nicht unabhängig von Einflüssen des sozialen Umfeldes statt. Bei jedem Menschen, ob behindert oder nicht, spielt die Wechselwirkung mit dem sozialen Umfeld eine zentrale Rolle bei der kognitiven und emotionalen Entwicklung in Bezug auf die Anpassungs- und Leistungsfähigkeit des Zentralnervensystems. Trifft ein junger Mensch mit einem möglicherweise genetisch determinierten oder durch frühe neuronale Traumata (z. B. durch Alkohol-, Medikamenten- oder Nikotinintoxikation bei der schwangeren Mutter) beeinflussten und daher für das Umfeld schwierigen Temperament (außerhalb des Normbereichs) auf ein ungünstiges soziales Entwicklungsumfeld, wird er möglicherweise auf der Basis völlig natürlicher Anpassungsprozesse das Belohnungskonzept für sein tägliches Handeln und Tun auf eine für andere Menschen als merkwürdig empfundene Art anpassen. Durch fehlende für ihn angemessene soziale Interaktion mit der Umwelt beschäftigt sich der junge Mensch dann mit Dingen, wie beispielsweise Steinchen am Wegesrand nach Größe, Farbe und Form zu sortieren oder die Muster der Wandtapete in seinem Kinderzimmer, in dem er ständig auf sich alleine gestellt ist, auswendig zu lernen. Diese Tätigkeit wird zum Selbstläufer und der betroffene junge Mensch entwickelt eine ganz individuelle Lebenslust in Zusammenhang mit den für andere Menschen, die kraft ihrer temperamentsbezogenen „Normausstattung" in „normalen" Entwicklungskontexten aufwachsen, abstrusen Handlungsabläufen. Durch die exzessive Beschäftigung mit diesen sehr „einfachen" Tätigkeiten auf der Basis von primären Objekteigenschaften wie Größe, Farbe, Anzahl, und viele andere, die nicht durch komplexe soziale Kognitionen moduliert oder „gestört" werden, entwickelt der Betroffene ein hochgradig komplexes mentales System, in dem er auch andere verwandte Prozesse effizient und mit hoher Geschwindigkeit verarbeiten kann. Zum Beispiel lernt das Kind schon früh, Mengen von gleichartigen Dingen in gleichgroße Gruppen zu unterteilen (*equipartioning*, siehe Snyder & Mitchel, 1999). Dies wiederum könnte die Basis für das spätere Identifizieren und leichte Abspeichern von Primzahlen sein, eine Fähigkeit, die bei vielen Savants und Wunderkindern vorkommt. Ähnliches ist auch denkbar für die Identifikation von Regelsystemen in visuellen Darstellungen und der Erkennung von logischen Strukturen in Musik und Sprache.

Es zeigt sich allerdings, dass diese Fähigkeiten zum Teil auf Kosten einer angepassten Sozialisation und emotionalen Entwicklung gehen. Andererseits könnte ein aufgeklärtes und pädagogisch entsprechend geschultes Umfeld in Elternhaus, Peer-Gruppe, Kindergarten und Schule möglicherweise bei vielen Betroffenen effizient helfen, etwaige Defizite zu kompensieren und auszugleichen.

Frei nach Fuster (2006) entwickeln sich über die individuelle Entwicklungsgeschichte (Ontogenese) hinweg alle neuronalen Netzwerke in Zusammenhang mit perzeptuellen und exekutiven Funktionen von sogenannten topografischen Cortices (für die primäre Verarbeitung von Sinneseindrücken und primären motorischen Prozessen) aus in Richtung heteromodaler Assoziationscortices in frontalen, temporalen, parietalen und okzipitalen Regionen des Gehirns. Letztere

Strukturen können wahrscheinlich als extrem heterogen organisiert über verschiedene Individuen hinweg angesehen werden. Ergänzend zu dem Modell von Fuster (2006) entwickelte Fehr (2008) in Zusammenhang mit der Entwicklung mentaler Rechenfähigkeiten ein Modell, das davon ausgeht, dass komplexe Funktionen wie die Verarbeitung von Raum- und Größenverhältnissen sowie manipulative Funktionen (exekutive Elemente des Arbeitsgedächtnisses) ihren entwicklungsneurophysiologischen Ursprung in intra-parietalen bzw. mittleren frontalen Regionen haben. Werden nun bestimmte Sinneseindrücke bereits in der frühen Hirnentwicklung immer und immer wieder in exzessiver Weise mit bestimmten Handlungsabläufen assoziiert und möglicherweise als extrem selbstmotivierend empfunden, könnten sich schon sehr früh sogenannte *perception action cycles* herausbilden, die sich dann als gewissermaßen zwanghafte und individuell-stereotypische Verhaltensmuster zeigen. Die damit in Zusammenhang stehenden neuronalen Netzwerke sind möglicherweise in ihrer physiologischen Verschaltung vergleichbar mit jenen, die bereits analog für die Ausformung und Prägung eines sogenannten Suchtgedächtnisses angenommen werden (Fehr et al., 2006, 2007b). Durch die aus einem solchen Szenario resultierenden Denkschemen könnten hocheffiziente Lösungsstrategien erwachsen, die allerdings nur für bestimmte mentale Spartenprobleme geeignet sind. Diese mentalen Spartenprobleme sind im Fall von Savants und anderen Experten jedoch häufig nicht für das angepasste Leben in der Gesellschaft relevant (z. B. Telefonbücher auswendig lernen), insbesondere dann, wenn andere notwendige Fähigkeiten für das Alltagsleben soweit in den Hintergrund treten, dass ein „normales" Leben unmöglich wird.

Ein zentraler Aspekt, der immer wieder in allen Erklärungsansätzen für die Entwicklung spezieller Fähigkeiten und kognitiver Leistungen genannt wird, ist das Training. Möglicherweise ist die motivierte und oft wiederholte qualifizierte Konfrontation mit einer Problemart einer der zentralen Schlüsselaspekte, um ein hocheffizientes Netzwerk aus wissensbasierten Chunks und geeigneten Handlungsschemen im individuellen Entwicklungsverlauf herauszubilden. So bleibt dem an kognitiven Höchstleistungen interessierten Menschen vor allem eine wesentliche Erkenntnis an dieser Stelle: Dem inneren Schweinehund am besten mithilfe des Motivationsprinzips entgegenzutreten und in diesem Sinne fleißig zu trainieren nach dem Motto „mit Lust zur Leistung und Leistung durch Lust an der Sache selbst". In diesem Sinne tut eine Gesellschaft, die vornehmlich am Leistungsprinzip orientiert ist, gut daran, für entsprechende positiv stimulierende Entwicklungsumgebungen für jeden Menschen, unabhängig von seinen potenziellen mentalen Handicaps, zu sorgen. Eine Hochkultur sollte in der Lage sein − oder sich zumindest in die Lage versetzen − für jedes Individuum die optimale Entwicklungsnische zu schaffen.

7.5 Fazit: Was ist das Besondere am Expertengehirn?

Auf der Basis der Ausführungen in den vorangegangenen Abschnitten muss man wohl davon ausgehen, dass das Vorkommen außergewöhnlicher mentaler Leistungen verschiedenste Ursachen haben kann. Im Falle der Savants stehen außergewöhnliche Spartenfähigkeiten auf der einen Seite zumeist erheblichen geistigen oder mentalen Behinderungen auf der anderen Seite entgegen. Es bleibt aber völlig offen, ob die neuronalen Ursachen für die jeweilige Behinderung in irgendeiner Weise kausal oder indirekt modulierend mit der

Entwicklung der entsprechenden Spartenfähigkeiten in Zusammenhang stehen. Dies begründet sich insbesondere dadurch, dass es Experten auf mentalen Gebieten gibt, die keinerlei Behinderungen aufweisen (Fehr et al., 2010, 2011). Geistige Behinderungen oder mental-emotionale Defizite, die ein potenzielles neuronales Korrelat in Form einer verzögerten Entwicklung oder einer durch neuronale Traumata herbeigeführte Störung „heruntergeregelter" Regionen oder neuronaler Netzwerke des Zentralnervensystems aufweisen, stellen also keine hinreichende Bedingung für die Ausformung von kognitiven Expertenleistungen in Zusammenhang mit einer dadurch bedingten Entwicklungsbegünstigung anderer Hirnbereiche oder Netzwerke dar. Das heißt allerdings nicht, dass für einzelne Individuen ein solches Szenario ausgeschlossen werden kann.

Außergewöhnliche mentale Leistungen sind vermutlich die Folge einer optimalen Passung zwischen genetisch determiniertem Temperament und der entsprechenden sozialen Entwicklungsumgebung. Dabei kommt es nicht auf *viel* oder *wenig*, sondern auf die *optimale Passung* an. Schwierige Temperamente können auf sozial inkompetente und daher für sie ungünstige Entwicklungsbedingungen treffen. Das kann zwar potenziell förderlich für die Leistungsentwicklung bestimmter Spartenfähigkeiten sein, allerdings können andere wichtige Aspekte wie eine gesunde soziale Entwicklung extrem behindert oder sogar verhindert werden. Eine angemessene und vor allem individuell sinnvolle – nach Leistungsstand, Motivationspotential und Temperament ausgerichtete – Förderung junger Menschen bleibt nach wie vor eine der zentralen Herausforderungen gegenwärtiger Hochkulturen.

Auf neuronaler Ebene finden wir bei Savants durchaus Fälle mit makroanatomischen Auffälligkeiten, wie beispielsweise das Fehlen des *Corpus callosums* und die irreguläre Verbindung der beiden Hirnhemisphären. Diese Fälle sind allerdings extrem selten und bieten ebenso wie weniger sichtbare entwicklungsneurophysiologische Störungen keine hinreichende Erklärung für das Auftreten außerordentlicher mentaler Leistungen. Vermutlich ist der Grund hierfür weniger in der makroanatomischen Architektur zu finden als vielmehr im Bereich der Informationsverarbeitungseffizienz in Zusammenhang mit einer optimalen neuronalen Vernetzung. Makroanatomische Besonderheiten können möglicherweise die effiziente Vernetzung im Sinne spezifischer Höchstleistungen befördern, gehen aber in der Regel eher mit massiven mentalen Defiziten in anderen mentalen Bereichen und schwersten geistigen Behinderungen einher. Möglicherweise ist hier im Einzelfall eine gewissermaßen paradoxe Begünstigung der Entwicklung von Spartenfähigkeiten gekoppelt an eine besondere Behinderungs-Umwelt-Interaktion. So bleibt dem behinderten Menschen oft mehr Zeit für die obsessive Beschäftigung mit für andere sinnfreien Dingen (z. B. Telefonbücher auswendig lernen, Steinchen nach Größe und/oder Farbe sortieren, neue Primzahlen finden, eine iterative Kalenderdatenexploration u. v. m.).

Bei Experten, Wunderkindern und begabten Menschen, die keine sozialen und mentalen Defizite zeigen, laufen solche Erklärungsansätze allerdings ins Leere. Hier müssen wir wahrscheinlich eher von einer hohen Effizienz in Bezug auf die neuronale Elaboration (Vernetzung) komplexer Inhalte (Chunks), Bezugsysteme (Eselsbrücken und Cue-Systeme sowie flexible Abrufschemen) und Algorithmen (prototypische Vorgehensweisen und Handlungspläne, Strategien, Tricks) in vorhandene neuronale Strukturen und Netzwerke ausgehen. Interagieren diese neuronalen Netzwerke mit optimalem Timing auf der Basis gut organisierter neuronaler Verschaltungsstrukturen, kann man wahrscheinlich auf der Verhaltensebene von optimalen kognitiven Leistungen ausgehen. Bisherige Daten weisen darauf hin, dass Experten und Savants im Prinzip die gleichen Hirnregionen verwenden wie andere Menschen, nur eben effizienter (Fehr, 2008, 2010, 2011).

Eine optimale neuronale Integration komplexen Wissens und die dazu gehörigen Handlungsschemen sind allerdings nicht ohne langwieriges Training in einer günstigen Entwicklungsumgebung zu erlangen. Im besten Fall werden die Lernprozesse von den Eigenschaften des zu lernenden Gegenstandes selbst motiviert (Lust am Lernen und Üben selbst) und nicht negativ vom sozialen Umfeld beeinflusst. Grundsätzlich gilt allerdings: Ohne Fleiß kein Preis – und zwar unabhängig von den individuellen Startbedingungen (Temperament, Alter, Krankheit, etc.). Gesellschaft, Psychologie und Pädagogik stehen hier vor einer großen Herausforderung.

Diese Abhandlung erhebt in der gebotenen Kürze nicht den Anspruch auf Vollständigkeit, sie sollte jedoch einige Prinzipien in Zusammenhang mit dem Thema dialektisch aufgreifen und dem Leser zu einer kritischen Haltung gegenüber unberechtigten Vereinfachungen des Phänomens verhelfen. Alle Menschen – auch Wissenschaftler – neigen dazu, in der Vereinfachung Sicherheit in der Argumentation zu finden. Aber komplexe Kognitionen sind inhärent eine komplexe Angelegenheit, die nicht simplifiziert, sondern allenfalls geeignet dargestellt werden kann. Jeder Savant und jeder Experte ist einmalig. Wir müssen wohl oder übel unsere Modelle an die Natur anpassen und sollten aufhören zu versuchen, der Natur unsere häufig viel zu einfachen und pauschalen Denkmodelle aufzwingen zu wollen. Das Gehirn des Menschen hat die Fähigkeit entwickelt, sich selbst bewusst zu reflektieren und zu hinterfragen. Vielleicht schaffen es die Klügsten unter uns ja eines Tages, eine griffige Formel für dieses zentrale Phänomen zu finden.

8 Synästhesie, Metapher und Kreativität

Tanja Gabriele Baudson

8.1 Was ist Synästhesie?

> *A studious blind man who had mightily beat his head about a visible object*
> *... betrayed one day that he now understood what scarlet signified.*
> *Upon which, his friend demanded what scarlet was?*
> *The blind man answered, it was like the sound of a trumpet.*
> John Locke (1690), Essay Concerning Human Understanding

8.1.1 Definition

Als *union of the senses*, als Einheit der Sinne, bezeichnen sowohl Lawrence E. Marks (1978) als auch Richard E. Cytowic (1989) in ihren gleichnamigen Büchern die Synästhesie; und in der Tat weist bereits das griechische Etymon des Wortes auf diese Bedeutung hin. *Syn*, „zusammen", und *aisthésis*, „Wahrnehmung", sind die beiden Komponenten eines Phänomens, das sich durch die unwillkürliche Kopplung zweier getrennter Sinnesmodalitäten auszeichnet, wobei in der Regel die Wahrnehmung eines Reizes in der einen eine zusätzliche Wahrnehmung in der anderen, nicht stimulierten Modalität auslöst (vgl. u. a. Cytowic, 1989; Hubbard & Ramachandran, 2005; Hubbard, 2007; Ward, 2003). Diese Kopplung kann grundsätzlich zwischen allen Modalitäten auftreten; sie ist bereits in früher Kindheit, möglicherweise von Geburt an, vorhanden, ist stabil über die Lebensspanne und wird von den Betroffenen als normale Form der Wahrnehmung erlebt – etwa so, wie ein Nicht-Synästhetiker Farben wahrnimmt (die etwa ein Farbenblinder nicht erkennen kann). Oft berichten Synästhetiker von großer Überraschung in dem Moment, als sie feststellten, dass ihre Art der Wahrnehmung etwas Ungewöhnliches und Besonderes ist.

Da F. Costa (1996) erachtete es in seiner Kritik an Cytowic (1995) als problematisch, dass die von diesem vorgeschlagenen Kriterien zur Diagnose von Synästhesie (siehe auch unten) fast ausschließlich phänomenologischer, d. h. subjektiver, Natur seien, und war folglich skeptisch, Synästhesie rein aufgrund der Aussage verschiedener Betroffener als reales Phänomen anzuerkennen („this does not necessarily mean dismissing synesthesia as a real phenomenon, but rather that more substantial evidence is needed. If not, based on thousands of reports, we should take for granted that UFOs have been visiting earth and abducting people"). Darüber hinaus stehen jedoch insbesondere mit bildgebenden Verfahren und Wahrnehmungsaufgaben weitere, objektivere diagnostische Möglichkeiten zur Verfügung, die weiter unten noch detaillierter beschrieben werden. Inzwischen gilt es als Konsens, dass Synästhesie keine Einbildung ist, sondern ein reales perzeptuelles Phänomen (Harrison & Baron-Cohen, 1997a); diesem wollen wir im Folgenden etwas näher auf den Grund gehen.

8.1.2 Prävalenz und Diagnostik

One of these accounts sounds more wild and lunatic than the next.
Francis Galton (1883),
Inquiries into Human Faculty and Its Development

Synästhesie ist – entgegen Galtons Annahme – nichts Pathologisches; insofern ist eine „Diagnostik" in diesem Kontext auch nicht im Sinne der Identifikation eines Störungsbildes o. ä. aufzufassen. Wie viele Synästhetiker es gibt, ist eine bis heute ungelöste Frage. Schätzungen schwanken von 1 : 20 (Galton, 1880) bis hin zu 1 : 20 000 (Cytowic, 1997). Ramachandran und Hubbard (2001) erklären dies durch die unterschiedlichen Typen von Synästhesie, die die jeweiligen Forscher untersuchten: So ist eine Synästhesie zwischen Form und Geschmack, wie sie Cytowic untersuchte, deutlich seltener als Graphem-Farb-Synästhesie, die insgesamt der häufigste Vertreter dieses Phänomens ist. Aktuelle Schätzungen gehen von einer Prävalenz von durchschnittlich etwa 1 : 2 000 aus (was für Ramachandran & Hubbard, 2001, immer noch ein wenig zu niedrig gegriffen ist, die die Quote etwa zehnmal so hoch veranschlagen). Insgesamt scheint die Prävalenz der jeweils untersuchten Synästhesie als eine Art Ankerheuristik die Schätzung der Gesamtprävalenz zu beeinflussen; die Dunkelziffer ist vermutlich auch deshalb recht hoch, weil die meisten Synästhetiker ihre Art der Wahrnehmung als ganz normal erleben (Ramachandran & Hubbard, 2001) und häufig sehr verwundert sind, wenn sie erfahren, dass gar nicht alle Menschen synästhetisch wahrnehmen.

Eine familiäre Häufung des Phänomens ist ebenfalls zu beobachten; ferner berichten Baron-Cohen und Kollegen (1996), dass Frauen sechsmal so häufig von Synästhesie betroffen sind wie Männer. Simner und Kollegen (2006), die eine unselegierte Stichprobe untersuchten, ermittelten hingegen eine

Gesamtprävalenz von etwa 4–5 % und konnten auch den postulierten Frauenüberschuss nicht bestätigen. Insgesamt handelt es sich also um ein seltenes, aber nichtsdestoweniger reales Phänomen.

Cytowic (1996) fasst die diagnostischen Kriterien für eine echte Synästhesie, die seit dem Beginn der systematischen Erforschung synästhetischer Phänomene immer wieder genannt werden, wie folgt zusammen: Sie ist unwillkürlich, hat aber einen Auslöser; sie wird projiziert (entweder auf einen inneren „Bildschirm" oder in die Außenwelt); die ausgelöste Wahrnehmung kann „nah" (Propriozeption, Berührung, Geruch) oder „fern" (Sehen, Hören) sein und hat eine damit konkordante neurologische Entsprechung; synästhetische Wahrnehmungen sind über die Zeit stabil und generisch, d. h. nicht elaboriert (z. B. Linien, Spiralen, raue Texturen statt gemäldeartiger Landschaften), beinhalten aber dennoch oft detailgenaue Wahrnehmungen (siehe hierzu den nächsten Punkt); die Beschreibungen des synästhetischen Erlebens sind häufig Versuche, das Perzept gleichsam *post hoc* so in Worte zu fassen, dass es für Nichtsynästhetiker nachvollziehbar ist, somit nicht einfach nur poetisch (vgl. Cytowics Patient MW, der den Geschmack von Pfefferminze mit „kühlen Glassäulen" beschrieb, um die räumliche Begrenztheit, Glattheit und davon ausgehende Temperaturempfindung anschaulich zu machen, somit die Empfindung verkürzt, aber plastisch darstellte).

Mulvenna (2007) ergänzt diese Liste noch um folgende Punkte: Es handelt sich bei Synästhetikern um gesunde Personen (die auch keine „Heilung" für ihre Kondition suchen); Synästhesien sind individuell unterschiedlich; als Ausschlusskriterium gelten Anfallsleiden (Epilepsie, Migräne, Charles-Bonnet-Syndrom o. ä.), schizophreniebedingte Halluzinationen oder drogeninduzierte Synästhesien. Zusammenfassend sind die zentralen Aspekte die *individuelle, unwillkürliche Kopplung zweier Modalitäten* bei *gesunden Personen*, welche über die *Zeit stabil* bleibt und eine objektiv nachweisbare *neurologische Entsprechung* hat.

8.1.3 Typen von Synästhesie

Als grundlegende Differenzierung führen Martino und Marks (2001) die Unterscheidung zwischen *starker* und *schwacher* Synästhesie an. Die starke Form entspricht der obigen Definition, dass eine Wahrnehmung in einer Sinnesmodalität eine weitere auslöst; darüber hinaus werden im alltäglichen Sprachgebrauch jedoch auch Phänomene wie intermodale Entsprechungen und Parallelen sowie sprachliche Metaphern häufig als „synästhetisch" bezeichnet, was die Autoren unter der schwachen Form subsumieren. Im ersten Teil dieses Beitrags geht es zunächst nur um die starke Form; die schwache wird weiter unten im Kontext der Kreativität behandelt. Exemplarisch sollen hier einige verbreitete Formen der Synästhesie kurz erläutert werden. *Graphem-Farb-Synästhesie*: Der häufigste und am besten untersuchte Typus ist die Assoziation von Buchstaben bzw. Zahlen und Farben.[1] *Number forms*: Sequenzen wie Zahlen, Buchstaben, Wochentage oder die Monate des Jahres werden in einer räumli-

---

1 Ramachandran und Hubbard (2001) differenzieren hierbei noch einmal in Abhängigkeit von der Verarbeitungsebene zwischen „höheren" und „niederen" Synästhetikern: Bei „höheren" Zahl-Farb-Synästhetikern beispielsweise können Farbwahrnehmungen allein durch das Konzept der numerischen Sequenzialität bzw. Kardinalität ausgelöst werden (also beispielsweise auch durch römische Zahlen oder Punktmengen). Ihre Differenzierung liegt orthogonal zu der von Martino und Marks (2001).

chen Anordnung vor dem eigenen Körper wahrgenommen. *Lexikalisch-gustatorische Synästhesie:* Bei dieser Form der Synästhesie lösen bestimmte Wörter geschmackliche Phänomene aus.

Insgesamt sind annähernd alle Kombinationen zwischen den verschiedenen Sinnesmodalitäten möglich. Day (2007) berichtet 54 Typen, von denen die meisten irgendeine Art Farbperzept beinhalten. Ward und Kollegen (2008) geben für ihre Probanden, die 22 auslösende mit acht ausgelösten Wahrnehmungen verbinden sollten, um ihre persönlichen Synästhesien abzubilden, zwischen einer und 162(!), im Mittel 9,8 von 176 möglichen Synästhesien an.

8.2 Theorien zur Entstehung von Synästhesie

> *I realized that to make an R*
> *all I had to do was first write a P and draw a line from its loop.*
> *And I was so surprised that I could turn a yellow letter*
> *into an orange letter just by adding a line.*
> Patricia Lynne Duffy (2001), Blue Cats and Chartreuse Kittens

8.2.1 Synästhesie als transiente Entwicklungsphase

Im pränatalen Gehirn existieren weitaus mehr neuronale Verbindungen zwischen den verschiedenen Hirnarealen (und auch innerhalb dieser) als im erwachsenen Gehirn (Ramachandran & Hubbard, 2001). Diese werden dann im Verlauf der Entwicklung größtenteils „gekappt", ein Prozess, den man als *pruning* bezeichnet. Somit wäre die synästhetische

Wahrnehmung die ursprüngliche, die dann bei Synästhetikern erhalten bleibt, anstatt sich „auszuwachsen" (Baron-Cohen, 1996). Bis zum Alter von etwa vier Monaten nehmen Säuglinge weitgehend amodal wahr, also ohne zwischen den verschiedenen Sinnesmodalitäten zu differenzieren, bevor die zu Anfang sehr dichten neuronalen Verbindungen zwischen den verschiedenen Hirnarealen effizienteren (da spezialisierteren) Wegen weichen (Mulvenna, 2007).

8.2.2 Neurologische und genetische Grundlagen

Bereits Galton (1880) erwähnte die familiäre Häufung von Synästhesie, was für eine genetische Basis spricht. Frauen sind sechsmal so häufig betroffen wie Männer (Baron-Cohen et al., 1996). Bailey und Johnson (1997), die die genetische Grundlage von Synästhesie anhand von Familienstudien untersuchten, vermuten, dass es (möglicherweise dominant) über das X-Chromosom vererbt wird; es ist jedoch wahrscheinlich, dass mehr als nur ein Gen beteiligt ist und dass die exakte genetische Grundlage möglicherweise auch vom Phänotyp abhängt (Ramachandran & Hubbard, 2001).

Neben der familiären Häufung führen Schiltz und Kollegen (1999) zusammenfassend folgende Argumente für eine neuronale Grundlage synästhetischer Erfahrungen an: (1) Die Konsistenz der Assoziationen (Baron-Cohen et al., 1993); (2) die Tatsache, dass Synästhesie im Verlauf neurologischer Erkrankungen erworben werden kann (Armel & Ramachandran, 1999) oder auch durch Läsionen verloren gehen kann (Sacks & Wasserman, 1997); (3) die Tatsache, dass Synästhesie durch Drogen (z. B. Meskalin oder LSD; vgl.

Hofmann, 2008) induziert werden kann; (4) die Unterschiede zwischen Synästhetikern und Nicht-Synästhetikern hinsichtlich des zerebralen Blutflusses (Paulesu et al., 1995).

Wechselseitige Aktivierung (*cross-activation*) und Hyperkonnektivität Ramachandran und Hubbard (2001) monieren, dass die Hypothese einer direkten „Verdrahtung" zwischen verschiedenen Arealen im Gehirn als Ursache von Synästhesie häufig genannt, aber selten spezifiziert wird. Bei der Untersuchung von Graphem-Farb-Synästhesien fiel ihnen die anatomische Nähe zwischen dem für Farbverarbeitung verantwortlichen visuellen Cortex (V4) und dem Bereich, in dem visuelle Grapheme verarbeitet werden, auf, die beide im *Gyrus fusiformis* des Temporallappens lokalisiert sind. Bei Synästhetikern scheinen diese beiden Bereiche neuronal gekoppelt zu sein, was sich durch das oben erwähnte *pruning* erklären ließe; Ramachandran und Hubbard (2001) schlagen vor, dass die Mutation einzelner Gene entweder zu extremem Wachstum bzw. Aufrechterhaltung solcher Querverbindungen führt oder zu unvollständiger Kappung selbiger, wobei die individuellen Phänotypen (sowohl unterschiedliche Synästhesien als auch verschiedene Ausprägungen desselben Typus; nicht bei jedem Graphem-Farb-Synästhetiker sind die Assoziationen identisch) vermutlich durch die Expression verschiedener Modulatoren oder Transkriptionsfaktoren zustande kommt (und somit nebenbei auch noch erklären kann, warum bei den meisten Synästhetikern mehr als eine Synästhesie vorliegt).

Fehlende Hemmung (*disinhibition*) Eine alternative Erklärung bieten Grossenbacher und Lovelace (2001) an: Sie postulieren einen Feedbackmechanismus, der dazu führt, dass eine Information nach ihrer hierarchischen Verarbeitung von sensorischen über höhere kognitive Mechanismen an niedere

Hirnareale wie den V4 rückgemeldet wird, der „Weg" also deutlich länger ist als in dem Modell von Ramachandran und Hubbard.

Für dieses Modell – dass die Bahnen also bei jedem Menschen vorliegen, unter normalen Umständen jedoch gehemmt werden – sprechen auch Befunde zur Wirkung halluzinogener Drogen, die manchmal synästhetische Wahrnehmungen hervorrufen können. Albert Hofmann, der Entdecker des Lysergsäurediäthylamids (LSD) notierte beispielsweise in seinen Laboraufzeichnungen, dass Geräusche optische Illusionen bei ihm hervorriefen, nachdem er etwas LSD eingenommen hatte (vgl. Hollister, 1968; Hofmann, 2008).

Kommunikation über multimodale Areale Mulvenna und Walsh (2006) schlagen ähnlich wie Grossenbacher und Lovelace eine funktionale Erklärung vor (im Gegensatz zum Ansatz von Ramachandran und Hubbard, der strukturelle Unterschiede zwischen synästhetischer und nichtsynästhetischer Wahrnehmung nahelegt). Sie vermuten, dass Synästhesie multimodale Hirnareale involviert, die ohnehin bei der Zusammenfügung von Reizen (bei visuellen Stimuli ist das beispielsweise der *intraparietale Sulcus*) beteiligt sind. Statt einer direkten wechselseitigen Aktivierung der verschiedenen Modalitäten läuft diese über solche multimodalen kortikalen Areale; die Verbindung zwischen diesen und der ausgelösten Modalität ist dann wiederum durch fehlende Hemmmechanismen charakterisiert.

8.2.3 Kulturelle Einflüsse

Die Kultur, in der wir aufwachsen und leben, sowie Erfahrungen generell üben ebenfalls einen Einfluss auf synästhetische Wahrnehmungen aus (Ward, 2003). Wenn man eine Speise, etwa Dünndarmragout, noch nie gegessen hat, so ist es äußerst unwahrscheinlich, dass eine Wahrnehmung in einer anderen Modalität diesen Geschmack auslöst. Ward und Simner (2003) fanden bei fünf Fällen verbalgustatorischer Synästhetiker, bei denen Wörter Geschmäcker auslösen, erstaunliche Übereinstimmungen zwischen dem Wort und der dazugehörigen Geschmackswahrnehmung: Das Wort *cinema* (Kino) wurde beispielsweise mit *cinnamon* (Zimt) in Verbindung gebracht, die Stadt Chicago mit dem Geschmack von Avocado. Ward (2003) zufolge sprechen solche Befunde dafür, dass Synästhesie nicht allein auf Veranlagung basiert, sondern sich in Interaktion zwischen genetischen und Umweltgegebenheiten konkretisiert.

8.3 Erfassung von Synästhesie

8.3.1 Introspektion

Die einfachste Art, Synästhesie zu erfassen, besteht darin, die betreffende Person zu fragen. Solche introspektiven Maße sind jedoch äußerst anfällig für Verfälschungen – was der frühen Synästhesieforschung auch häufig zum Vorwurf gemacht wurde, bis hin zu der Frage, ob sie sich überhaupt mit einem existenten Phänomen befasse. Möglichkeiten, diese subjektiven Berichte zu verobjektivieren, beinhalten die Prüfung ihrer Konsistenz über die Zeit (bei echten Synästhetikern sollte die ausgelöste Wahrnehmung mehr oder weniger gleich bleiben; Baron-Cohen und Kollegen (1993) berichten für echte Synästhetiker eine Konsistenz von 92 % über ein Jahr, verglichen mit einer Konsistenz von 38 % bei Nichtsynästhetikern – bei Letzteren betrug die zeitliche Distanz lediglich eine Woche!) oder Interferenztests. Diese werden weiter unten noch genauer beschrieben.

8.3.2 Standardisierte Testverfahren

Unlängst haben Eagleman und Kollegen (2007) mit der *synesthesia battery* eine erste standardisierte Testbatterie zur Erfassung hauptsächlich von Graphem-Farb-Synästhesien vorgestellt. Hierbei handelt es sich um ein internetbasiertes Test- und Informationsportal, das unter www.synesthete.org frei verfügbar ist. Die 80 Fragen der ersten Phase des Verfahrens sind adaptiv, d. h. sie beziehen sich auf die vom Probanden angegebene Form der Synästhesie. Die Autoren zielen darauf ab, einen Standard zu etablieren, wie bestimmte Fragen nach der Art der Wahrnehmung gestellt werden. Beispielsweise war die Differenzierung zwischen Graphem-Farb-Synästhetikern, die die ausgelöste Farbwahrnehmung als an einem konkreten Ort lokalisiert wahrnehmen (*localizers* bzw. *projectors*) und solchen, bei denen diese keinen exakt bestimmbaren Ort hat (*non-localizers* bzw. *associators*), in der Vergangenheit aufgrund unklarer Formulierungen nicht eindeutig, was Prävalenzschätzungen zusätzlich erschwert.

Der Fragebogenteil ist jedoch nur eine Komponente der Testbatterie. Darüber hinaus gibt es einen Test zur internen Konsistenz der Farbperzepte (hier müssen die Befragten aus einem Farbraum von 16,7 Millionen Farben diejenige auswählen, die am ehesten der durch einen Buchstaben oder eine Ziffer ausgelösten Farbe entspricht; Vergleiche über die

Zeit sind möglich, wenn die Probanden sich wiederholt einloggen) und einen Reaktionszeittest, in dem die Probanden möglichst schnell entscheiden müssen, ob ein kurz in Farbe dargebotenes Graphem die „korrekte" Farbe hat, die sie zuvor im Konsistenztest angegeben hatten. Beide Verfahren scheinen zuverlässig zwischen echten Synästhetikern und „Simulanten" zu unterscheiden (Eagleman et al., 2007). Ein weiterer Subtest erkundet, ob sich der Kontrast zwischen Graphem und Hintergrund auf die Farbwahrnehmung auswirkt; die Autoren vermuten in Anlehnung an Hubbard und Ramachandran (2005), dass dies möglicherweise eine Differenzierung zwischen den oben beschriebenen „niederen" und „höheren" Synästhetikern erlaubt. Weitere Verfahren werden kontinuierlich ergänzt; zusätzlich werden die verfügbaren Tests in andere Sprachen übersetzt.

8.3.3 Bildgebende Verfahren

Wenn es sich bei Synästhesie um ein Wahrnehmungsphänomen handelt, so sollten sich die jeweils durch eine andere Modalität evozierten sinnlichen Reize auch mittels bildgebender Verfahren in den jeweiligen sensorischen Cortices nachweisen lassen. Nunn et al. (2002) konnten dies für eine Gruppe von Wort-Farb-Synästhetikern nachweisen, bei denen auditiv dargebotene Wörter Farbe evozierten: Dieses subjektive Erleben ging mit einer durch funktionelle Magnetresonanztomographie sichtbar gemachten Aktivierung des V4, desjenigen Teils des visuellen Cortex, der für die Farbwahrnehmung zuständig ist, einher. Wurden hingegen Töne dargeboten, war keine Aktivität im V4 nachzuweisen. Bei Synästhetikern scheinen also dieselben neuronalen Bahnen verwendet zu werden, die auch bei normaler Wahrnehmung aktiv sind.

8.3.4   Wahrnehmungsexperimente und -phänomene

Hierarchische Figuren Durch Aufmerksamkeitsverschiebung ist es für Graphem-Farb-Synästhetiker möglich, beispielsweise eine aus Dreien zusammengesetzte Fünf in der Farbe der Fünf oder der Drei zu sehen, je nachdem, auf welchen Aspekt sie sich konzentrieren (Ramachandran & Hubbard, 2001).

Ambige Figuren Dasselbe gilt für uneindeutige Zeichen, die je nach Kontext unterschiedlich interpretiert werden können. Die beiden von Ramachandran (vgl. Ramachandran & Hubbard, 2001) untersuchten Graphem-Farb-Synästhetiker nahmen die identischen Zeichen in Abbildung 8.1 in verschiedenen Farben wahr. (Der Effekt war vergleichbar bei römischen Zahlen, die sich auch als Buchstaben lesen lassen.)

Stroop-Aufgaben Der Original-Stroop-Test besteht darin, Farbwörter (wie „Grün", „Rot", „Blau" o. ä.) in Farbe zu schreiben und die Probanden dann die Farben benennen zu lassen, in denen die Wörter geschrieben sind. Sind diese kongruent, so sind die Reaktionszeiten deutlich geringer, als wenn Wort und Farbe interferieren – ein Phänomen, das sich auch der Reaktionszeit-Untertest der oben beschriebenen Online-Testbatterie zu Nutze macht.

T/\E C/\T

Abbildung 8.1 Konzeptgesteuerte Wahrnehmung: Obwohl das H und das A von ihrer Gestalt her identisch sind, werden sie als unterschiedliche Buchstaben wahrgenommen. Für einen Graphem-Farb-Synästhetiker hätten sie unterschiedliche Farben.

8.4   Pseudosynästhesien

> *A noir, E blanc, I rouge, U vert, O bleu: voyelles,*
> *Je dirai quelque jour vos naissances latentes :*
> *A noir corset velu des mouches éclatantes*
> *Qui bombinent autour des puanteurs cruelles …*
> Arthur Rimbaud (1871), Les Voyelles

8.4.1   Assoziationen

Wie verhält es sich nun mit intermodalen Verbindungen, die auf den ersten Blick der Synästhesie ähnlich sind? Als ein Entstehungsfaktor von Graphem-Farb-Synästhesien wurde beispielsweise der Einfluss farbiger Alphabete (bei Buchstabenspielen o. ä.) diskutiert; Domino (1999) berichtet beispielsweise, dass sich Alfred Binet, der Erfinder des ersten modernen Intelligenztests, seine Synästhesie auf diese Weise „beibrachte". Dagegen spricht jedoch, dass beileibe nicht alle Kinder, denen solche Spiele zur Verfügung standen, eine Synästhesie entwickeln, noch dass ihre Assoziationen von Buchstaben und Farben stets identisch wären – induzierte Synästhesien sind in der Regel nicht erfolgreich (Domino, 1999).

Solche „externen" Graphem-Farb-Assoziationen können echte Synästhetiker, wie oben im Kontext der Stroop-Tests gezeigt, sogar eher irritieren bis verwirren. Vladimir Nabokov, einer der wenigen Künstler, dessen Synästhesie relativ gut als „echt" gesichert ist (Harrison, 2001), beschreibt in seiner Autobiographie *Speak, Memory*, wie er als Kind mit seiner ebenfalls synästhetischen Mutter darüber diskutierte, dass die Buchstaben seines Holzalphabets allesamt die falschen Farben hätten. Ein wesentlicher Unterschied zwischen echten und „assoziativen", durch frühe Erfahrungen geprägten Synästhesien ist, dass bei echten Synästhetikern aufeinanderfolgende Buchstaben häufig ähnliche Farben evozieren, während diese bei erlernten Pseudosynästhesien im Gegenteil oft sehr verschieden sind (Harrison & Baron-Cohen, 1997b). Der Mechanismus, dem diese Form der Pseudosynästhesie folgt, ist mithin recht simpel.

8.4.2 Metaphern

Eine weitere „Erklärung" für synästhetische Verbindungen im Bereich der Sprache ist, dass es sich dabei lediglich um metaphorische Sprechweisen handelt (beispielsweise, wie man in der normalen Sprache von einer „scharfen Sauce" spricht;[2] Harrison & Baron-Cohen, 1997b); dies stellt für Day (1996) die zweite Schiene in der Geschichte der Synästhesie dar. Er charakterisiert synästhetische Metaphern wie folgt: „Ein bestimmter Wahrnehmungsmodus wird eingangs spezifiziert (oder kann angenommen werden), aber die Bilder werden durch Begriffe aufeinander bezogen, die zu einem oder mehreren davon verschiedenen Wahrnehmungsmodi gehören" (Übersetzung T. G. Baudson). Das Ziel besteht darin, Bedeutung und Sinn von einem Wahrnehmungs- oder Sinnesbereich in einen anderen zu übertragen (Marks, 1982). Der klassische linguistische Ansatz, Metaphern zu definieren, basiert auf der sogenannten Vergleichstheorie (Levinson, 1983), die ihrerseits bereits eine lange Geschichte hat (vgl.

---

2 Ramachandran und Hubbard (2001) sprechen diesem Ansatz jedoch – zumindest unter neurologischen Gesichtspunkten – jeglichen Erklärungswert ab, weil man dadurch nur ein Phänomen, dessen neurologische und neurophysiologischen Grundlagen noch nicht geklärt sind, durch ein ebensolches erkläre.

Day, 1996). Eine Metapher ist gemäß dieser Theorie eine Simile (A ist *wie* B), bei der das „wie" ausgelassen wird.

Was sind nun die zentralen Unterschiede zwischen synästhetischer Metapher und echter Synästhesie? Harrison und Baron-Cohen (1997b) nennen als Kriterien, dass bei der Metapher (1) kein Perzept notwendigerweise ausgelöst würde, (2) der Autor bzw. die Autorin auf Nachfrage hin häufig zugibt, dass es sich bei der „synästhetischen" Beschreibung lediglich um eine Analogie handele und (3) die Assoziation der verschiedenen Modalitäten freiwillig (*voluntary*) sei. Diese Anhaltspunkte sind bei der retrospektiven Beurteilung jedoch nur bedingt hilfreich. Darüber hinaus sollten dabei auch alternative Erklärungsmöglichkeiten berücksichtigt werden. Gerade im Fall Baudelaires, dessen Gedicht *Correspondances* gleichsam den Grundstein zur Verbindung verschiedener Wahrnehmungsmodi in der Lyrik legte, spielte sein Rauschmittelkonsum vermutlich eine nicht unwichtige Rolle bei der Entstehung seiner synästhetischen Sprachbilder. Möglicherweise trug auch die Syphilis, an der er litt, und die damit in vielen Fällen einhergehende Degeneration des Gehirns ein Übriges dazu bei.

8.5 Synästhesie und Kreativität

> *Das Stück, das ich über den Bryce Canyon geschrieben habe,*
> *ist rot und orange – die Farbe der Klippen.*
> Olivier Messiaen, Komponist

Mulvenna (2007) führt als Erklärung für den vermuteten Zusammenhang zwischen Synästhesie und Kreativität an, dass dieser möglicherweise mit der Erfahrung des Andersseins zusammenhinge, die Synästhetiker oft machen, wenn sie feststellen, dass sich ihre Wahrnehmung von der anderer Menschen unterscheidet. Dies prädisponiert sie möglicherweise auch in anderer Hinsicht zu einem weniger „normalen" Leben. Dagegen spricht jedoch, dass höhere Kreativität auch bei Synästhetikern vorkommt, denen ihre perzeptuelle Besonderheit gar nicht bewusst ist. Einem zweiten Ansatz misst die Autorin selbst einen weitaus höheren Erklärungswert zu: Wenn Kreativität durch die Fähigkeit begünstigt wird, auch Bereiche, die augenscheinlich kaum etwas miteinander zu tun haben, auf sinnvolle Weise miteinander zu integrieren, liegt die Schlussfolgerung nahe, dass Synästhetiker ein höheres kreatives Potenzial aufweisen als Nichtsynästhetiker (Mulvenna, 2007). In der Tat stößt man in der Literatur immer wieder auf Beispiele von bildenden Künstlern, Lyrikern und anderen Kunstschaffenden, die als Synästhetiker klassifiziert werden. Insbesondere bei retrospektiven Einzelfallstudien ist es aber problematisch, dass über kaum einen der vermuteten synästhetischen Künstler klare diagnostische Daten vorliegen.

Verschiedene empirische Studien legen jedoch einen Zusammenhang von Synästhesie und Kreativität nahe: So konnte Domino (1989) nachweisen, dass 23 % einer Stichprobe von 358 Kunststudierenden auch Synästhetiker waren, was deutlich über den üblicherweise berichteten Prävalenzraten liegt. Insgesamt scheint Synästhesie unter Künstlern verbreiteter zu sein als in der normalen Bevölkerung (Ramachandran & Hubbard, 2001) – und umgekehrt: So zeigen die Befunde von Rich und Kollegen (2005), dass 24 % der Synästhetiker – verglichen mit 2 % der Normalbevölkerung – in künstlerischen Berufen tätig waren.

Einen interessanten Ansatz, Synästhesie zur Steigerung von Kreativität zu nutzen, stellten Preiser und Kollegen (2009) unlängst auf der Fachgruppentagung Pädagogische Psychologie (PAEPS) vor: Unter Verwendung der klassischen kunstpädagogischen Methode, nach Musik zu malen,[3] trainierte er eine Gruppe von Schülerinnen und Schülern und unterzog sie vorher und nachher dem *Test zum schöpferischen Denken – zeichnerisch* (TSD-Z; Urban & Jellen, 1995). Diejenigen, die an diesem „Synästhesietraining" teilgenommen hatten, zeigten anschließend höhere Leistungen im Kreativitätstest; der Erfolg schien jedoch auf den zeichnerischen Bereich beschränkt zu sein. Bei echten Synästhetikern würde ein solches Training allerdings keinen oder sogar den gegenteiligen Effekt haben: Ihre Verbindung zwischen den beiden Modalitäten ist nicht flexibel, sodass sie im Grunde nur das malen würden, was sie sähen, bzw. es könnte bei ihnen durch Anregungen der Kunstlehrer eher zu Interferenzen kommen.

8.6 Integration: Wie hängen Synästhesie, Metapher und Kreativität zusammen?

Verschiedene Sinnesmodalitäten in Musik, Kunst und Literatur zu verbinden, kam etwa gegen Ende des 19. Jahrhunderts in Mode; vor allem im Bereich der Lyrik finden sich zahlrei-

---

3   Die diesem Gedanken letztlich zugrundeliegende Idee der „farbigen Musik", dass jeder Klang eine eindeutige und objektive farbliche Entsprechung hat, findet sich in Ansätzen bereits in der Antike und wurde in der Renaissance durch den Jesuiten Athanasius Kirchner (1602–1680), Musiktheoretiker und Mathematiker, erstmals systematisiert; vgl. Cytowic (1989) und Day (2001).

che Beispiele elaborierter synästhetischer Metaphern (Marks, 1982). Charles Baudelaire wurde bereits erwähnt; ein zweiter häufig zitierter „Beleg" lyrischer Synästhesie ist das oben angeführte Gedicht *Les Voyelles* von Arthur Rimbaud. Dieses stellt jedoch nur scheinbar eine Graphem-Farb-Synästhesie dar: Rimbaud selbst gab zu, dass die zu den Buchstaben gehörigen Farben frei erfunden gewesen seien (vgl. Marks, 1975; Cytowic, 1989). Ein Beispiel aus dem Bereich der Kunst ist der Maler Vassily Kandinsky, der einigen seiner Gemälde musikalische Titel gegeben hat (*Komposition* oder *Improvisation*; vgl. Cytowic, 1989). Er sah einen ganz entscheidenden Vorteil der Musik darin (und empfand wohl auch einen gewissen Neid darüber; Harrison, 2001), dass diese dazu in der Lage sei, Bilder hervorzurufen (z. B. Wagners *Rheingold* oder Debussys *Clair de lune*), mithin dem Wesen nach synästhetisch angelegt sei – hier zeigt sich der Einfluss des Wagnerschen Konzepts des Gesamtkunstwerks, ein Ziel, das Kandinsky entschieden teilte. Diese Fähigkeit, andere Sinnesmodalitäten zu evozieren, war seiner Ansicht nach der Malerei hingegen nicht vergönnt. Mit seinen abstrakten Gemälden verfolgte Kandinsky das Ziel, ein bildhaftes Äquivalent der Musik zu schaffen, indem seine Bilder umgekehrt Musik hervorrufen sollten.

Möglicherweise deutet Synästhesie – und dafür sprechen auch die Befunde zu Kreativität und Metapher – auf eine grundlegende Beziehung zwischen zwei nur scheinbar unverbundenen Bereichen hin. Dass eine solche zwischen verschiedenen Sinnesmodalitäten zu existieren scheint, zeigen diverse Forschungsergebnisse von Marks (1974, 1975, 1978) zum intermodalen Matching. Bei Synästhetikern ebenso wie bei Nichtsynästhetikern scheint es so etwas wie eine dimensionale Äquivalenz sensorischer Erfahrungen zu geben: Höhere Töne werden als hell und klein wahrgenommen, tiefe

Töne als dunkel und groß; Lautstärke ist mit Helligkeit assoziiert. Es liegt folglich nah, Synästhesie als Spezialfall dieses
allgemeineren Phänomens anzusehen.

Gilt die Annahme einer möglichen basalen Beziehung zwischen verschiedenen Bereichen möglicherweise nicht nur für
Perzepte, sondern ebenso für Konzepte? Marks hatte bereits
1982 postuliert, es läge nahe, dass sich die Befunde zum
intermodalen Matching auch auf die verbale Ebene übertragen ließen – mit der Folge, dass die perzeptuelle Äquivalenz
zwischen verschiedenen Modalitäten möglicherweise auch
für das Verständnis von Metaphern eine zentrale Rolle spielt.
Seine Probanden erhielten 15 lyrische Metaphern, die visuelle
und auditorische Reize verbanden, mit der Aufgabe, einen
1 000 Hz-Ton und ein 500 W-Licht passend dazu einzustel-
len. Die Probanden nehmen dabei seiner Interpretation zufolge kein simples Matching vor, denn einige Metaphern
(z. B. Kiplings „the dawn comes up like thunder") üben
einen sekundären Einfluss darüber hinaus aus, der bewirkt,
dass sich die beiden Modalitäten in einem interaktionalen
Prozess gegenseitig modifizieren. Berücksichtigen muss man
bei der Interpretation seiner Ergebnisse jedoch, dass sich
große interindividuelle Unterschiede zwischen den (mit 15
ohnehin nicht eben zahlreichen) Probanden zeigten, sowohl
hinsichtlich der mittleren Intensität von Ton- und Lichtrei-
zen als auch in Bezug auf individuelle Metaphern, die teilweise sehr stark polarisierten.

An die Hypothese von Marks (1982) anknüpfend verglich
Day (1996) synästhetische Metaphern in der Literatur mit
echten Synästhesien und fand eine ähnliche Verteilung im
Hinblick auf die Hierarchie der Modalitäten. Eine vollständige Kongruenz ließ sich nicht ermitteln, jedoch zeigte sich bei
beiden eine starke Involvierung des Gehörsinnes. Die Se-

kundärwahrnehmung war bei echten Synästhetikern jedoch eine visuelle, während sowohl englisch- als auch deutschsprachige Autoren eher den Tastsinn als zweite Modalität nannten.

Ramachandran und Hubbard (2001) führen als weiteres Argument für die Übertragbarkeit des Synästhesiebegriffs vom perzeptuellen auf den konzeptuellen Bereich eine Form der Graphem-Farb-Synästhesie an, die durch das Zahlenkonzept an sich hervorgerufen wird: So evozierte bei zweien ihrer Probanden eine Zahl immer eine bestimmte Farbe, egal, ob sie in arabischen oder römischen Ziffern oder als eine Menge von Elementen dargeboten wurde. Dieses scheinbar so abstrakte Konzept der Numeralität ist jedoch recht klar lokalisiert: im *Gyrus angularis*. Interessant ist nun, dass dieses Areal in unmittelbarer Nachbarschaft zum *Gyrus fusiformis* liegt: In diesem sind nämlich die Formwahrnehmung für Grapheme und der Teil des visuellen Cortex lokalisiert, der für die Farbwahrnehmung verantwortlich ist (Areal V4). Diese räumliche Nähe innerhalb des Gyrus fusiformis und zwischen Gyrus fusiformis und angularis erklärt sowohl, weshalb Graphem-Farb-Synästhesien am häufigsten vorkommen, als auch, warum auch Zahlkonzepte (meist Farb-)Synästhesien hervorrufen können. Ramachandran und Hubbard (2001) vermuten als Ursache ein einziges mutiertes Gen, das für dieses Übermaß an neuronalen Verbindungen bzw. das defektive *pruning* verantwortlich ist. Dem Gyrus angularis, der strategisch günstig an der Kreuzung zwischen Temporal-, Parietal- und Okzipitallappen liegt, scheint außerdem, so die Autoren weiter, eine zentrale Rolle für das Verständnis von Metaphern zuzukommen: Bereits Gardner (1975) berichtet, dass Läsionen in diesem Bereich Äußerungen oft nur noch im wörtlichen, nicht mehr im übertragenen Sinne verstehen können. Domino (1999) vermutet in der

Synästhesie sogar einen Vorläufer abstrakter Sprache, worauf auch Ramachandran und Hubbard (2001) rekurrieren. Neben dem klassischen *Kiki-Bouba-Experiment* (Köhler, 1929; vgl. Abb. 8.2) weisen sie auf eine mögliche sensorimotorische Synästhesie hin, bei der (beispielsweise im Tanz) Töne in Bewegungen umgesetzt werden, was eine Form der Proto-Kommunikation darstellt.

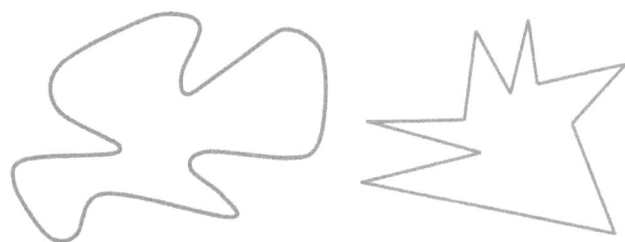

Abbildung 8.2 Das klassische Experiment des Gestaltpsychologen Wolfgang Köhler bestand darin, Menschen zu fragen, welcher Gestalt sie welches Wort aus der Sprache der Marsmännchen zuordnen würden: Wer ist Kiki, wer ist Bouba? Etwa 95 % aller Menschen sagen, das spitzwinklige Gebilde sei Kiki.

Möglicherweise sind auch die zur Erzeugung verschiedener Laute ausgeführten Lippenbewegungen entgegen der Annahme de Saussures keineswegs arbiträr mit dem, was sie bezeichnen, verbunden: In vielen Sprachen sind die Pronomina, die sich auf das Gegenüber beziehen, mit einer Wölbung der Lippen nach außen verbunden (*du*, *you*, *tu*), während diejenigen mit Bezug auf den Sprecher eher nach innen gewandt sind (*ich*, *I* bzw. *me*, *moi*); diese Lippenbewegungen tauchen nach Ramachandran und Hubbard (2001) synchron zu deiktischen Gesten (dem Zeigen auf das Gegenüber bzw. auf den Sprecher) auf und stellen so – streng genommen eher in Form einer *Synkinäsie* (Ramachandran & Hubbard, 2001) – einen möglichen Mechanismus der Entwickung von Protosprache dar. Ihr Artikel beinhaltet darüber hinaus zahlreiche Beispiele aus aktuellen Sprachen. Im Englischen ist das Wort *disgusting* (im französischen *dégoûtant*, was dasselbe bedeutet, steckt überdies noch der *goût*, also der Geschmack als sensorische Modalität) oft von einem Kräuseln der Nase begleitet, als würde man etwas Widerliches riechen; dies geschieht auch bei der Verwendung des Wortes im übertragenen Sinne.

Kurzum: „Es ist nicht immer einfach zu sagen, wo die Synästhesie aufhört und wo übertragenes Denken anfängt" (Cytowic, 1989: 261; Übersetzung T. G. Baudson). Für genuin synästhetische Metaphern (wie etwa die scharfe Sauce) schränkt Day (1996) ein, dass ihre Bedeutungen nicht einfach als fixe Verdrahtungen im Gehirn vorliegen: Sie würden durch semantische Prozesse generiert und durch Zeit und kulturelle Elemente geformt, ganz ähnlich wie andere Metaphern auch (Day, 1996). Marks, der ja den Ansatz des intermodalen Matchings vorgebracht hatte, argumentiert in eine ähnliche Richtung, bezieht sich dabei jedoch explizit auf das kreative Schaffen von Metaphern: Für ihn „haben sich metaphorische Ausdrucksformen der Einheit der Sinne teilweise aus grundlegenden synästhetischen Beziehungen entwickelt; ihren kreativen Impuls beziehen sie jedoch aus der Fähigkeit des Geistes, diese intrinsischen Entsprechungen zu überschreiten und neue Bedeutungen auf mehreren Sinnesebenen zu schaffen. Intrinsische, synästhetische Beziehungen drücken die Entsprechungen aus, die *sind*, extrinsische Beziehungen machen die Entsprechungen geltend, die *sein können*." (Marks, 1978, S. 103; Übersetzung T. G. Baudson)

Abschließend soll noch ein in der Diskussion bislang ver-
nachlässigter Punkt angesprochen werden: So überlegte bereits Cytowic (1989) in Anlehnung an die Frage nach funda-
mentalen Beziehungen zwischen verbaler Kreativität in
Form von metaphorischer Sprache und Synästhesie, ob die
Frage, inwiefern bestimmte Eigenschaften der synästhetischen Wahrnehmung (wie geometrische oder farbliche Charakteristika) einen zugrundeliegenden sprachlichen Mechanismus reflektieren, möglicherweise falsch gestellt ist. Seiner
Ansicht nach ist der Kern der Sache, worauf die Neigung
von Menschen, solche Entsprechungen als „richtig" oder
ästhetisch zu empfinden, eigentlich gründet – und hierbei
spielen emotionale Faktoren eine bislang vernachlässigte,
aber ganz zentrale Rolle: „Die Geschichte der idealen Körper und des Goldenen Schnitts sah nicht so aus, dass man
diese als abstrakte philosophische Konstrukte entwarf und
anschließend jedem im Vortragssaal gewaltsam eintrichtert.
Sie wurden entwickelt, weil das limbische Gehirn sich durch
die Empfindung, dass diese Proportion und Geometrie richtig und angemessen sei, angesprochen fühlte" (Cytowic,
1989, S. 240; Übersetzung T. G. Baudson). Möglicherweise
ergeben sich unter Einbeziehung solcher affektiver Komponenten spannende Fragen für die Forschung, die dazu beitragen können, diesen komplexen Nexus weiter zu entwir-
ren.

9 Das Gehirn im REM-Schlaf – der Traum als kreativer Wahnsinn

Victor Spoormaker

*Von diesem Gesichtspunkt aus
lässt sich daher der Traum als ein kurzer Wahnsinn,
der Wahnsinn als ein langer Traum bezeichnen.*
Arthur Schopenhauer

9.1 Schlafphasen

Der Mensch verschläft ein Drittel seines Lebens. Die nächtliche Phase scheinbarer Inaktivität ist jedoch kein homogener Zustand, sondern durchläuft in mehreren Zyklen sehr verschiedenartige physiologische Stadien. Gemessen und definiert durch die Polysomnographie – das Elektroenzephalogramm (EEG) misst die Hirnströme, das Elektrookulogramm (EOG) die Augenbewegungen und das Elektromyogramm (EMG) den Muskeltonus – werden zunächst die leichten Schlafstadien 1 und 2, danach die tiefen Schlafstadien 3 und 4 und schließlich der REM-Schlaf durchlaufen. Der REM-Schlaf ist einer der außergewöhnlichsten Zustände des Gehirns: Benannt nach den charakteristischen *rapid eye movements*, bezeichnet er das Schlafstadium, das bei jedem von uns ein bis anderthalb Stunden pro Nacht auftritt und in dem unser Gehirn auf eigentümliche Weise verrückt spielt. Bei der Frage nach den Kennzeichen des REM-Schlafs fällt zunächst der Energieverbrauch auf. Normalerweise verbraucht unser Gehirn, das mit etwa 2 Kilogramm nur einen geringen Teil des Körpergewichts ausmacht, zwischen 20 und 25 % des körperlichen Energieumsatzes. Das Gehirn ist somit ein extremer Energieverbraucher – gleichsam der spritfressende Sportwagen unter den Organen. Man könnte also erwarten, dass dieser verschwenderische Energieverbrauch, wenn möglich, auf ein Minimum reduziert wird. Der Schlafzustand scheint sich dazu besonders anzubieten – und tatsächlich wird der Energiekonsum im Tiefschlaf bis auf 60 % des täglichen Niveaus reduziert. Natürlich kann der Energieverbrauch nicht auf Null sinken, da verschiedene körperliche Prozesse auch im Schlaf reguliert werden müssen, zudem ist in den letzten Jahren deutlich geworden, dass auch höhere kognitive Prozesse im Tiefschlaf reguliert werden, beispielsweise die Konsolidierung bestimmter Gedächtnisinhalte (Born et al., 2006; Walker & Stickgold, 2004).

Überraschenderweise springt der Energieverbrauch im REM-Schlaf jedoch wieder auf das Niveau des Wachzustandes – trotz fehlender Interaktion mit der Umwelt: Wir reden nicht mit anderen, fahren nicht mit 130 km/h über die Autobahn, kümmern uns nicht um Nahrungsbeschaffung (oder Geldverdienen) oder beschäftigen uns mit anderen Tätigkeiten, die unsere Überlebenschancen (oder unsere Attraktivität für das andere Geschlecht) erhöhen. Funktional betrachtet ist unser Gehirn im REM-Schlaf somit mit einem spritfressenden Sportwagen vergleichbar, der lediglich in der Garage warmläuft – anderthalb Stunden pro Nacht!

9.2 Jede Nacht ein kurzer Wahnsinn

Erstaunlicher noch sind die tatsächlichen Ereignisse während des REM-Schlafs – denn in dieser Schlafphase verfallen wir jede Nacht einem kurzen Wahnsinn. Der REM-Schlaf ist das Schlafstadium der häufigsten und intensivsten Traumaktivität: Werden Probanden aus dem REM-Schlaf geweckt, erinnern sie sich in etwa 80 % der Fälle an einen Traum, während die entsprechende Quote anderer Schlafstadien eher bei 10–20 % liegt (Aserinsky & Kleitman, 1953). Zwar treten einzelne Gedanken häufig auch in anderen Schlafphasen auf, aufgrund der Abwesenheit visueller Halluzinationen können diese jedoch kaum als Träume im eigentlichen Sinne bezeichnet werden: Ansonsten müsste auch das Denken im Wachzustand als „Träumen" bezeichnet werden – eine wenig hilfreiche Definition. Doch auch nach dem Erwachen aus dem leichten Nicht-REM-Schlaf berichten Probanden mitunter von klassischen Träumen mit visuellem Gehalt (Solms, 2000). Tatsächlich treten sogar einzelne physiologische Kennzeichen des REM-Schlafs wie ein niedriges EMG in manchen Nicht-REM-Schlafphasen auf – und die konkrete Differenzierung zwischen REM-Schlaf und leichtem Nicht-REM-Schlaf muss manchmal etwas willkürlich getroffen werden. Klar ist jedoch: Eine Schlafphase mit zahlreichen Augenbewegungen birgt die größte Chance auf Traumerinnerungen nach dem Aufwachen. Tatsächlich ist die Aktivität und Konnektivität des Gehirns in diesem phasisch genannten REM-Schlafphasen – gegenüber tonischem REM-Schlaf mit wenigen Augenbewegungen – außergewöhnlich hoch (Wehrle et al., 2007). Phasischer REM-Schlaf stellt damit die eindrücklichste Ausprägung unseres nächtlichen Wahnsinns dar.

Visuelle und auditive Halluzinationen als sog. positive Symptome einer Schizophrenie – „positiv" im Sinne eines Extras – wirken meist sehr wunderlich auf den Beobachter dieser psychiatrischen Erkrankung. Vor dem Hintergrund des bislang Gesagten scheint das wenig gerechtfertigt, schließlich erfahren auch wir jede Nacht für ein bis anderthalb Stunden visuelle und auditive Halluzinationen: In unsere Träumen halluzinieren wir Personen, wir hören Stimmen und reagieren auf diese. Wir weisen somit nachts gleichsam die positiven Symptome der Schizophrenie auf: Wir sehen und hören nichtexistente Dinge (Halluzinationen) und glauben an ihre Realität (Wahnideen) – diese beiden Merkmale erfüllen die formalen Diagnosekriterien der Schizophrenie. Die Konsequenz der Energieverschwendung im REM-Schlaf ist somit, dass unser Gehirn jede Nacht dem Wahnsinn verfällt. Was steckt dahinter?

9.3 Neuronale Aktivität im REM-Schlaf

Unser Gehirn ist während des REM-Schlafs zwar hochaktiv – jedoch auf völlig andere Weise als tagsüber. Unter den verschiedenen tagsüber aktiven neuronalen Netzwerken ist das sogenannte frontoparietale Netzwerk z. B. für Arbeitsgedächtnisprozesse wesentlich. Es umfasst die evolutionär jüngsten Regionen des dorsolateralen präfrontalen und parietalen Kortex – also Regionen im Stirn- und Scheitellappen. Studien mit bildgebenden Verfahren haben gezeigt, dass dieses Netzwerk insbesondere beim kurzzeitigen Merken von Informationen, bei der kognitiven Kontrolle unerwünschten Verhaltens und bei sozialem Monitoring aktiv ist

(Hare et al., 2009; Weissman et al., 2008). Im REM-Schlaf ist das frontoparietale Netzwerk dagegen deaktiviert (Braun et al., 1997) – und tatsächlich sind die entsprechenden Funktionen im Traum gestört: Wenige Sekunden alte Handlungen oder Intentionen werden vergessen, Traumfiguren verwandeln sich, ohne den Träumer dadurch zu verwundern, attraktive Traumfiguren werden mit wenig Hemmungen sexuell angegangen. Der Unterschied zwischen der mentalen Welt tagsüber und nachts liegt somit im Wesentlichen in der An- oder Abwesenheit höherer kognitiver Kontrollmechanismen.

Bestimmte Hirnareale sind im REM-Schlaf jedoch aktiver als tagsüber – so z. B. die an der Verarbeitung emotional relevanter Informationen beteiligten limbischen Regionen, sowohl kortikale, wie das anteriore Cingulum oder die Insula, als auch subkortikale wie die Amygdala (Braun et al., 1997). Auch die Basalganglien sind im REM-Schlaf hyperaktiv – subkortikale Strukturen, die tagsüber an motorischen Prozessen und am Gewohnheitslernen beteiligt sind. Die Basalganglien inhibieren typischerweise die Aktivität des dorsolateralen präfrontalen Kortex – interessanterweise zeigen die Basalganglien in der Schizophrenie, die mit verminderter präfrontaler Aktivität verbunden ist, ebenfalls erhöhte Aktivität (Howes & Kapur, 2009).

Auch die Ausschüttung verschiedener Neurotransmitter unterscheidet sich im REM-Schlaf deutlich vom Wachzustand. Tagsüber sind serotonerge und noradrenerge Neurotransmittersysteme äußerst aktiv – und ermöglichen dem Gehirn, adäquat auf unerwartete Änderungen in der Umgebung zu reagieren oder längere Handlungspläne aufzusetzen und auszuführen. Beide Neurotransmitter erreichen im REM-Schlaf ihr Aktivitätsminimum, während gleichzeitig verstärkt cholinerge Neurotransmitter wie Acetylcholin ausgeschüttet werden (Hobson & Pace-Schott, 2002). Es ist vorgeschlagen worden, dass dieser Umschlag dem Unterschied zwischen einem auf die Umgebung gerichteten Verarbeitungsmodus und einem Closed-Loop-System zugrunde liegt: Im REM-Schlaf verarbeitet das Gehirn intern generierte Stimuli, so wie es im Wachzustand externe Stimuli verarbeitet (Hobson & Pace-Schott, 2002). Die Verarbeitung unerwarteter Reize wird u. a. von noradrenerger Aktivität beeinflusst – die verminderte Noradrenalin-Ausschüttung im REM-Schlaf könnte daher der nächtlichen Ignoranz gegenüber der Absurdität vieler Trauminhalte zugrunde liegen: Gefährliche Monster, die sich in eine Katze verwandelnde Nachbarin oder die Wiederholung von Jahrzehnte zurückliegenden Schulprüfungen fallen uns im Traum selten als unrealistisch auf. Lange Zeit wurde davon ausgegangen, dass die Ausschüttung des insbesondere mit der Basalganglienaktivität verbundenen Neurotransmitters Dopamin über die Schlafstadienwechsel unverändert bleibt. Diese Annahme wurde in den letzten Jahren jedoch widerlegt: Zwar ändert sich die tonische Aktivität dopaminerger Neuronen in der Substantia Nigra und dem ventralen Tegmentum des Mittelhirns nicht über die verschiedenen Schlafstadien (Monti & Monti, 2007), vereinzelte phasische Aktivationsänderungen sind jedoch durchaus zu beobachten. So lassen z. B. in bestimmten Zielregionen dopaminerger Neuronen (z. B. im *Nucleus accumbens*, im ventralen Striatum) durchaus erhöhte Dopaminspiegel messen (Lena et al., 2005).

9.4 Kreativität im Traum

Aufgrund der selektiven Aktivierung bestimmter Hirnregionen und Neurotransmittersysteme unterscheidet sich das

Gehirn im REM-Schlaf in drei Punkten deutlich von seinem Pendant im Wachzustand: Das schlafende Gehirn ist emotionaler, kreativer und unkontrollierter, während das wachende Gehirn rationaler, vorhersagbarer und kontrollierter agiert. Deutlich wird dies z. B., wenn Träumende Verhaltensweisen zeigen, die sie tagsüber eher unterdrücken würden – sei es Sex außerhalb der Beziehung, Beleidigungen Fremder, Streit mit dem Chef oder Flucht vor böse erscheinenden Familienmitgliedern. In unseren Träumen sind wir so zivilisiert wie unsere steinzeitlichen Vorfahren: Wir zeigen Verhaltensweisen, die von unseren evolutionär jüngeren präfrontalen Hirnregionen nicht gehemmt werden. Tatsächlich weisen Menschen mit Fehlentwicklungen oder Schädigungen in diesen inhibierenden Regionen häufig antisoziale und kriminelle Verhaltensweisen auf (Yang & Raine, 2009).

Tabelle 9.1 Beispiele trauminspirierter Leistungen (Barrett, 2001)

Literatur:	Dr. Jekyll & Mr Hyde (Robert Louis Stevenson), Frankenstein (Mary Shelly), Kubla Kahn (Samuel Coleridge), Misery (Stephen King), Interview with the vampire (Anne Rice)
Musik:	Teufelstrillersonate (Giuseppe Tartini), Yesterday (Paul McCartney)
Wissenschaft:	Benzolringstruktur (Friedrich August Kekulé von Stradonitz), Neurotransmitterfunktion (Otto Loewi), Periodensystem der Elemente (Dmitri Mendelejew)
Erfindungen:	Nähmaschine (Elias Howe)

In unseren Träumen sind wir jedoch nicht nur antisozialer, sondern auch kreativer als tagsüber. Eine Vielzahl von Erfindungen, Kunstwerken und wissenschaftlichen Entdeckungen haben ihren Ursprung im Traum (siehe Tab. 9.1) – die Liste könnte noch üppiger ausfallen, wenn Träumen in unserer Kultur mehr und ernsthafter Aufmerksamkeit geschenkt würde: Statt populärer Traumlexika, die im Allgemeinen entweder willkürliche oder triviale Traumsymboliken anführen, bedarf es seriöser Anleitungen, wie Kinder ihre Alpträume selbst beeinflussen können oder wie Träume zur kreativen Ideengenerierung genutzt werden können. Zur Demonstration der außergewöhnlichen Kreativität des Gehirns im REM-Schlaf muss jedoch gar nicht auf die zahlreichen prominenten Beispiele trauminspirierter Kreativleistungen verwiesen werden: Ein einzelner gewöhnlicher Traum, morgens erinnert und aufgeschrieben, offenbart bereits zahlreiche außergewöhnliche Assoziationen und Sprünge. Wie komme ich so schnell von meinem Balkon nach Frankreich? Was macht das Schwimmbad auf Gleis 1? Sitzt dort wirklich ein Affe im Büro? Warum redet dieser Baum? Solche Assoziationen treten tagsüber kaum auf. Zwar springt das Gehirn auch im Wachzustand ständig von A nach B und von dort nach C – aber in kleineren, logischen Sprüngen. Im REM-Schlaf geht es von A nach Q, von dort zur Nummer 3 und zurück nach A, zu einer Farbe oder einem Duft. Anders als im Wachzustand gibt es keine Richtung, und die Sprünge reichen weit. Diese Fähigkeit des Gehirns zur Generierung langer und gelockerter Assoziationsketten statt kurzer und starker (und logischer) wird als *Hyperassoziativität* bezeichnet. Während schizophrene Patienten sich auch im Wachzustand hyperassoziativ verhalten – im Gespräch kommen sie „vom Hölzchen auf's Stöckchen" – erleben wir diese Hyperassoziativität jede Nacht für anderthalb Stunden im REM-Schlaf.

Und nichts anderes ist Kreativität! Zwar mag ein Großteil dieser Kreativleistungen ohne direkten Nutzen sein, vereinzelt aber können sie sich als Schlüssel für Probleme erweisen, die tagsüber unlösbar erschienen. Offensichtlich schlummert hier ein Talent in uns. Ein rassiger Sportwagen steht jede Nacht anderthalb Stunden lang mit laufendem Motor in der Garage. Es würde nicht schaden, diesen Sportwagen ab und zu tatsächlich zu nutzen!

9.5 Die Funktion des REM-Schlafes

Die hyperassoziativen Merkmale des REM-Schlafs sind gewiss interessant und dabei möglicherweise auch nützlich – es stellt sich jedoch die Frage, warum Hyperassoziativität überhaupt im REM-Schlaf auftritt. Warum macht sich das Gehirn eine solche Mühe, wozu verbrennt es so viel Energie – zu welchem Nutzen? Noch vor wenigen Jahren vermuteten verschiedene Autoren, dass uns dieses Schlafstadium lediglich auf eine möglichst schnelle Aktionsbereitschaft nach dem Aufwachen vorbereiten solle. Aber die letzte REM-Periode kann mitunter eine dreiviertel Stunde dauern – ist es nicht höchst ineffizient, sich 45 Minuten lang in solch verschwenderischer Weise auf ein etwas schnelleres Aufwachen vorzubereiten?

In den letzten Jahren sind verschiedene kognitive Fähigkeiten untersucht worden, die sich als abhängig vom REM-Schlaf erwiesen haben. Ein gut untersuchtes Beispiel ist die sogenannte Visuelle Diskriminationsaufgabe (Karni et al., 1994), in der Probanden lernen, auf einem Bildschirm voller kleiner Striche einen Buchstaben wie „T" zu entdecken – mit fortschreitender Übung verkürzen sich die Reaktionszeiten.

Interessanterweise lässt sich eine weitere Verbesserung auch nach einem Nachtschlaf ohne weiteres Training beobachten – allerdings nur, wenn der Schlaf auch REM-Phasen enthält; nach einer Nacht mit selektivem REM-Schlaf-Entzug bleibt dieser Fortschritt hingegen aus. Dass visuelle Aufgaben vom REM-Schlaf profitieren, scheint durchaus plausibel: Immerhin zählen die visuellen Assoziationskortizes während des REM-Schlafs zu den aktivsten Hirnregionen – ein Traum ist nichts anderes als eine umfassende visuelle Halluzination. In einer weiteren visuellen Aufgabe, die REM-Schlaf-abhängige Verbesserungen zeigt, müssen Probanden so schnell wie möglich auf einen von vier Knöpfen drücken, wenn ein zu diesem Knopf gehöriges Licht aufblinkt. Interessanterweise profitieren die Reaktionszeiten in dieser Aufgabe besonders dann vom REM-Schlaf, wenn die Folge der Lichtsignale bestimmten regelhaften Mustern folgt und nicht zufällig ist – und das auch dann, wenn die Probanden sich dieser Regelhaftigkeit nicht bewusst sind. Die Reaktionszeiten in dieser seriellen Reaktionszeitaufgabe verbessern sich nach einer Nacht mit REM-Schlaf, wobei während des REM-Schlafs eine erhöhte Konnektivität zwischen den Basalganglien und dem visuellen Kortex zu beobachten ist (Peigneux et al., 2003). Solche Studien zeigen, dass eine Funktion des REM-Schlafs in der Verknüpfung visueller Informationen mit Vorhersagen besteht. Tatsächlich sind die Aktivitätshotspots in den Basalganglien während des REM-Schlafs mit denjenigen Regionen identisch, die auch an der klassischen und instrumentellen Konditionierung beteiligt sind (O'Doherty et al., 2003; Seymour & Dolan, 2008). Diese Regionen signalisieren insbesondere, ob bei einem bestimmten Stimulus eine Belohnung zu erwarten ist – und ob diese Erwartung dann tatsächlich erfüllt wird. Einzelzellableitungen haben gezeigt, dass dopaminerge Strukturen des Mittelhirns – und damit auch die dopaminergen Output-Regionen der Basalganglien – für dieses sogenannte *Prediction-Error*-Signal verantwortlich sind (Schultz et al., 1997). Ziel dieses Mechanismus ist es letztendlich, die Welt richtig vorherzusagen.

Nun wird auch eine mögliche Funktion der Hyperassoziativität im REM-Schlaf deutlich: die Stärkung (oder Löschung) tagsüber gebildeter neuronaler Verknüpfungen. Dabei muss es sich nicht ausschließlich um Stimulus-Konsequenz-Verknüpfungen im engeren Sinne handeln, auch generelle visuelle und visuell-motorische Vorhersagen sind wichtig. Möglicherweise sind schnelle Reaktionen auf Stimuli in unserem Alltag nicht mehr allzu relevant, da wir unsere Nahrung nicht mehr jagen, sondern einfach im Supermarkt kaufen. Es ist jedoch sehr eindrücklich, wie z. B. ein Gepard die Bewegungen einer Gazelle verfolgt, und wie schnell er darauf reagiert: Da die Energie eines Geparden für kaum mehr als drei Jagdläufe ausreicht, ist der Unterschied zwischen schnellem Jagderfolg und Misserfolg der zwischen Überleben und Verhungern. Vor diesem Hintergrund scheint die Existenz eines solch kostspieligen Schlaf-Stadiums wie dem REM-Schlaf plausibel – und auch die großen REM-Schlaf-Anteile bei allen Katzenartigen.

Es stellt sich jedoch die Frage nach der Rolle der phänomenologischen Seite des REM-Schlafs. Es fällt auf, dass in Träumen häufig Unerwartetes geschieht. Der Kontrast zwischen logischen Vorhersagen tagsüber und unerwarteten Phänomenen im Traum ist scharf – man kann spekulieren, dass genau diese Abwechslung eine optimale Überarbeitung neuronaler Verknüpfungen ermöglicht. Bestünde nachts nicht die Möglichkeit, regelmäßig wahnsinnig zu werden, müssten solche Phasen möglicherweise tagsüber erlebt werden – mit der Konsequenz extremer Assoziativität und eingeschränkter Berechenbarkeit.

Eine nächtliche Schlafzeitverkürzung um zwei Stunden kann bereits zu einer Verkürzung des REM-Schlafs um 30–45 Minuten führen. Vermutlich ist der darauf folgende Tag nicht der beste, um wichtige Entscheidungen für die Zukunft zu treffen. Und wenn jemand das Blaue vom Himmel verspricht, lohnt es umgekehrt manchmal zu fragen, wie lange er in der Nacht zuvor geschlafen hat.

10 Die Entstehung von Geist und Bewusstsein im Gehirn

Gerhard Roth

10.1 Einleitung

Die Frage nach dem Wesen, der Herkunft und der Funktion von Geist und Bewusstsein beschäftigt die Menschen, seit es Philosophie und Wissenschaften gibt; entsprechend unterscheiden sich die Antworten zum Teil radikal voneinander (vgl. Dennett, 1991; Crick, 1994; Eccles, 1994; Chalmers, 1996; Metzinger, 1996; Pauen, 1999; Edelman & Tononi, 2000). Traditionell werden Bewusstsein und Geist als etwas angesehen, das sich von den Phänomenen und Geschehnissen der materiellen Welt wesensmäßig unterscheidet (*ontologischer Dualismus*; vgl. Eccles, 1994); danach entzieht sich Bewusstsein grundsätzlich der Erklärung durch die empirischen Wissenschaften. Für Andere werden Bewusstseinszustände direkt von bestimmten Hirnmechanismen und/oder Hirnprozessen hervorgebracht und lassen sich auf diese reduzieren (*neurobiologischer Reduktionismus*; vgl. Churchland, 1997). Für wieder Andere entspringt Bewusstsein zwar den Hirnfunktionen und existiert nicht ohne sie, ist jedoch in seinen Phänomenen und Gesetzmäßigkeiten nicht oder nicht vollständig auf sie zurückführbar (*Emergentismus*; vgl. Chalmers, 1996). Insbesondere das ausschließlich private Erleben von Bewusstsein („phänomenales Bewusstsein") wird als unüberwindliches Hindernis für eine naturwissenschaftliche Erklärung angesehen („fundamentale Erklärungslücke") (vgl. Pauen & Stephan, 2002).

10.2 Resultate der empirischen Bewusstseinsforschung

Bewusstsein tritt beim Menschen in einer Vielzahl unterschiedlicher Zustände auf. Die allgemeinste Form von Bewusstsein ist der Zustand der Wachheit oder Vigilanz. Wachheit ist meist mit konkreten Inhalten verbunden (Roth, 2003). Diese können sein: a) Sinneswahrnehmungen von Vorgängen in der Umwelt und im eigenen Körper, b) mentale Zustände und Tätigkeiten wie Denken, Vorstellen und Erinnern, c) Selbst-Reflexion, d) Emotionen, Affekte, Bedürfniszustände, e) Erleben der eigenen Identität und Kontinuität, f) „Meinigkeit" des eigenen Körpers, g) Autorschaft und Kontrolle der eigenen Handlungen und mentalen Akte, Willenszustände, h) Verortung des Selbst und des Körpers in Raum und Zeit, i) Realitätscharakter von Erlebtem und Unterscheidung zwischen Realität und Vorstellung. Einige dieser Zustände, z. B. die unter e) bis i) genannten, bilden zusammen eine Art „Hintergrund-Bewusstsein", vor dem die unter a) bis d) genannten spezielleren Bewusstseinszustände mit wechselnden Inhalten und Intensitäten und in wechselnder Kombination auftreten.

Es zeigt sich, dass bestimmte Bewusstseinszustände und bestimmte Hirnvorgänge *untrennbar* miteinander verbunden sind, angefangen von einfachen Wahrnehmungsprozessen bis hin zu Zuständen des Dafürhaltens und Wissens. Ebenso lässt sich mit Hilfe der Kombination der Elekroenzephalographie (EEG) oder Magnetenzephalographie (MEG) mit funktioneller Magnetresonanztomographie (fMRI) zeigen, dass allen Bewusstseinszuständen bestimmte unbewusste Prozesse zeitlich (200 Millisekunden oder länger) und in systematischer Weise vorhergehen (Noesselt et al., 2002; Seth et al., 2008; Soon et al., 2008). Ebenso lässt sich zeigen, dass kortikale Stimulation eine Mindestdauer und eine Mindeststärke und die Inhalte eine bestimmte inhaltliche Prägnanz besitzen müssen, um bewusst zu werden (Cleeremans, 2005). Man kann entsprechend in vielen Fällen nicht nur verlässlich von bestimmten Hirnstörungen auf bestimmte Bewusstseinsstörungen schließen und umgekehrt, sondern man kann auch bei Variation der Reizdarbietung und der Beeinflussung spezifischer neuronaler Mechanismen das Auftreten oder Nichtauftreten von Bewusstseinszuständen und deren Inhalte in Grenzen vorhersagen (Haynes & Rees, 2006; Soon et al., 2008; Bles & Haynes, 2008; Bode & Haynes, 2009).

Diese verschiedenen Inhalte von Bewusstsein können nach Schädigungen bestimmter Gehirnteile, insbesondere solcher der assoziativen Großhirnrinde (s. u.), mehr oder weniger unabhängig voneinander ausfallen (für eine Übersicht siehe Kolb & Wishaw, 1996). So gibt es Patienten, die völlig normale geistige Leistungen vollbringen, jedoch glauben, dass der sie umgebende Körper nicht der ihre ist bzw. dass bestimmte Körperteile nicht zu ihnen gehören. Andere wiederum besitzen bei sonstigen intakten Bewusstseinsfunktionen keine autobiographische Identität. Dies deutet auf eine modulare, d. h. räumlich und funktional getrennte Organisation der Bewusstseinsinhalte hin. Aufmerksamkeit ist eine Steigerung konkreter Bewusstseinszustände, die mit erhöhten und gleichzeitig räumlich, zeitlich und inhaltlich eingeschränkten (fokussierten) Sinnesleistungen oder mentalen Zuständen (Konzentration) einhergeht.

Eine besondere Rolle beim Bewusstsein spielt das Arbeitsgedächtnis (Baddeley, 1996; Fuster, 2002). Es hält für wenige Sekunden einen bestimmten Teil der Wahrnehmungen und damit verbundener Gedächtnisinhalte und Vorstellungen im Bewusstsein und konstituiert damit den charakteristischen „Strom des Bewusstseins". Man nimmt an, dass das Arbeitsgedächtnis Zugriff zu den unterschiedlichen, in aller Regel unbewusst arbeitenden Sinnes-, Gedächtnis- und Handlungssteuerungs-Systemen hat, die in anderen Teilen des Gehirns lokalisiert sind, und nach bestimmten Kriterien Informationen aus diesen Systemen „einlädt". Diese werden dann aktuell bewusst. Das Arbeitsgedächtnis ist offenbar für die subjektiv empfundene „Enge" und „Linearität" des Bewusstseins verantwortlich. Umstritten ist, ob diese Enge und Beschränkung aus der begrenzten Kapazität des Arbeitsgedächtnisses selbst herrührt oder aus der zeitlichen und/oder inhaltlichen Beschränktheit des Zugriffs und Abrufens von Informationen aus den Sinnes-, Gedächtnis- und Handlungssteuerungssystemen.

10.3 Bewusste und unbewusste Informationsverarbeitung

Idealtypisch werden zwei Systeme der Informationsverarbeitung im Gehirn unterschieden, nämlich ein bewusst und ein unbewusst ablaufendes System (Kolb und Wishaw, 1996). Das erste, auch *explizites* oder *deklaratives System* genannt, arbeitet überwiegend seriell, langsam (d. h. im Bereich von Sekunden und Minuten) und mühevoll, ist in seiner Kapazität beschränkt und fehleranfällig, seine Informationsverarbeitung ist tief, d. h. auf die Verarbeitung komplexer und bedeutungshafter Inhalte ausgerichtet; es ist zugleich aber flexibel und kann entsprechend neue oder neuartige Leistungen vollbringen.

Das zweite, unbewusst ablaufende System, auch *implizites*, *prozedurales* oder *nicht-deklaratives* System genannt, ist in seiner Kapazität nahezu unbeschränkt, arbeitet überwiegend parallel, schnell und weitgehend fehlerfrei. Es ist in seiner Informationsverarbeitung flach, d. h. es verarbeitet Informationen anhand einfacher Merkmale oder Bedeutungen und ist relativ unflexibel bzw. variiert innerhalb vorgegebener Alternativen. Es ist außerdem nicht an Sprache gebunden bzw. einer sprachlich-bewussten Beschreibung nicht zugänglich. Hierunter fällt alles, was mit implizitem Lernen zu tun hat, mit Objektidentifikation anhand äußerlicher Merkmale, Einüben durch langwierige Praxis, unbewusster Imitation, Gruppierung nach Ähnlichkeiten, Erfassen einfacher Regeln.

Zwischen beiden Systemen bestehen beliebig feine Übergänge. Die Leistungen und Fertigkeiten aus dem expliziten System sinken gewöhnlich mit zunehmender Vertrautheit und Übung in das implizite System ab, können mit entsprechendem Aufwand jedoch zumindest teilweise wieder explizit gemacht werden. Diese Befunde deuten darauf hin, dass Bewusstsein eine ganz bestimmte Funktion bei der Informationsverarbeitung hat: Bewusstsein tritt immer dann auf, wenn es um die Verarbeitung hinreichend neuer, wichtiger und detailreicher Informationen geht, für die noch keine Routinen ausgebildet wurden.

10.4 Bewusstseinsrelevante Hirnstrukturen

Am Entstehen von Bewusstsein wirken stets viele Hirnzentren mit, die über das ganze Gehirn verteilt sind; es gibt kein „oberstes" Bewusstseinszentrum. Allerdings können Geschehnisse uns nur dann bewusst werden, wenn sie von Aktivitäten der *assoziativen Großhirnrinde* begleitet sind, d. h. von Aktivitäten im hinteren und unteren Scheitellappen (*parietaler Cortex*), im mittleren und unteren Schläfenlappen (*temporaler Cortex*) und im Stirnlappen (Frontallappen; *präfrontaler Cortex*) (Übersicht in Creutzfeldt, 1983; Kolb & Wishaw, 1996; Roth, 2003). Alles, was nicht in der assoziativen Großhirnrinde abläuft, ist uns nach gegenwärtigem Wissen grundsätzlich nicht bewusst.

Der hintere und untere Scheitellappen (*Parietallappen*) hat linksseitig mit symbolisch-analytischer Informationsverarbeitung zu tun (Mathematik, Sprache, Bedeutung von Zeichnungen und Symbolen); der rechtsseitige Scheitellappen ist befasst mit realer und vorgestellter räumlicher Orientierung, mit räumlicher Aufmerksamkeit und Perspektivwechsel. Im Scheitellappen sind unser Körperschema und die Verortung unseres Körpers im Raum lokalisiert; auch trägt er zur Planung und Vorbereitung von Bewegungen bei. Der obere und mittlere Schläfenlappen (*Temporallappen*) umfasst komplexe auditorische Wahrnehmung einschließlich Sprache. Der untere Schläfenlappen (IT) ist wichtig für komplexe visuelle Informationsverarbeitung nicht-räumlicher Art, das Erfassen der Bedeutung und korrekten Interpretation von Objekten, Gesichtern usw. sowie von ganzen Szenen. Der präfrontale Cortex (PFC) ist in seinem oberen, dorsolateralen Teil vornehmlich ausgerichtet auf Ereignisse und Probleme in der Außenwelt, insbesondere hinsichtlich deren zeitlicher Reihenfolge und ihrer Relevanz bzw. Lösung (Förstl, 2002; Fuster, 2002). Dort befindet sich auch das Arbeitsgedächtnis (s.o.). Der *orbitofrontale Cortex* und der benachbarte *ventromediale Cortex* haben demgegenüber zu tun mit Sozialverhalten, ethischen Überlegungen, divergentem Denken, Risikoabschätzung, Einschätzung der Konsequenzen eigenen Verhaltens, Gefühlsleben und emotionaler Kontrolle des Verhaltens (Roth, 2003).

Bei Aufmerksamkeit und anderen von Bewusstsein begleiteten kognitiven Zuständen wie Fehlerkorrektur und Handlungsentscheidung, aber auch bei der Schmerzempfindung spielt der an der Innenseite des Stirnhirns liegende *vordere Gyrus cinguli* eine wichtige Rolle (Allman et al., 2001). Er ist ein Bindeglied zwischen der übrigen Großhirnrinde und den an der Entstehung von Bewusstsein beteiligten, aber völlig unbewusst arbeitenden subkortikalen Zentren im Endhirn selbst (vor allem *Hippocampus* und *Amygdala*), im Zwischenhirn (*intralaminäre Kerne, Nucleus reticularis thalami*) sowie im Hirnstamm (*Formatio reticularis*).

Eine wichtige Rolle bei der Steuerung des Aufmerksamkeitsbewusstseins, des Kurzzeitgedächtnisses und des Erfassens bedeutungshafter Ereignisse spielt das *basale Vorderhirn*. Mit seinen cholinergen Projektionsfasern ist es in der Lage, die Aktivität umgrenzter Regionen der Hirnrinde gezielt zu verstärken oder abzuschwächen. Das basale Vorderhirn hat enge Beziehungen zur Formatio reticularis sowie zu limbischen Zentren wie Hippocampus und Amygdala (Voytko, 1996; Roth & Dicke, 2006). Der Hippocampus liegt auf der Innenseite des Schläfenlappens und wird als Organisator des Wissensgedächtnisses (*deklaratives Gedächtnis*) angesehen, dessen Inhalte in der Großhirnrinde niedergelegt sind, und zwar an unterschiedlichen Orten je nach Art und Inhalt des Gedächtnisses (Markowitsch, 2002). Der Hippocampus ist hiermit eine wichtige Kontrollstation für den Zugang von Gedächtnisinhalten zum Bewusstsein. Neuere Untersuchungen weisen ihm eine zentrale Rolle beim Prozess der „Verdrängung" bestimmter Inhalte aus dem Bewusstsein zu (Anderson et al., 2004).

10.5 Neuronale Grundlagen des Bewusstseins

Während der Bewusstseinszustände finden nach gegenwärtiger Anschauung *Umstrukturierungen* bereits vorhandener kortikaler neuronaler Netzwerke aufgrund von Sinnesreizen und Gedächtnisinhalten statt, und zwar durch eine schnelle Veränderung synaptischer Übertragungsstärken und damit der Kopplungen zwischen Neuronen in einem bewusstseinsrelevanten kortikalen Netzwerk. Hierbei spielen die Neuromodulatoren Serotonin, Dopamin, Noradrenalin und Acetylcholin eine wichtige Rolle, die im Sekundentakt arbeiten. Derartig schnelle Reorganisationsprozesse sind stoffwechselintensiv und führen an den Synapsen zu einem überdurchschnittlichen Verbrauch an Glukose und Sauerstoff, was wiederum den lokalen kortikalen Blutfluss erhöht. Dies macht man sich bei bildgebenden Verfahren wie fMRT zunutze (Münte & Heinze, 2001; Logothetis et al., 2001).

Es wird von einigen Neurobiologen vermutet, dass oszillatorische Aktivität von Netzwerken und die wechselseitige Synchronisation neuronaler Felder eine Grundlage von Aufmerksamkeitsbewusstsein darstellen (Kreiter & Singer, 1996; Crick & Koch, 2003; Taylor et al., 2005). Eine wichtige Rolle beim Bewusstwerden von Wahrnehmungsinhalten scheint die simultane oder sequenzielle Aktivierung primärer und assoziativer kortikaler Areale zu sein, und zwar durch eine Kombination aufsteigender und absteigender, d. h. rückkoppelnder Verbindungen zwischen Cortexarealen. Entsprechend bleiben sensorische Erregungen unbewusst, wenn sie ausschließlich aufsteigende Verbindungen aktivieren und nicht zu Rückwirkungen assoziativer Areale auf primäre Areale führen (Edelman & Tononi, 2000; Lamme, 2000; Lamme & Roelfsema, 2000). Diese Annahme konnte durch kombinierte fMRT-MEG-Untersuchungen in einem visuellen Aufmerksamkeits- und Identifikations-Paradigma bestätigt werden (Noesselt et al., 2002): Unter diesen Versuchsbedingungen werden zuerst (nach ca. 100 ms) die primären visuellen Areale, anschließend höherstufige semantische Areale und schließlich erneut primäre visuelle Areale aktiv. Die Interpretation dieser Befunde lautet: Visuelle Informationen werden zuerst unbewusst im primären visuellen Cortex nach ihren Details „vorsortiert". Diese Informationen werden zu assoziativen visuellen Arealen weitergeleitet. Dort werden sie unter Zuhilfenahme von dort angesiedelten Gedächtnisinhalten (unter Mitwirkung subkortikaler Zentren) interpretiert. Diese Interpretation wird zum primären visuellen Cortex zurückgeleitet, und hierdurch werden die Wahrnehmungsdetails sinnhaft gruppiert. Dadurch ergibt sich eine sowohl sinnhafte als auch detailreiche Wahrnehmung.

Es ist inzwischen gelungen, das dem Bewusstwerden im primären visuellen Cortex vorhergehende Geschehen genauer zu analysieren. In einer eigenen Untersuchung mithilfe einer visuellen Kontrasttäuschung (Strukturen mit physikalisch gleicher Helligkeit sehen je nach Kontrast subjektiv unterschiedlich aus, physikalisch unterschiedlich helle Strukturen sehen subjektiv gleich hell aus) konnte mithilfe der Kombination von EEG und MEG und besonderen Auswertverfahren gezeigt, werden, dass sich die Unterschiede in der *subjektiven* Helligkeitswahrnehmung bereits auf der Ebene der (noch) völlig unbewusst ablaufenden Aktivität im primären visuellen Cortex nachweisen lassen (Haynes et al., 2003). Dasselbe gilt für das „Umkippen" bi-stabiler Wahrnehmungsinhalte (Neckerwürfel, Treppen) oder der so genannten *binokularen Rivalität*, bei der den beiden Augen getrennt sich widersprechende Wahrnehmungsinhalte geboten werden und im Bewusstsein dann abwechselnd der eine oder der andere Inhalt auftaucht (vgl. Haynes & Rees, 2006).

Schließlich gibt es im Vergleich tierexperimenteller und humanexperimenteller Untersuchungen auch genauere Einblicke in die neuronalen Grundlagen von „innengeleiteter", d. h. auf Konzentration und Fokussierung beruhender Aufmerksamkeit. Seit längerem ist bekannt, dass die Konzentration auf ein schwierig zu erkennendes Objekt mit einer deutlichen Erhöhung in der Antwortstärke von Neuronen im parietalen und temporalen assoziativen visuellen Cortex einhergeht (Kastner et al., 1998). Kreiter und Mitarbeiter konnten zudem kürzlich nachweisen, dass sich beim Makaken zugleich der Grad synchroner Aktivität der mit der Reizdetektion und -analyse befassten visuellen Neurone in kortikalen Arealen wie V4 und MT erhöht und derjenige der „nicht aufmerksamen" Neurone erniedrigt (Taylor et al., 2005). Der Zustand der Aufmerksamkeit erhöht demnach bei Mensch und Affen die Auflösungs- und Informationsverarbeitungskapazität der beteiligten Neurone.

Zusammengefasst lässt sich heute sehr gut mit experimentellen Befunden belegen, mit welchen neuronalen Strukturen und Prozessen das Entstehen von Bewusstsein und auch die Inhalte dieser Bewusstseinszustände verbunden sind, seien sie perzeptiver, kognitiver oder emotional-psychischer Art. Es zeigt sich allgemein, dass mit einer Verfeinerung der neurowissenschaftlichen Methoden der „Abstand" zwischen neuronaler Aktivität und Bewusstseinszuständen immer enger wird. Am Eindrucksvollsten ist dies zweifellos bei praktisch allen optischen Täuschungen, wo man zeigen kann, dass bestimmte Neurone des visuellen Cortex genauso diesen Täuschungen „unterliegen" wie die subjektive Wahrnehmung, während dies für visuelle Neurone außerhalb des Cortex nicht zutrifft – sie reagieren „noch" auf die physikalischen Eigenschaften der Reize.

10.6 Geist und Bewusstsein als physikalische Zustände

Der hier vertretene Standpunkt ist der eines *Physikalismus des Geistes*. Physikalismus bedeutet, dass Geist als ein physikalischer Zustand angesehen wird. Was aber ist ein physikalischer Zustand? Nach einer gängigen Definition (Wikipedia) ist

> Physik ... die Naturwissenschaft, welche die grundlegenden Gesetze der Natur, ihre elementaren Bausteine und deren Wechselwirkungen untersucht. Sie befasst sich sowohl mit den Eigenschaften und dem

Verhalten von Materie und Feldern in Raum und Zeit als auch mit der Struktur von Raum und Zeit selbst. Die Physik beschreibt die Natur quantitativ mittels naturwissenschaftlicher Modelle, sogenannter Theorien, und ermöglicht damit insbesondere Vorhersagen über das Verhalten der betrachteten Systeme.

Die Anwendung dieser Definition auf Geist und Bewusstsein erscheint auf den ersten Blick problematisch. In der Definition wird vom „Verhalten von Materie und Feldern in Raum und Zeit" gesprochen. Geist und Bewusstsein sind zumindest als subjektiv empfundene Phänomene keine Materie im herkömmlichen Sinne, d. h. sie sind nicht aus Elementarteilchen, Atomen und Molekülen aufgebaut. Was die „Grundbausteine" des Geistes und des Bewusstseins sind, ist unbekannt. Es scheint zwar geistige „Elementarereignisse" zu geben, aber diese konnten bisher von der Psychologie nicht einheitlich bestimmt werden. Es gibt Spekulationen, dass Geist irgendeine Art „Energie" ist, aber dem widerspricht die Tatsache, dass Geist ein Zustand ist, der sehr viel Energie verbraucht; Geist kann daher nicht selbst Energie sein. Auch ist die Anwendung des Begriffs „Raum" auf Geist problematisch, d. h. Geist scheint irgendwie unräumlich zu sein. Sicher unterliegt Geist Veränderungen in der Zeit; diese scheinen aber als erlebte Zeit nicht identisch zu sein mit der physikalischen Zeit.

Wir müssen also davon ausgehen, dass Geist ein physikalischer Zustand eigener Art mit vielen speziellen Gesetzen ist. Dies ist insofern kein Problem, als der Bereich der Physik stets offen war und ist für Erweiterungen: Was zur Physik gehört und was nicht, hat sich über die Jahrhunderte stark geändert und wird sich weiter ändern. Warum aber sehen wir Geist überhaupt als physikalischen Zustand an und sind nicht einfach Dualisten, für die sich Geist grundlegend vom Materiell-Physikalischen unterscheidet?

Der Grund hierfür ist, dass Geist – welcher physikalischen Natur er auch immer ist – eindeutig im Rahmen der Naturgesetze auftritt und unabdingbar an physikalische und im engeren Sinne an chemische und physiologische Gesetzmäßigkeiten gebunden ist. Dies ist mit einem Dualismus unvereinbar. Wie oben bereits beschrieben, geht geistige Aktivität im Gehirn mit einem hohen Sauerstoff- und Glukoseverbrauch und vielen anderen neuroelektrischen und neurochemischen Prozessen einher, und nach bisheriger Kenntnis sind die Beziehungen mehr oder weniger linear; d. h. je intensiver die geistigen Beziehungen, desto höher der Hirnstoffwechsel, der Transmitterausstoß, die Entladungsraten der Neurone usw. Hinzu kommt, dass es keine Eigenschaft geistiger Zustände gibt, die den neuronalen Zuständen eklatant widersprechen. Dies wäre vor allem dann der Fall, wenn geistige Zustände überhaupt nicht an neuronale Prozesse gebunden wären. Das Gegenteil ist aber der Fall: Geistige Zustände hängen aufs Engste mit neuronalen Zuständen zusammen, die wiederum klar physikalisch-chemisch-physiologischen Gesetzen gehorchen.

Wir müssen also auf der einen Seite zugeben, dass Geist ein physikalischer Zustand eigener Art ist, der sich aber in das Gesamtgefüge physikalischer Zustände einfügt und dieses nicht im dualistischen Sinne transzendiert. Zugleich gibt es ganz offensichtlich zahlreiche Eigengesetzlichkeiten des Geistigen, die durch die bisherige Physik nicht erklärt werden können – aber das ist bei vielen Eigenschaften biologischer Systeme der Fall. So findet die biologische Evolution zweifellos im Rahmen der Physik statt, aber es gibt keine physikalische, sondern nur eine spezielle biologische Theorie der Evolution. Wie die „Physik des Geistes" einmal aussehen wird, ist unklar. Die Tatsache, dass Geist im Gehirn nur bei hohem Energie- und Materiedurchsatz auftritt, stellt ihn in die Nähe komplexer physikalischer und chemischer Systeme, die man „selbstorganisierend" nennt und die sich durch spontane Muster- und Ordnungsbildung raumzeitlicher Art auszeichnen (An der Heiden et al., 1985). Die Gestaltpsychologie hat viele Merkmale von Wahrnehmungs- und Denkvorgängen beschrieben, die ebenfalls eine große Nähe zu Merkmalen selbstorganisierender physiko-chemischer Systeme haben (vgl. Metzger, 2001).

Eine der hervorstechendsten Eigenschaften der menschlichen Großhirnrinde ist der ungeheure Grad der Binnenverdrahtung: Die Zahl der – meist rückläufigen – Verbindung der Neurone des Cortex untereinander übertrifft die Zahl der Verbindungen mit dem Rest des Gehirns um das Vieltausendfache (Roth, 2003). Es ist also zutreffend, dass der Cortex sich im Wesentlichen „mit sich selber beschäftigt". In einem solchen riesigen und zugleich sehr homogen aufgebauten assoziativen Netzwerk entstehen – so sagt uns das Wissen über künstliche neuronale Netzwerke – spontan äußerst komplexe Strukturen und Prozesse einschließlich der Bildung von anatomischen und funktionalen Untereinheiten und Hierarchien. Dies führt im Gehirn ganz offenbar zur Selbstempfindung und schließlich zu Selbstbewusstsein. *Per definitionem* sind dann solche Zustände nicht „von außen" beobachtbar, sondern nur durch das System selber. Das bedeutet, dass die Hirnforschung und die Neurophysik sogar plausibel machen können, warum es im Gehirn funktionale Zustände gibt, die nicht „von außen" erlebt werden können.

11 Philosophie des Geistes – Wiege des Denkens

Kirsten Brukamp

11.1 Große Fragen

Die Wiege unserer europäischen Kultur stand im alten Griechenland, so wird gesagt. Was ist denn aber nicht der historische, sondern der systematische Beginn unseres Denkens? Warum denken wir überhaupt? Dann und wann beschäftigen wir uns alle einmal mit den großen Fragen – den Fragen nach dem Sinn, nach dem Leben, nach dem Ganzen, das die Welt ist. Dabei kommt auch Staunen darüber auf, was Denken ist und warum wir reflektieren. Die Frage nach dem Geist, dem Denken, hat eine wichtige Bedeutung als Ausgangspunkt für die vielen kleineren Fragen, die Menschen sich stellen, denn das Abwägen von Gedanken und das Entwickeln von Theorien setzen ja gerade besondere geistige Fähigkeiten voraus. *Philosophie des Geistes* ist daher selbst einer der Höhepunkte des Erwägens der großen Fragen. Unsere

Gedanken sind reflexiv, und so scheint es uns manchmal, als sei das Denken selbst der systematische Ursprung des Denkens, die Frage danach die Krönung aller Fragen.

Wie denken wir? Diese Frage führt uns zum Problem des Verhältnisses von Gehirn und Geist, von Körper und Psyche, von Leib und Seele. Dieses ist eines der Hauptthemen in der Philosophie des Geistes. Wiege des Denkens kann hier nicht nur Ursprung desselben bedeuten, sondern auch Waage: Lösungsansätze zur Geist-Gehirn-Beziehung sind ein Prüfstein für die Angemessenheit von umfassenderen Theorien über die Struktur der Welt und damit ein Indikator für den Entwicklungszustand unserer Kultur.

11.2 Die Geist–Gehirn–Beziehung in der Philosophie des Geistes

Die Philosophie des Geistes umfasst vielfältige Bereiche: Geist-Gehirn-Beziehung, Bewusstsein anderer Menschen, Bewusstsein von Tieren, Art der Existenz der äußeren Welt, personale Identität, Wahrnehmung, Willensfreiheit, mentale Verursachung, Intentionalität, das Unbewusste, Schlaf und Status der Ebenen von Psychologie und Soziologie (Searle, 2004). Zu den am häufigsten diskutierten Themen gehören die folgenden: Welche Beziehung besteht zwischen Gehirn und Geist? Was ist Bewusstsein? Besitzen Menschen einen freien Willen? Welche kognitiven Fähigkeiten haben Tiere? Sind denkende und fühlende künstliche Wesen möglich? Diese Übersicht beschäftigt sich mit den ersten zwei Fragen nach der Art der Beziehung zwischen Geist und Gehirn und nach den Grundlagen von Bewusstsein und Subjektivität.

Bei der Diskussion der Geist-Gehirn-Beziehung muss zunächst einmal geklärt werden, wodurch die beiden Relata charakterisiert sind, die miteinander in Verbindung gebracht werden. Das Gehirn ist ein Organ, ein Teil des Körpers, den jeder mit sich trägt. Im Alltagsleben sehen Menschen es nicht und denken kaum jemals daran, aber sie nehmen an, dass Unklarheiten hinsichtlich der Funktionsweise zumindest potenziell von den Experten der Neurowissenschaften geklärt werden können. Das Gehirn ist biologisch beschreibbar und naturwissenschaftlich untersuchbar. Der Geist, das Mentale, besteht aus geistigen Zuständen, die vielgestaltig sein können: Sinnesempfindungen, beispielsweise Wahrnehmungen durch Sehsinn, Gehör, Tastsinn, Geruch, Geschmack, Temperaturempfindung, Schmerzsinn, Orientierung und Bewegung; Gefühle und Stimmungen wie Freude und Ärger; Charakter, zum Beispiel Umgänglichkeit, Intelligenz und Humor; und propositionale Zustände, also Aussagen über Gegenstände, wie Gedanken, Urteile und Erwartungen.

Mentales scheint immer (a) einen repräsentationalen Inhalt und (b) einen phänomenalen Charakter aufzuweisen, wenn auch jeweils in verschiedenen Mischungen beider Komponenten: Mentales (a) bezieht sich einerseits auf etwas, weist auf Dinge in der Welt, hat eine Richtung, einen Gehalt, und (b) besitzt andererseits eine spezifische Qualität, ein Erlebnis- und Erfahrungsmoment, und erzeugt den Eindruck, dass eine besondere subjektive Involvierung mit dem Denken verbunden ist. Traditionell werden phänomenale Zustände auch als *Qualia* bezeichnet, die sich auf den qualitativen Charakter einer Sinneswahrnehmung beziehen – auf die Art und Weise, wie es sich anfühlt und wie man wahrnimmt, dass beispielsweise etwas rot aussieht oder salzig schmeckt. Das Mentale ist potenziell bewusst (Searle, 2004) und primär privat, da jeder das Privileg der Ersten-Person-Perspektive im Zugang zu den eigenen Gedanken besitzt.

Zur Frage der Geist-Gehirn-Beziehung treten im Alltagsverständnis entsprechend weit verbreiteter Intuitionen zwei typische Klassen von Antworten auf: einerseits die Einstellung, dass Geist und Gehirn so unterschiedlich sind, dass sie gänzlich verschiedene Substanzen und vollständig voneinander trennbar sind, und andererseits die Überzeugung, dass Mentales durch die Tätigkeit des Gehirns erzeugt wird und Geistiges in der Sphäre der Materie existiert. Die einen meinen, dass Mentales nicht zu Physischem reduzierbar oder durch es erklärbar zu sein scheint; die anderen nehmen an, dass Mentales und Physisches bei nur oberflächlicher Getrenntheit kausal wechselwirken und dass die Interaktion beschreibbar und erklärbar ist.

11.3 Historische Perspektiven auf die Geist–Gehirn–Beziehung

Historische Grundlagen für die unterschiedlichen Alltagsintuitionen zum Geist-Gehirn-Problem finden sich in der Tradition bereits bei Platon und Aristoteles im klassischen Griechenland. Platon argumentiert, dass Seele und Körper ganz verschiedene Dinge sind: Die Seele kann vollständig vom Körper getrennt werden, ist unsterblich und tritt eventuell in einen anderen Körper ein. Aristoteles hingegen stellt fest, dass Seele und Körper im Lebewesen eine Einheit bilden: Sie sind aufeinander zu gerichtet; der menschliche Körper ist darauf vorbereitet, eine Seele zu beherbergen, und die Seele ist die Vollendung des Körpers. Stark vereinfacht kann Platon als Substanzdualist angesehen werden und Aristoteles

möglicherweise als Vorläufer des physikalistisch-funktio-
nalistischen Ansatzes (siehe Tabelle 11.1 und im Folgenden).

Tabelle 11.1 Klassische philosophische Theorien zum Geist-
Gehirn-Problem. Lösungsansätze zur Frage nach der Beziehung
zwischen Geist und Gehirn fallen in die Kategorien des Dualismus
(links) und des Monismus (rechts). Dualistische Ansätze sind solche des klassischen Substanzdualismus und des moderneren
Eigenschaftsdualismus. Monistische Theorien lassen sich in die
heterogenen Klassen des Idealismus und des Physikalismus einordnen. Bei letzterem reichte die Entwicklungslinie im 20. Jahrhundert vom semantischen Physikalismus zur Identitätstheorie,
bevor funktionalistisch-physikalistische Ansätze zum Aufstieg der
Berechenbarkeitshypothese und des Konnektionismus führten.

Dualismus	Monismus
Substanzdualismus	**Idealismus**
Interaktionismus	**Physikalismus**
Parallelismus	Semantischer Physikalismus
Okkasionalismus	Identitätstheorie
Epiphänomenalismus	Instanz- und
Eigenschaftsdualismus	Typphysikalismus
Doppel-Aspekt-Theorie	Funktionalismus
	Berechenbarkeit
	Konnektionismus

Der *Substanzdualismus* wurde durch René Descartes im 17.
Jahrhundert begründet (Descartes, 1642). Er unterschied die
Seele als *res cogitans* (denkendes Ding, nämlich Geist) und den
Körper als *res extensa* (ausgedehntes Ding, nämlich Materie)
und begründete mit zwei Argumenten, warum diese beiden
vollständig verschieden und potenziell trennbar sind: (1)
Genauso, wie ein Körper ohne geistigen Anteil existieren
kann, kann eine Seele ohne Körper existieren. Ein Körper

kann offensichtlich ohne Seele existieren, beispielsweise als bloße Materie oder als Leiche nach dem Tod eines Lebewesens. Entsprechend kann eine Seele ohne Körper vorgestellt werden. Dieses bedeutet, dass Körper und Seele tatsächlich unterschiedlich sind. (2) Maschinen können keine höheren kognitiven Fähigkeiten haben. Die Seele tritt in einem physischen System zu den Naturgesetzen hinzu, um Menschen zu beleben und mit Vernunft auszustatten. Gegen diese Argumente kann eingewandt werden, dass bloße Vorstellungen nicht unbedingt in der Realität nachprüfbaren Tatsachen entsprechen und dass Materie die notwendige Basis für die Existenz von Mentalem sein könnte, nicht aber umgekehrt.

Innerhalb des Substanzdualismus werden mehrere Typen unterschieden, weil verschiedene Möglichkeiten des Zusammenwirkens von Körper und Geist vorstellbar sind. *Interaktionismus*: Geist und Körper interagieren direkt kausal. *Parallelismus*: Die systematischen Zusammenhänge zwischen Geist und Körper sind nicht kausal, sondern (durch Gott) prästabilisiert. *Okkasionalismus*: Die systematischen Zusammenhänge zwischen Geist und Körper werden jeweils bei Gelegenheit (durch Gott) hervorgebracht. *Epiphänomenalismus*: Körperliche Zustände verursachen geistige, aber geistige Zustände haben keine Wirkung auf den Körper.

Verwandt mit dem Substanzdualismus sind solche Theorien, die zwar nur eine einzige Substanz als Grundlage von Allem annehmen, aber trotzdem eine unüberbrückbare Dissoziation von Materie und Geist postulieren: Ein Anhänger des *Eigenschaftsdualismus* unterstützt die These, dass es nur eine Substanz gibt, aber dass diese zwei ganz verschiedene Arten von Eigenschaften hat, nämlich physische und mentale. Laut der Variante der *Theorie des doppelten Aspekts* sind Körper und Geist korrelierte Aspekte einer einzigen nicht-materiellen und nicht-mentalen Substanz. Im Eigenschaftsdualismus wird die Frage nach der Interaktion zwischen Körperlichem und Geistigem, die ein Problem des Substanzdualismus darstellt, nicht gelöst: Die hier angenommene eine Substanz ist nicht empirisch nachweisbar; es bleibt immer noch unklar, wie die verschiedenen Eigenschaften beziehungsweise Aspekte miteinander wechselwirken, und es besteht die Gefahr, dass bewusstes Denken im Rahmen einer Entwicklung zum Epiphänomenalismus hin für irrelevant erklärt wird.

11.4 Physikalismus

Die Anfänge des modernen *Materialismus* werden gern auf das Motto *l'homme machine* zurückgeführt, einen Ausdruck, den der französische Aufklärer La Mettrie im 18. Jahrhundert als Buchtitel wählte: der Mensch als Maschine – die Maschine Mensch. Früher wurde der Materialismus mechanistisch aufgefasst: Tiere wurden als Automaten vorgestellt, die innerlich wie ein Uhrwerk aufgebaut waren. Aufgrund der diversen Weiterentwicklungen des Theorieansatzes wird inzwischen eher vom *Physikalismus* gesprochen, obwohl einige Vertreter dieser Richtung auch heute noch den Ausdruck Materialismus vorziehen. Dabei betont dieser Ansatz natürlich nicht nur die autoritative Rolle der Physik, sondern diejenige von allen Naturwissenschaften, welche für die interdisziplinären Neurowissenschaften eine Rolle spielen, einschließlich beispielsweise der kognitiven Psychologie.

Wie kann bei den vielen verbreiteten Richtungen des Physikalismus festgestellt werden, was alle gemeinsam haben und welche Theorien zu ihm gehören? Entsprechend der Definition eines *minimalen Physikalismus* (Kim, 1998b) vertreten alle

Ansätze folgende drei Grundannahmen: *Anti-Cartesianisches Prinzip*: Alles Mentale ist auch etwas Physikalisches. Es gibt nichts Mentales, was nicht zusätzlich mindestens auch einige physikalische Eigenschaften hätte. *Geist-Körper-Dependenz*: Mentales wird durch Physikalisches festgelegt. Das Mentale ist von physikalischen Gegebenheiten abhängig und wird durch sie bestimmt. *Geist-Körper-Supervenienz*: Physikalische Ununterscheidbarkeit beinhaltet mentale Ununterscheidbarkeit. Wenn die physikalischen Gegebenheiten gleich sind, sind auch die mentalen Zustände gleich. Das bedeutet allerdings nicht, dass bei gleichen mentalen Zuständen alle physikalischen Eigenschaften gleich sind.

Laut eines weit verbreiteten Supervenienzbegriffs superveniert B über A, wenn Unterschiede in B Unterschiede in A implizieren, wenn also aus Unterschieden in B auf Unterschiede in A geschlossen werden kann. Mentale Eigenschaften sind genau dann auf physikalische Eigenschaften zurückzuführen, wenn sie über physikalische Eigenschaften supervenieren (Kim, 1993). Wenn dieselben physikalischen Eigenschaften vorliegen, dann liegen auch dieselben mentalen Eigenschaften vor, aber nicht unbedingt umgekehrt, weil höherstufige Eigenschaften von niederstufigen Eigenschaften abhängen.

Es werden Ansätze des reduktiven von denen des nichtreduktiven Physikalismus unterschieden. Reduktion ist die Erklärung durch Einheiten auf einer Mikroebene, die Zurückführung auf einfacher verständlichere Mikrotheorien oder die Identitätsfindung zwischen verschiedenen Ebenen. Im *reduktiven Physikalismus* (Lycan, 2006) wird die Reduzierbarkeit von allem auf die Gesetze der (zukünftigen) Physik behauptet. Demgegenüber besagt der *nichtreduktive Physikalismus* nur, dass alle mentalen Eigenschaften durch physikalische Eigenschaften realisiert sind: Wenn x eine mentale Eigenschaft M hat, dann hat x eine physikalische Eigenschaft P, die M realisiert (physikalische Realisierung laut Kim, 1998a). Dieser Ansatz wird auch *Realisierungstheorie* genannt (Beckermann, 2001). Die Einzelwissenschaften bleiben als unabhängige Entitäten bestehen und werden als *special sciences* (Fodor, 1974) nicht auf die Physik reduziert.

Unter den reduktiven Physikalismus-Typen sind der *semantische Physikalismus* und die *Identitätstheorie* zu nennen, bei den nichtreduktiven die *Supervenienztheorie*, der *Emergentismus* und der *(physikalistische) Funktionalismus*. An dieser Stelle kann ausschließlich die Traditionslinie von der Identitätstheorie zum Funktionalismus besprochen werden; weniger weit verbreitete Theorien müssen unberücksichtigt bleiben, beispielsweise auch der *anomale Monismus* nach Davidson (1981; ein einzelnes mentales Ereignis ist mit einem einzelnen physischen Ereignis identisch; psychophysische Gesetze existieren nicht) und der *eliminative Materialismus* nach Churchland (1989; Mentales, wie wir es in der Alltagspsychologie verstehen, gibt es in dieser Form gar nicht).

Die Identitätstheorie (Place, 1956; Smart, 1959), auch Geist-Körper-Identitätstheorie, psychophysikalische oder psychoneurale Identitätstheorie genannt, umfasst zwei Ansätze: *Vorkommnis-/Instanzüerungs-Physikalismus* (*token physicalism*): Ein Ereignis mit einer mentalen Eigenschaft besitzt auch (mindestens) eine physikalische Eigenschaft. Ein einzelnes Ereignis, welches mentale Eigenschaften zeigt, besitzt physikalische Eigenschaften, die die mentalen bestimmen. *Typen-Physikalismus* (*type physicalism*): Mentale Ereignis-Typen sind physikalische Ereignis-Typen, und mentale Eigenschaften sind physikalische Eigenschaften. Verschiedene Ereignisse, die Klassen von mentalen Eigenschaften besitzen, sind auch mit Klassen von physikalischen Eigenschaften assoziiert.

An diesem Punkt stellt sich die Frage, was mit Identität denn überhaupt gemeint ist. Zur Klärung wird häufig das sogenannte Leibnizsche Gesetz herangezogen, welches in zwei Versionen existiert, wobei die erste die originäre ist: *Ununterscheidbarkeit des Identischen*: Identität impliziert das Vorliegen derselben Eigenschaften. *Identität des Ununterscheidbaren*: Das Vorliegen derselben Eigenschaften impliziert Identität. Ein Beispiel, welches ursprünglich in der analytischen Sprachphilosophie entwickelt wurde (Frege, 1892), demonstriert Probleme hinsichtlich des Begriffs der Identität: Am Morgen erscheint als Bote des beginnenden Tages ein heller (sogenannter) Stern am Morgenhimmel; am Abend ist wieder ein heller Stern zu sehen, der die Nacht ankündigt. Die Aussagen „Morgenstern = Morgenstern" oder „Abendstern = Abendstern" wirken weniger interessant als vielmehr trivial. Die Aussage „Morgenstern = Abendstern" hingegen kann eine ganze Reihe von Reaktionen hervorrufen: Irritation, Erstaunen, Ablehnung, Interesse oder Bewunderung aufgrund eines Erkenntnisfortschritts. Tatsächlich sind der Morgenstern und der Abendstern physikalisch-materiell identisch: Es handelt sich um den Planeten Venus, weshalb die Aussage „Morgenstern = Abendstern" informativ ist. Allerdings kommen Zweifel auf: Sind die Konzepte von Morgenstern und Abendstern denn für Menschen als Sprecher tatsächlich gleich? Sollten sie sich vom materiellen Substrat des Planeten leiten lassen oder von der unterschiedlichen Poesie der Ausdrücke? Schließlich verbinden Menschen doch ganz verschiedene Vorstellungen mit dem Reden von einem morgens oder aber abends erscheinenden Stern. In der Sprachphilosophie werden Referenz (Bedeutung) und Sinn (Frege, 1892) unterschieden – worauf ein Ausdruck deutet, weist, gerichtet ist versus was er aussagt, meint. Dieses Beispiel illustriert also ein grundsätzliches Problem mit der Definition von Identität.

Der fundamentale Einwand, der gegen die Identitätstheorie und den Typen-Physikalismus historisch erfolgreich aufgebracht wurde, besteht im Argument der *multiplen Realisierbarkeit* von mentalen Zuständen (Putnam, 1975). Ein Beispiel: Werden mehrere Versuchspersonen, die angeben, sich im Zustand der Freude zu befinden, mit modernen Gehirnbildgebungsmethoden untersucht, dann können dabei völlig verschiedene Signale entstehen. Mehr noch: Letzteres kann sogar der Fall sein, wenn eine einzige Versuchsperson mehrmals in demselben Zustand angeschaut wird. Derselbe mentale Zustand scheint also mit ganz unterschiedlichen Gehirnzuständen einherzugehen. Allgemein ausgedrückt ist es weithin akzeptiert, verschiedenen Menschen, ja sogar Tieren und hypothetischen Aliens, zum Teil dieselben mentalen Zustände, wie beispielsweise Schmerzen, zuschreiben zu können, obwohl es offensichtlich ist, dass die Gehirne dieser Spezies gänzlich anders aussehen. Unter diesen Bedingungen kann schwerlich von Identität gesprochen werden.

11.5 Funktionalismus

Die alten Fragen in der Philosophie des Geistes hinsichtlich der Geist-Gehirn-Beziehung lauteten: Gibt es x? Was ist x? Die neuen Fragen sollten sein: Welche Bedeutung hat x? Welche Rolle spielt x (für uns)? Als Antwort auf die Probleme der Identitätstheorie wurde der *Funktionalismus* entwickelt. Er ist mit der Multirealisierbarkeit mentaler Zustände vereinbar. Mentale Zustände sind dabei als funktionale Zustände durch ihre Aufgaben im System bestimmt. Funktionalistische Theorien berücksichtigen die drei Teile Input, Output und interne Rollen, wobei interne Rollen durch mentale Zustände eingenommen werden. Es wird nach Ursachen, Wirkungen und Relationen gefragt. Der Funktionalismus ist ontologisch offen beziehungsweise neutral, weil keine bestimmte Existenzart des Mentalen vorausgesetzt wird, doch er wird zumeist physikalistisch formuliert.

Als Beispiel zur Veranschaulichung der Denkweise im Funktionalismus soll ein Getränkeautomat dienen (Block, 1996; Beckermann, 2001; siehe Tab. 11.2). Der Getränkeautomat akzeptiert als Input 1- und 2-Euro-Stücke und gibt als Output entweder eine oder keine Getränkeflasche, wobei eine Flasche zwei Euro kosten soll, und gegebenenfalls ein Euro als Rückgeld. Das Verhalten des Automaten kann mit vier Verhaltensgesetzen beschrieben werden: (V1) Falls ein Euro eingeworfen wird, passiert gar nichts. (V2) Falls ein 2-Euro-Stück eingeworfen wird, gibt der Getränkeautomat eine Flasche aus. (V3) Falls ein Euro und dann noch einmal ein Euro eingeworfen wird, gibt der Automat erst beim zweiten Eurostück ein Getränk aus. (V4) Wird zuerst ein Euro und dann ein 2-Euro-Stück eingeworfen, wirft der Automat eine Trinkflasche und 1 Euro als Rückgeld aus. Diese sinnvolle, wenn auch stark simplifizierte, Konstruktion eines Getränkeautomaten lässt sich mit zwei internen Zuständen (des Arbeitsbereichs für die Geldstücke) assoziieren: (Z1) Der Automat enthält kein zuvor eingeworfenes Geldstück. (Z2) Der Automat hat einen Euro einbehalten. Dann können Inputs, innere Zustände und Outputs aufeinander bezogen werden: Werden zwei Euro eingeworfen, dann bleibt der Automat in Z1, weil er sofort eine Trinkflasche zurückgibt. Wird ein Euro eingeworfen, geht er von Z1 nach Z2 über, bei einem zusätzlichen Euro unter Auswurf eines Getränks von Z2 nach Z1. Falls auf einen Euro ein 2-Euro-Stück folgt, bewegt er sich ebenfalls von Z2 nach Z1.

Tabelle 11.2 Grundlagen des Funktionalismus: Inputs, Outputs und interne Zustände am Beispiel eines Getränkeautomaten. Ein Getränkeautomat akzeptiert als Input 1- und 2-Euro-Stücke und gibt als potenziellen Output Getränkeflaschen und 1-Euro-Stücke. Als interne Zustände lassen sich Z1 und Z2 identifizieren, je nachdem, ob im Inneren des Automaten ein 1-Euro-Stück fehlt oder bereits vorhanden ist. Die Beziehungen zwischen Inputs (ein oder zwei Euro), internen Zuständen (Z1 oder Z2) und Outputs (obere Zeile der Zellen) sowie die Übergänge zwischen den internen Zuständen (untere Zeile der Zellen) können dann durch Verhaltensregeln charakterisiert (siehe Text) oder mittels eines Diagramms dargestellt werden.

	Z1	Z2
1 Euro	— → Z2	Getränk → Z1
2 Euro	Getränk → Z1	Getränk, 1 Euro → Z1

Inputs, Outputs und Verhaltensgesetze können also mit internen Zuständen verbunden sein, die unübersichtliche oder komplizierte Zusammenhänge konzeptionell ordnen und das Verständnis vereinfachen. In der Philosophie des Geistes geht es entsprechend diesem Beispiel also darum, mentale Zustände in den Kontext von Inputs, Outputs, Verhalten, Wahrnehmung und Wirkung auf die Umwelt zu stellen und diese zunächst einmal sehr divergent erscheinenden Entitäten aufeinander zu beziehen.

Die formale Definition funktionaler Zustände erfolgte nach dem sogenannten *Ramsey-Satz* (Lewis, 1972), wobei diese Vorgehensweise bei der Formalisierung funktionalistischer Theorien teilweise auch als *analytischer Funktionalismus* bezeichnet wird: Eine Verhaltenstheorie T_S wird entwickelt, und die funktionalen Zustände Z_i eines Systems S sind durch die Verhaltenstheorie T_S (S, Z_1, ..., Z_n) charakterisiert. Dieser Ansatz erfüllt das Kriterium der multiplen Realisierbarkeit, da die funktionalen Zustände auf verschiedene Arten realisiert werden können. Insbesondere werden die Zustände Z_i spezifisch durch physische Zustände P_i realisiert, wenn gilt: „P_i erfüllen TS (S, x_1, ..., x_n)" beziehungsweise „T_S (S, P_1, ..., P_n)" ist wahr.

Zur Frage, über welche Arten von Zuständen eine entsprechende funktional-formale Theorie gebildet werden sollte, gibt es zwei sehr unterschiedliche Auffassungen, nämlich den *Alltagsfunktionalismus* (Lewis, 1972) und den *Psychofunktionalismus* (Stich, 1983). Ein Anhänger des Alltagsfunktionalismus beginnt mit den Überzeugungen, die viele Menschen gemeinsam haben, und berücksichtigt, wie die große Mehrheit Ausdrücke über mentale Zustände benutzt – man bezieht sich auf die „Plattitüden" (Lewis 1972) des täglichen Lebens. Als Psychofunktionalist vertritt man hingegen die These, dass die Alltagspsychologie durch eine weiterentwickelte, wissenschaftliche, reife Psychologie ersetzt werden wird, zu der erst dann eine adäquate Theorie gebildet werden kann.

Systematisch – wenn auch nicht historisch – kann der *Behaviorismus* als Untergruppe des Funktionalismus aufgefasst werden: Im Behaviorismus wird ein Extrem des funktionalistischen Ansatzes erreicht, da vornehmlich auf das Verhalten von Lebewesen, also Input und Output, Wert gelegt wird und interne Zustände keine Rolle spielen, weil sie – quasi in einer Black Box verschwindend – nur im Sinne von Verhaltensdispositionen berücksichtigt werden. Weitere Ansätze des Funktionalismus sind der *molekulare Funktionalismus* bzw. *Homunkularismus* (Lycan, 1995), in dem hierarchische gegliederte Zustände auf immer kleinere, aber parallel organisierte Einheiten zurückgeführt werden, was das Problem des infiniten Regresses aufwirft, und *teleofunktionalistische* Ansätze, bei denen die Bedeutung und Funktion von Teilen in einem biologischen System charakterisiert wird (Millikan 1984).

Besonders weit hat sich der *Berechenbarkeitsfunktionalismus* entwickelt, der es auch in der populärwissenschaftlichen Kultur zu einiger Berühmtheit gebracht hat. Es handelt sich dabei um eine Einstellung, die durch das stark vereinfachte Motto „Geist verhält sich zu Gehirn wie Programm zu Hardware" charakterisiert werden kann. Er heißt auch Computer-, Maschinen- oder Kalkülfunktionalismus und stellt eine Grundlage der These der „starken" künstlichen Intelligenz dar, nämlich der Annahme, dass es möglich ist, künstliche Wesen (Maschinen, Roboter) zu konstruieren, die mentale Zustände besitzen. Eine genauere Untersuchung zeigt, dass es verschiedene Grade in der Stärke des Ansatzes des Berechenbarkeitsfunktionalismus gibt, so dass einige Versionen nicht so spektakulär und plakativ wirken wie das oben genannte Motto.

Eine weniger kontroverse Formulierung des Berechenbarkeitsfunktionalismus besagt, dass eine funktionale, mathematisierbare Beschreibungsebene mentaler Phänomene existiert. Dieses ist eine Arbeitshypothese in den zeitgenössischen Neuro- und Kognitionswissenschaften, weil dort mentale Vorgänge mit Gehirnzuständen in Zusammenhang gebracht und Gehirnprozesse und -bilder mit großem rechnerischen

Aufwand ausgewertet werden. In einer stärkeren Fassung der Computerfunktionalismus-These wird das Gehirn als Realisierung einer Maschine verstanden, die prinzipiell aufgrund sehr einfacher Prozessoperationen Funktionen berechnen kann (Turing, 1936). Das Gehirn verarbeitet danach als Symbolverarbeitungsmaschine wie ein Computer Zeichenketten nach formalen Algorithmen auf der Grundlage von einfachen Basisoperationen schrittweise und syntaktisch. In einer wiederum noch stärkeren Interpretation gelangt man dann zum Vergleich von Gehirn und Geist mit Hardware und Software eines Computers.

Bei der computationalen Informationsverarbeitung im Gehirn können entsprechend dem Berechenbarkeitsfunktionalismus drei Ebenen unterschieden werden (Marr, 1982): *Computationale Ebene*: Auf ihr geht es um das Ziel der Berechnung, den Systemzustand. *Algorithmische Ebene*: Diese Ebene bezieht sich darauf, welcher Algorithmus für die Berechnung und Symbolverarbeitung herangezogen wird. *Implementationsebene*: Hier wird eine technische Wahl für die physische Realisierung des Algorithmus vorgenommen.

Der Berechenbarkeitsfunktionalismus ist auch Teil der repräsentationalen Theorie des Geistes, bekannt als *computational theory of mind* (CTM) oder *computational-representational theory of thought* (CRTT). Sie verbindet drei Thesen: Modularität der mentalen Zustände, mit großer Nähe zur Neurobiologie an den unterschiedlichen Funktionsweisen verschiedener Gehirnareale orientiert (Fodor, 1983); Repräsentationalismus, also interne Verweise auf Dinge (Fodor, 1981); und Computationalismus (a) mit computationalem Charakter mentaler Prozesse, (b) ablaufend in einer postulierten Sprache des Geistes (*language of thought hypothesis*, LOTH) (Fodor, 1975). Als Problem dieses Ansatzes wurde vor allem eingewandt, dass Syntax nicht hinreichend für Semantik ist (Searle 1980): Computerprogramme und Algorithmen haben eine formale Struktur, aber intentionale Zustände haben einen semantischen Inhalt – wie entsteht dieser auf der Grundlage einer bloßen Symbolverarbeitung?

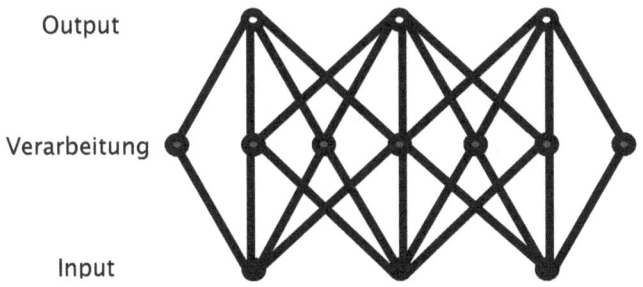

Output

Verarbeitung

Input

Abbildung 11.1 Grundprinzipien neuronaler Netze. Beim stark vereinfachten Grundschema neuronaler Netze werden eine Input-Ebene (unten), eine Verarbeitungsebene (Mitte) und eine Output-Ebene (oben) unterschieden. Durch diese Gliederung wird der Einfluss des funktionalistischen Gedankens deutlich sichtbar. In der Realität können mehrere Verarbeitungsebenen vorliegen, und das Netzwerk befindet sich in einem größeren Kontext mit nicht-hierarchischen Vorwärts- und Rückwärtsverbindungen zwischen den Ebenen. Das Schema für neuronale Netze weist somit eine morphologische Ähnlichkeit zu Neuronenverbänden im Bereich der Neurobiologie auf.

Eine moderne Version des Berechenbarkeitsfunktionalismus stellt der *Konnektionismus* dar. Dabei werden explizit keine syntaktischen Strukturen postuliert. Kognitive Fähigkeiten beruhen nach ihm auf der Lernfähigkeit von und in einfachen Grundstrukturen und ihren Verschaltungen, nämlich neuronalen Netzen (siehe Abb. 11.1). Informationstechnisch ist die Leistungsfähigkeit von konnektionistischen Netzwerken beeindruckend: Es besteht eine hohe Lernfähigkeit, eine gute Toleranz von verminderter Input-Qualität, Robustheit der Resultate sowie Parallelprozessierung und verteilte Repräsentation. Ein Vorteil zur Erklärung von neuronalen, und letztendlich auch mentalen, Zuständen ist die morphologische Ähnlichkeit des Schemas von neuronalen Netzen mit Neuronenverschaltungen, obwohl sich simulierte konnektionistische Netzwerke und biologische Neuronenverbände mit Sicherheit nicht vollständig vergleichen lassen. Probleme dieses Ansatzes sind fehlende Erklärungen für die Systematizität des Denkens und die Komplexität von Sprache.

11.6 Bewusstsein und Subjektivität

Theorien innerhalb der Philosophie des Geistes zum Problem des Bewusstseins decken ein weites Spektrum zwischen zwei vermeintlich gegensätzlichen, aber sich wohl nicht gegenseitig ausschließenden Standpunkten ab: (1) Das Nachdenken über Bewusstsein führt zu unermesslichem Staunen (Nagel, 1965). Subjektivität und Objektivität scheinen sich unversöhnlich gegenüber zu stehen: Die Perspektive des Ich, der 1. Person, schließt Erleben ein, sie ist qualitativ wertvoll; die Perspektive der 3. Person hingegen ist distanziert-beschreibend und naturwissenschaftlich-quantitativ. Subjektive Erfahrung kann somit nicht reduziert werden. (2) Auf der anderen Seite scheint Bewusstsein, zumindest für Menschen, etwas Selbstverständliches zu sein (Searle, 1992). Es ist verlässlich jeden Tag wieder neu da und mit allem Mentalen eng verknüpft. Subjektivität ist eine herausragende Eigenschaft des Bewusstseins, aber trotzdem immer noch durch das Gehirn als einem materiellen Körperorgan hervorgebracht. Eine Wissenschaft von Bewusstsein ist möglich, wenn die Ebenen der ontologischen Subjektivität und der epistemischen Objektivität auseinandergehalten werden (Searle, 2004).

Innerhalb des Physikalismus wurde bisher noch keine vollständig überzeugende These zur Erklärung von Bewusstsein aufgestellt, obwohl dieses möglich zu sein scheint. Die Erfahrungsperspektive, das Gegebensein in der Sinnenwelt, könnte durch die Unterscheidung von zwei verschiedenen Tatsachenbegriffen verständlicher werden (Beckermann, 2001): *Grobkörnige Tatsachen*: Tatsachen sind Verkettungen von Gegenständen und Eigenschaften. Es gilt: $Fa = Gb$, falls $F = G$ und $a = b$. *Feinkörnige Tatsachen*: Tatsachen sind wahre Gedanken, wobei diese auf dem Sinn der darin enthaltenen Ausdrücke beruhen. Es gilt: $Fa \neq Gb$, falls *Sinn (F) ≠ Sinn (G)* oder *Sinn (a) ≠ Sinn (b)*. Offensichtlich behauptet der Physikalismus bereits, dass grobkörnige Tatsachen physikalische Tatsachen sind. Auch die Existenz subjektiver Tatsachen ist mit dem Physikalismus vereinbar, wenn es sich dabei um feinkörnige Tatsachen handelt. Dieser mögliche Ansatz ist noch ausbaufähig und verbesserungsbedürftig. Insgesamt erscheint die Haltung eines *Inflationismus*, also das Vertreten eines Physikalismus, der phänomenale Konzepte akzeptiert, und nicht des *Deflationismus* mit Bestreiten phänomenaler Zustände, in Zukunft eher überlebensfähig (Begrifflichkeit nach Block, 2006).

Beispielhaft seien hier einige Einstellungen zum Problem des Bewusstseins genannt (vergleiche auch Searle, 2004): Vertreter eines *Mystizismus* nehmen an, dass das Rätsel des Bewusstseins grundsätzlich unlösbar ist, da ein denkendes Wesen sich niemals vollständig selbst denken kann. Dem *Panprotopsychismus* gemäß existieren Bewusstseinsvorstufen bei allen Dingen in unterschiedlichem Ausmaß, und sie manifestieren sich, beispielsweise bei Tieren versus Menschen, auf unterschiedliche Arten. Bei einem *Emergenz-Ansatz* (Emergenz beschreibt den Prozess der Entstehung neuer Eigenschaften eines Systems im Vergleich zu den es zusammensetzenden Komponenten) wird Bewusstsein durch das Erreichen einer neuen, irreduziblen Stufe erklärt, die aus anderen Perspektiven nicht vorhersagbar und herleitbar ist. Bei Lösungsversuchen, die auf *quantentheoretischen Überlegungen* beruhen, wird ein Zusammenhang zwischen Bewusstsein und Ereignissen auf der Quantenebene hergestellt, beispielsweise zu potenziellen Quantenberechnungen in zellulären Mikrotubuli (Hameroff & Penrose 1996). Wählt man eine *neurowissenschaftliche Haltung*, dann untersucht man die neurobiologischen Bedingungen von Bewusstsein empirisch (zur Möglichkeit einer objektiven Wissenschaft von Bewusstsein und Subjektivität vergleiche Searle, 2004). Hier sollen zwei relativ gut entwickelte, genuin philosophische Ansätze zum Problem des Bewusstseins näher erläutert werden: die Theorien der höheren Ebenen und die Theorie des globalen Arbeitsplatzes.

Die *Ebenentheorien des Bewusstseins (higher order theories, HOTs)* beruhen auf der Überzeugung, dass der Unterschied zwischen bewussten und unbewussten Zuständen dadurch entsteht, dass in ersteren ein Zustand das Objekt eines anderen, höheren Meta-Zustands ist. Sie betonen die Wichtigkeit von Relationen zwischen mentalen Zuständen. Die Theorien existieren mit Fokus auf die Selbstbezüglichkeit (1) von Gedanken (*higher-order thought* HOT im engeren Sinn; Rosenthal 2005) – Bewusstsein verstanden als Reflexion bzw. Reflexivität; (2) von Wahrnehmung (*higher-order sensing/perception* HOS/P; Lycan 1997) – Bewusstsein verstanden als Introspektion und (3) im System (*higher-order global state, HOGS*; van Gulick, 2004) – Bewusstsein verstanden als Teil eines integrierten, komplexen Ganzen. Zum Verständnis kann die Metapher des unendlichen Spiegels herangezogen werden: Zwei sich gegenüber liegende Spiegel erzeugen für einen dazwischen liegenden Gegenstand eine endlose Spiegelung durch die gegenseitigen Bezugnahmen aufeinander. Eine weitere Metapher für den Formenkreis der Theorien ist das Verständnis des Bewusstseins als eines inneren Sinns oder Monitors (Lycan 1997). Vorteil dieses Ansatzes ist die zwanglose Verbindung zur Alltagspsychologie; Probleme ergeben sich allerdings durch die Notwendigkeit der Formulierung von Zusatzbedingungen zum Erreichen von Bewusstsein, bei der Bestimmung der Transformierungsgrenze zwischen Unbewusstem und Bewusstem und weiterhin für die Erklärung von subjektiv qualitativen Zuständen.

Beim Verständnis von *Bewusstsein als globalem Arbeitsraum* (Baars, 1997) wird angenommen, dass Bewusstsein in einem Teilbereich eines Systems realisiert ist, zu dem andere Gebiete häufigen, seltenen oder keinen Zugang haben (siehe Abb. 11.2). Verwandte Ansätze verbergen sich hinter der Metapher des inneren („cartesianischen") Theaters (kritisiert durch Dennett, 1991) und der Metapher des Scheinwerferlichts (Crick, 1984). In verschiedenen Bereichen eines Systems liegen Zuständigkeiten für bewusste Inhalte, potenziell bewusste, aber noch unbewusste Inhalte und grundsätzlich unbewusste Inhalte vor. Die Grade von Bewusstsein und ihre jeweiligen Aktualisierungen sind vom Zugang zum Arbeitsraum abhängig.

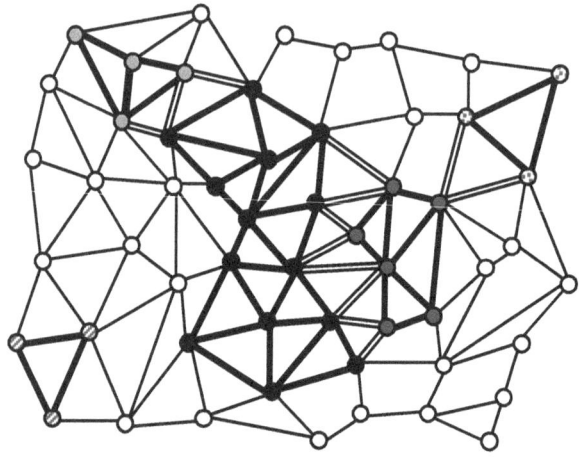

Abbildung 11.2 Die Theorie des globalen Arbeitsraums als Modell des Bewusstseins: Verbindungen zwischen Netzwerken. Innerhalb eines ausgedehnten Netzwerkes aus Neuronen (Kreise) mit vielen Verbindungen (Strecken) liegen kleinere Verbände (Füllungen der Kreise: schwarz, dunkelgrau, hellgrau, punktiert, schraffiert) vor, die durch intensive Verschaltungen (breit dargestellte Strecken für Verbände) und Kooperationen für gemeinsame Aufgaben charakterisiert sind. Das schwarze Netzwerk repräsentiert die Ebene des bewussten Erlebens. Die anderen Netzwerke können zum Teil Zugang zum Bewusstsein erhalten, wobei dieser Zugang von der Stärke der Verbindung (fakultative Verbindungen dargestellt durch Doppellinien) zum schwarzen Netzwerk abhängig ist, sei es von der Morphologie der Verschaltungen, der Übertragungsgeschwindigkeit oder der Gewichtung des Informationstransfers in den höhergelegenen Verband. Beispielsweise kann das dunkelgraue Netzwerk schnell Zugang zum schwarzen erhalten, das hellgraue weniger leicht. Dieses entspricht einem Unterschied in der Einfachheit des Bewusstwerdens über Ergebnisse der beiden Verarbeitungseinheiten. Das punktierte Netzwerk (rechts oben) beeinflusst das schwarze nur durch eine indirekte Vermittlung über das dunkelgraue, weshalb es zumeist einen unbewussten oder vorbewussten Status besitzt. Das schraffierte Netzwerk (links unten) schließlich ist vom Zugang zum schwarzen gänzlich ausgeschlossen; seine Verarbeitungsinhalte bleiben prinzipiell unbewusst.

11.7 Philosophie des Geistes und Praktische Philosophie

Die Auseinandersetzung mit der Geschichte der Philosophie des Geistes zeigt, dass einige Problemstellungen und Lösungsansätze über die Jahrhunderte und Jahrtausende immer wieder in verschiedenen Variationen aufgenommen worden sind. Es gibt Konstanten in den Themen und Thesen der Philosophiegeschichte, aber auch immer wieder neue Aspekte und Entwicklungen. Ein Ziel der Beschäftigung mit ihr ist es, eine informierte eigene Position auszubilden. Philosophie hat die Aufgabe, uns beim Durchdenken von Fragen zu unserem Verständnis des Lebens und in unserer wissenschaftlichen Untersuchung der Welt zu helfen und mögliche Antworten kohärent zu entwickeln. Sie kann über die Grundlagen und Ursprünge unserer unreflektierten Überzeugungen aufklären und uns zu einem tieferen Verständnis führen.

Aber gerade zu den hier angesprochenen Themen der theoretischen Philosophie bestürmen uns immer wieder neue Fragen, und die Antworten reichen nicht aus – mehr noch, wir können uns nie sicher sein, ob wir den Geist, den Sinn, die Welt richtig und endgültig verstanden haben. Trotzdem gibt es für uns keine einfache Möglichkeit, uns den unablässigen Anforderungen des gewöhnlichen Lebens zu entziehen, und jeder Tag fordert neue Entscheidungen. Also scheint es doch so zu sein, dass die Themen der Philosophie des Geistes nicht die Gesamtheit des Denkens ausmachen – die Fragen nach dem Leben, dem Handeln, dem Gestalten wollen auch ergründet werden, und sie gehören zur praktischen Philosophie. Das Denken ist unteilbar und berücksichtigt jederzeit Fragen von Theorie und Praxis zugleich, und somit gehen die Philosophie des Geistes und die praktische Philosophie gemeinsam aus dem Ursprung unseres Denkens unmittelbar hervor.

12 Geistreiches ohne Geist? Können wir dank Künstlicher Intelligenz verstehen, wie wir denken?

Alexander Scivos

12.1 Einleitung

Unter einer *Künstlichen Intelligenz* (KI) versteht man eine von Menschen konstruierte Maschine oder ein Computerprogramm, das (scheinbar) intelligente Denkleistungen vollbringt. Das Forschungsgebiet, das Strategien zur Entwicklung einer KI behandelt, wird üblicherweise ebenfalls als Künstliche Intelligenz bezeichnet. Zum besseren Verständnis wird in diesem Beitrag begrifflich zwischen dem Thema KI insgesamt, einer KI (die KI = die Maschine), ihrem KI-Programm, der theoretischen KI-Forschung und der praktischen KI-Entwicklung unterschieden.

Das Thema KI hat in den letzten Jahren eine sehr breite Wahrnehmung in der Öffentlichkeit erfahren, unter anderem durch Schachturniere, bei denen Maschinen gegen Menschen antreten, und Roboterfußball. Diesen Wettbewerben liegt das Paradigma zugrunde, dass es der Sinn der KI-Entwicklung sei, Intelligenzleistungen des Menschen zu erreichen oder zu übertreffen. Ist dieses Ziel erreichbar? Zunächst, in den 1950er bis 1970er Jahren, sorgten Erfolge in einzelnen eng begrenzten Domänen für eine optimistische Prognose. Einige dieser Erfolge werden in diesem Beitrag vorgestellt. Diesen Erfolgen stehen andere Felder der Kognition gegenüber, in denen das erklärte Ziel der KI-Forschung, besser als der Mensch denken zu können, auch nach fünf Jahrzehnten intensiver KI-Forschung nicht näher rückt. Beispielsweise bei der automatisierten Entwicklung mathematischer Erkenntnisse, bei Übersetzungsprogrammen und selbst beim Smalltalk sind Menschen unnachahmlich gut und Erwartungen an die KI bleiben unerfüllt. Zugleich wurde Kritik selbst an den scheinbar erfolgreichen Programmen geäußert. Wie reagiert die KI-Forschung auf diese Schwierigkeiten? Ist es Zeit, das Ziel aufzugeben?

In diesem Beitrag wird gezeigt, dass einige KI-Forscher derzeit einen anderen Weg verfolgen: Statt zu analysieren, wie wir funktionieren, um eine ebenbürtige KI zu bauen, wird neuerdings durch formale Analysen von KI-Programmen versucht, Theorien über menschliches Verhalten zu untermauern und durch Analogie aus KI-Programmen neue Theorien über unser menschliches Denken zu entwickeln. Ich will dies das *Paradigma der KI-fundierten Kognitionswissenschaft* nennen. Funktioniert dieses Paradigma? Können wir dank der KI-Forschung verstehen, wie wir denken? Verrät die KI-Entwicklung etwas über uns Menschen?

12.2 Grundlegende Begriffe

12.2.1 Was ist „Künstliche Intelligenz"?

Was ist eine „Künstliche Intelligenz"? Analysiert man den Begriff, geht es um künstlich hergestellte Systeme (Computer, Maschinen), die Intelligenz im Sinne abstrakten Denkvermögens besitzen. Dazu gehören die Fähigkeiten, Regelmäßigkeiten zu erkennen, wesentliche Inhalte aufzunehmen und mit bekanntem Wissen im Hinblick auf ein gestelltes Problem zu verbinden. Im weiteren Sinn kommen menschliche Intelligenzleistungen wie Strategie-Spiele, die Anwendung von gespeichertem Wissen, medizinische Diagnostik, Datenklassifizierung, Lernen, Spracherkennung, Bilderkennung, zielgerichtete Handlungsplanung, räumliche Orientierung, Kooperation im Team und das Führen situationsangepasster Gespräche hinzu.

Bereits im Jahr 1956 fand am Dartmouth College eine Konferenz statt, die heute als Startpunkt der KI-Forschung angesehen wird (Partridge, 1991; Jordan & Russell, 1999). Im Zusammenhang mit dieser Konferenz wurde erstmals der Begriff *artificial intelligence* geprägt. Einer der Gründerväter der KI charakterisierte die neue Disziplin:

> The study is to proceed on the basis of the conjecture that every aspect of learning or any other feature of intelligence can in principle be so precisely described that a machine can be made to simulate it. An attempt will be made to find how to make machines use language, form abstractions and concepts, solve kinds of problems now reserved for humans, and improve themselves. We think that a significant advance can be made in one or more of these problems if a carefully selected group of scientists work on it together for a summer. (McCarthy, 1956)

In diesem Vorhaben sind schon die zwei Grundaufgaben der KI-Forschung formuliert: Eine erste Aufgabe besteht darin, Denkvorgänge exakt zu beschreiben – also detailliert zu erforschen, wie wir denken. Dies wird heute unter dem Label *Kognitionswissenschaft* erforscht. Die zweite Aufgabe, die *KI-Entwicklung*, besteht darin, durch die Programmierung von Maschinen gleichartige Leistungen zu erreichen und diese weiter zu steigern. Später in diesem Beitrag wird deutlich, dass die Beziehungen zwischen KI-Entwicklung und Kognitionswissenschaft eng sind.

Was ist eine KI nach heutigem Verständnis? Es gibt zwei Ansätze, KI zu definieren: über den Begriff der Intelligenz oder über die Analogie mit dem Menschen, dessen prinzipielle Fähigkeit zur Intelligenz dabei als unbestritten gilt. Dem ersten Ansatz entsprechend soll in diesem Beitrag KI-Forschung definiert sein als die *Lehre von intelligenten, eigenständig denkfähigen künstlichen Systemen* (Computern, Robotern). Diese Definition folgt John McCarthy, der den Begriff 1956 prägte. McCarthy definert KI als „the science and engineering of making intelligent machines". Das wesentliche Problem dabei ist der Rückgriff auf den Begriff *Intelligenz*. Wann ist eine Denkleistung als intelligent anzusehen? Dieses Problem wird reduziert, aber nicht gänzlich aufgehoben durch den Verweis auf menschliche Fähigkeiten. In diesem Sinne wird KI beispielsweise definiert als die „Lehre vom Entwickeln/Programmieren von Computern, um sie zu befähigen, Dinge zu tun, die Gehirne tun" (Bonde, 1990). Doch ist geklärt, welche Denkleistungen menschliche Gehirne erbringen? Ist die Reduktion von Intelligenz auf die Simulation menschlichen Verhaltens sinnvoll?

12.2.2 Intelligenz-Simulation und der Turing-Test

Auch wenn theoretisch klar umrissen ist, was als Aufgabe für die KI-Entwicklung gilt, nämlich jegliches kognitive Verhalten, zu dem Menschen in der Lage sind, künstlich nachzubilden, stellt sich in der Praxis die Frage, wie sich entscheiden lässt, ob eine KI (als Maschine, Computer) das menschliche Denken simuliert oder gar reproduziert. Hier geht es zunächst nicht um das Ziel, besser zu sein als der Mensch, sondern um Ebenbürtigkeit.

Die Frage, ob eine KI „wirklich" das Denken reproduziert, mitsamt der bekannten Empfindungen, die nur vom Denkenden in seiner Innenperspektive empfunden werden (*starke KI*), lässt sich praktisch nicht beantworten. Daher geht es in der Praxis um die *Simulation* menschlicher Leistungen (*schwache KI*). Wie kann beurteilt werden, ob eine KI das menschliche Denken überzeugend simuliert? Eine Simulation ist optimal, wenn ihre Ergebnisse denen des Originals gleichen, in diesem Fall des Menschen. Es geht aber nicht darum, genau einen Menschen zu simulieren, sondern *typisch menschliches* Verhalten. Da verschiedene Menschen in der gleichen Situation unterschiedlich reagieren, lässt sich typisch menschliches Verhalten nicht exakt messen. Der britische Mathematiker Alan Turing schlug vor, ein relatives Messverfahren einzuführen. Typisch menschliches Verhalten wird von Mitmenschen als solches erkannt, atypisches Verhalten ebenfalls. Daher ist die Simulationsleistung der KI umso besser, je eher sie von mehreren Menschen als typisch menschlich eingeschätzt wird. Doch würden Menschen dies vorurteilsfrei beurteilen? Turing hatte eine geniale Idee: Um Vorurteile gegen eine KI auszuschließen, bewerten die Gesprächspartner eine KI und einen Menschen parallel und ohne dabei zu wissen, welches von beiden die KI und welches der Mensch ist (siehe Abb. 12.1). Dies wird als Turing-Test (TT) bezeichnet:

> Ein Tester (oder eine Gruppe von Testern) kommuniziert mit einem unsichtbaren Partner über eine neutrale Schnittstelle (z. B. Tastatur und Monitor). Nur mittels des Dialoges soll herausgefunden werden, ob der unsichtbare Partner ein Mensch oder ein Computer (genauer: ein Programm in einem Computer) ist. Wenn auf Grund des Dialoges diese Frage nicht sicher entschieden werden kann, so hat die Maschine den TT bestanden und gilt als „intelligent". Innerhalb der KI wird der TT durchaus als akzeptabel angesehen, auch von Wissenschaftlern (wie Hofstadter 1980, S. 600), die nicht der „Hardcore-KI" zuzuordnen sind. (Bach, 1990)

Unspezifiziert bleiben Länge und Details des Tests. Typische Tests umfassen 5–30 Minuten Chatten je Tester. Da Turing glaubte, dass bis zum Jahr 2000 der durchschnittliche Anwender eine höchstens 70 %ige Chance habe, Mensch und Maschine erfolgreich zu identifizieren, gilt heute der Turing-Test als bestanden, wenn 30 % der Tester das Programm für einen Menschen halten. Bis heute hat das noch kein Programm bei einer breiten Gruppe von Testern geschafft: So konnten beim bekanntesten Turing-Test, dem Loebner Contest, 2008 nur drei von zwölf Testern getäuscht werden, 2009 von vier Testern keiner.

Teilaspekte menschlicher Leistungen können mit eingeschränkten Turing-Tests beurteilt werden. Um beispielsweise die Leistungen eines Expertensystems für Medizin zu beurteilen, könnte der Turing-Test auf Gesundheitsfragen beschränkt werden, die ein Arzt und ein Computer beantworten. Für solche spezifischen Bereiche, wo die Leistungen von Mensch und Maschine direkt vergleichbar sind, ist der Turing-Test nicht der einzige oder gar beste Test für die Leistung der KI. Im angeführten Beispiel ist die Anzahl erfolgreicher Diagnosen ein sinnvolles Gütemaß. Darin kann eine KI besser sein als Menschen. Ähnliche Überlegungen führten zum Paradigmenwechsel in der KI-Entwicklung.

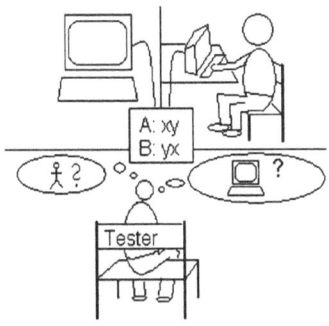

Abbildung 12.1 Das Schema des Turingtests. Ein Tester soll anhand von Antworten erkennen, ob er mit einer Maschine oder mit einem Menschen chattet. Hält er die Maschine für einen Menschen?

12.3 Paradigmen der KI

In diesem Beitrag werden drei Paradigmen der KI-Entwicklung unterschieden. Das erste ist das *klassische Paradigma der Simulation* der Dartmouth-Konferenz (McCarthy 1956): „Any ... feature of intelligence can ... be so precisely described that a machine can be made to simulate it." Man glaubte, durch Analyse menschlicher Denkprozesse sei es möglich, die gleiche Leistung künstlich zu simulieren. Dieses Paradigma bestimmte die Frühphase der KI-Entwicklung. Ziel war das Bestehen des Turing-Tests. Der Turing-Test legt die Messlatte der KI-Entwicklung zwar sehr breit an, allerdings nicht besonders hoch: Es reicht, dass sich die KI so gut verhält wie der Mensch. Als sich herausstellte, dass sich viele menschliche Denkweisen nicht 1 : 1 nachvollziehen lassen, beschränkten sich KI-Entwickler auf einzelne Teilaspekte. Dort erzielten KI-Entwickler mit eigenständig entwickelten Verfahren Erfolge. Als zudem die Hardware-Leistung rasant wuchs, wurden neue Ziele formuliert.

Dies führte zum zweiten, dem *Wettbewerbs-Paradigma* (Sutherland, 1968): „Der Mensch wird bald Rechner entwerfen können ... die intelligenter sind als er selbst." Als Kontrollmöglichkeit für das Ziel, auf eingeschränkten Feldern die Messlatte Mensch zu überbieten, dienen Wettbewerbe. Insbesondere bei Strategiespielen treten Mensch und KI gegeneinander an. Dieses Paradigma war scheinbar erfolgreich: Bei Dame und Schach konnten mittlerweile die besten menschlichen Spieler von Computern besiegt werden. Doch dazu wurden Methoden genutzt, die große Rechenkapazitäten brauchen – die Frage, ob es auch effizienter ginge, bleibt offen.

Aus dem Vergleich des Rechenaufwands bei Mensch und Maschine gewinnt in letzter Zeit eine neue Denkrichtung an Profil, die hier als ein drittes Paradigma, das *Paradigma der KI-fundierten Kognitionswissenschaft*, verstanden wird: „Only a precise computational model defining parameters and operations makes testable predictions" (Ragni, 2007). Durch Analyse formaler Denkprozesse ist es möglich, menschliche Denkprozesse zu erklären und Theorien zu testen. Als Kontrollmöglichkeit dienen psychologische Experimente. Wenn dem Menschen die gleichen Schlussfolgerungen schwer fallen, die bei einer spezifischen Formalisierung zahlreiche Operationen benötigen, geht man davon aus, dass in unserem Gehirn die

Denkprozesse ähnlich strukturiert sind wie in der Formalisierung.

12.4 Funktionsprinzipien der KI

Wie funktioniert eine KI, z. B. ein Expertensystem zur Diagnose von Krankheiten oder ein Schachcomputer? Unabhängig von den oben genannten Paradigmen unterscheidet man drei Funktionsprinzipien: den *Symbolismus*, der intelligente Leistungen durch Symbolmanipulationen erreichen will; den *Konnektionismus*, der Verknüpfungen und Erregungsschwellen menschlicher Neurone simuliert; und die *situated movement*, die einzelne konkrete situationsabhängige Verhaltensweisen generiert, aus deren Zusammenspiel der Eindruck von Intelligenz entsteht. Die Beispiele dieses Beitrags basieren auf dem Symbolismus, der von Newell and Simon 1976 durch die *physical symbol system hypothesis* begründet wurde: „Symbols lie at the root of intelligent action. ... a physical symbol system (such as a digital computer) has the necessary and sufficient means for intelligent action." Nilsson schrieb 2007 deutlicher: „The hypothesis implies that computers, when we provide them with the appropriate symbolprocessing programs, will be capable of intelligent action."

Der klassische Ansatz der KI-Entwicklung – auch liebevoll GOFAI genannt (*good old fashioned artificial intelligence*, Haugeland, 1987) – folgt dem symbolistischen Ansatz, der gekennzeichnet ist durch eine Trennung in Wissensrepräsentation und Informationsverarbeitung. Ausgangspunkt ist die Feststellung, dass die heutigen Rechenmaschinen auf der Basis einer symbolischen Repräsentation arbeiten, d. h. sie speichern Symbole oder Abfolgen von Symbolen und ändern

diese nach einem vorher festgelegten Programm (Beckermann, 2001). Das gängige Paradigma der Kognitionswissenschaft, der *Symbolismus*, geht davon aus, dass auch das
menschliche Denken als Symbolverarbeitung verstanden
werden kann. Soll eine menschliche Denkleistung von einem
Computer erbracht werden, ist es demnach unabdingbar, die
Aufgabe und den zugehörigen Ausschnitt der Welt durch
Symbole zu beschreiben – man spricht von der *Formalisierung*
eines Problems. Die Aufgabe, ein Problem aus der realen
Welt zu formalisieren, ist die Hauptleistung der KI-
Entwickler.

Im Wesentlichen muss jede KI zwei Dinge leisten: Informationen speichern (*Wissensrepräsentation* bzw. *Weltrepräsentation*)
und Informationen verarbeiten (*Wissensverarbeitung*). Formalisiert zu speichern sind die Ausgangssituation, das Ziel, Zwi-
schenzustände und Hintergrundwissen, z. B. Bewertungskri-
terien. Bei der Wissensverarbeitung werden diese getrennten
Wissensbestandteile kombiniert, um z. B. für die Frage die
richtige Antwort zu finden. Typische Aufgaben der Wissensverarbeitung sind regelbasiertes Schließen, Aktionsausfüh-
rung, Suche, Bewertung, Optimierung und Planung. Beim
regelbasierten Schließen werden Symbolfolgen aus anderen abge-
leitet. Die Ableitungsregel wird allgemein, z. B. mit Variablen
für Teilfolgen, formuliert. Zum Beispiel aus *nicht (A und B)*
ist ableitbar *(nicht A) oder (nicht B)*. Es kann Symbolfolgen mit
bestimmten Rollen geben, z. B. können bestimmte Symbolfolgen eine Zustandsbeschreibung der repräsentierten Welt
darstellen, andere eine Bedingung für die Verwendung einer
Regel darstellen oder Regeln benennen. Die Gesamtheit der
Zustandsbeschreibungen ist eine *Situation*. Funktionen, die
jeder (Ausgangs-)Situation, möglicherweise unter einer Bedingung, eine (Folge-)Situation zuweisen, nennt man Aktionen. Durch die Auswertung einer solchen Funktion werden

Aktionsausführungen simuliert. *Suche* nennt man das Finden einer Abfolge von Regeln oder Aktionen, um aus einer Symbolfolge oder Situation eine andere abzuleiten. Bei der *Bewertung* werden Situationen, Aktionen oder Abfolgen von Aktionen je eine reelle Zahl zugeordnet. Bei der *Optimierung* wird eine Symbolfolge, z. B. eine Situation, mit der besten Bewertung gesucht. Durch *Planung* wird die Konsequenz aus einer Abfolge von Aktionen bestimmt. Meistens wird in Kombination mit Suche und Optimierung eine Abfolge von Aktionen gesucht, die eine bestimmte Bedingung oder die Situation mit höchster Bewertung zur Konsequenz haben.

Eine erfolgreiche KI ist somit erfolgreich durch eine gute Formalisierung der relevanten Information über Zustände in der Welt, eine gute Abstraktion von Informationen, die für die Aufgabenstellung nicht relevant sind, und durch geeignete formale Methoden zur Informationsverarbeitung.

12.5 Meilensteine der KI

Zahlreiche Denkleistungen wurden im Lauf der Jahre formalisiert. Nach Turings Idee des Tests entwickelte Weizenbaum in den 1960er Jahren ein erstes Dialogprogramm: ELIZA. Um 1970 konzipierte Winograd ein Programm, das Fragen über Lagebeziehungen von Bauklötzen beantwortete: SHRDLU. KI-Systeme der 1970er Jahre machten mittels regelbasiertem Schließen implizite Informationen explizit. In den 1980er Jahren wurde mit konnektionistischen Ansätzen (Neuronalen Netzen) versucht, intelligente Entscheidungen zu treffen und Objekte zu klassifizieren – teils mit gutem, teils mit zweifelhaftem Erfolg. Seit den 1990er Jahren sind Wettbewerbe bei Brettspielen, Fußball und Rettungsszenarien beliebt. Parallel erleben chattende Programme durch den Loebner-Preis und durch Internet-Anwendungen an Bedeutung. Aktuell werden KI-Formalisierungen genutzt, um kognitionswissenschaftliche Modelle zu verifizieren.

Im Folgenden werden einige dieser Programme der symbolistischen KI-Entwicklung mit ihren Mechanismen vorgestellt, vor allem solche, bei denen es um Sprachverständnis geht. Für jedes Beispiel werden fünf Fragen beantwortet: Was kann die KI? Wie funktioniert die KI? Denken Menschen wie die KI? Was können wir daraus über die menschliche Denkleistung lernen? Was ist von der KI zu halten?

12.5.1 Blockwelt und SHRDLU

So wie die meisten Kinder ihre ersten Gehversuche machen, während sie mit Bauklötzchen spielen, so war auch die Bauklötzchen-Welt eine frühe Eroberung der KI. Ein Kind schaut, an welche Klötze es drankommt (weil kein weiterer Klotz auf ihm liegt) und legt ihn auf einen anderen Klotz oder auf den Boden. Diese Aktionen wurden formalisiert, das Programm dazu heißt SHRDLU (Winograd, 1972). Weil SHRDLU Fragen über dieses Gebiet korrekt beantworten kann, gilt es als ein erstes *Expertensystem*. Die Idee eines Expertensystems ist die Repräsentation und Kombination von Wissen eines speziellen Themenbereichs. Die von SHRDLU repräsentierbare Welt besteht aus einem Tisch und auf ihm oder auf andere Klötze gestellten Bauklötzchen (siehe Abb. 12.2).

Was kann SHRDLU? Für diesen speziellen, begrenzten Ausschnitt der Welt kann SHRDLU alle möglichen Konstellationen repräsentieren, die darin möglichen Aktionen finden und ihre Ausführung simulieren. SHRDLU kann erkennen, auf welche Klötze kein anderer passt. Der Benutzer kann dem Programm wenige, ihrer Form nach vorgegebene Fragen stellen, z. B. „where is the red cone?", „what is on the yellow block?" Antworten lauten etwa „the red cone is on the yellow block". SHRDLU beantwortet solche Fragen korrekt und merkt sich, was zuletzt genannt wurde, um Pronomen („it") zu verstehen. Außerdem kann es Begriffe lernen: Auf die Anfrage „where is the tower?" fragt es beispielsweise „what is a tower?" Wenn man ihm gemäß einer vorgegebenen Formulierung antwortet „a tower is a red cone on a block", kennt er das Wort „tower" und kann richtig antworten.

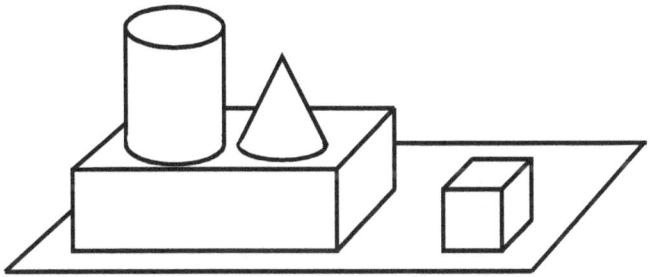

Abbildung 12.2 Ein Beispiel für Winograds Blockwelt

Wie funktioniert SHRDLU? Die Wissensrepräsentation ist dadurch gegeben, dass zu jedem Bauklötzchen gespeichert ist, worauf er liegt, in Form von Relationen (formalen Beziehungen) *is_on(Klotz1, Klotz2)*. Jede Situation ist durch eine beliebige Menge solcher Relationen beschrieben (wobei statt *Klotz2* auch *Tisch* stehen kann), mit der Nebenbedingung, dass ein Klotz immer auf genau einem Objekt (Klotz oder

Tisch) steht. Die Wissensverarbeitung besteht im Wesentlichen aus Ableitungen für Aktionen für das Bewegen von Klötzen in der folgenden Form: Klotz1 kann von Klotz2 zu Klotz3 umgelegt werden *(move(Klotz1, Klotz2, Klotz3))*, wenn *is_on(Klotz 1, Klotz2)* gilt und für keinen Klotz K *is_on(K, Klotz1)* oder *is_on(K, Klotz3)* gilt, und dann ist das Ergebnis Folgendes: *is_on(Klotz 1, Klotz2)* gilt nicht mehr, *is_on(Klotz 1, Klotz3)* gilt. Das Programm kann außerdem die zugelassenen Fragen in einen parametrisierten Programmaufruf umformen und die interne Repräsentation in eine englische Version umwandeln.

Denken Menschen wie SHRDLU? Der Mensch hat eine optische Repräsentation des Gesamtbildes und erkennt dadurch leichter, ob ein Klotz unbelegt ist. Dagegen muss das Programm systematisch für alle anderen Klötze prüfen, ob er nicht auf dem besagten Klotz liegt. Die KI-Repräsentation ist optimiert für das Beantworten der speziellen zugelassenen Fragen. Ein Mensch muss dazu ein mentales Bild überblicken. Die Veränderung beim Verlegen des Klotzes Klotz1 von Klotz2 nach Klotz3 entspricht etwa der beim Menschen: Die Information, dass Klotz1 auf Klotz2 liegt, wird aus dem Bild bzw. aus der Wissensbasis entfernt, und Klotz1 wird zusätzlich auf Klotz3 liegend hinzugefügt.

Was können wir daraus über die menschliche Denkleistung lernen? Wenn sich in der Welt etwas ändert, muss die innere Repräsentation angepasst werden. Dazu reicht es, wenn die Repräsentation dort modifiziert wird, wo sich etwas ändert. Die Arten der Repräsentation unterscheiden sich allerdings so stark, dass wir über unsere Denkvorgänge wenig lernen können.

Was ist von SHRDLU zu halten? „Winograds Versuch, maschinell Sprache zu verstehen, war deshalb so erfolgreich, weil er pfiffigerweise die Welt auf die ‚Blockwelt' (ein Tisch mit Bauklötzchen darauf) reduzierte." (Bach, 1990) Dagegen meint (Matussek, 1988): „Komplexitätsreduktion durch Mikrowelten ist ein untauglicher Ansatz, um Computern pragmatisches Sprachverständnis beizubringen. Erfahrungswissen lässt sich nicht in isolierten Bausteinen fixieren. Es beruht auf der Assoziation heterogener Diskursbereiche – ‚kombinatorischer Analysis', wie Novalis es nannte." Dieser Mangel zeigt, dass SHRDLU nicht geeignet ist, unser menschliches Denken zu erklären.

12.5.2 Strategiespiele

Ein weiterer Bereich, in dem es nahe liegende Standardrepräsentationen gibt, die denen beim Menschen nahe kommen, sind Brettspiele. Beim Strategie-Brettspiel besteht die Aufgabe nicht nur darin, die Spielzüge nachzuvollziehen, sondern den optimalen Zug auszuwählen, d. h. Aktionen (und ihre Konsequenzen) zu bewerten.

Was kann die KI? Die Frage soll anhand ausgewählter Strategiespiele beantwortet werden. Bei Othello (Reversi) weigern sich Menschen, gegen Computer Wettbewerbe zu spielen. Schon eine simple „vorsichtig gierige" Strategie (d. h. nach zwei Zügen möglichst viele eigene Steine auf dem Brett) plus Boni für bestimmte Positionen auf dem Brett ist unschlagbar. Bei Dame gewann 1994 das Programm Chinook gegen die 40 Jahre lang unbesiegte Weltmeisterin Marion Tinsley mit Hilfe einer Endspieldatenbank, die alle 444 000 000 000 Stellungen mit maximal acht Damen enthielt. Beim Schach schlug 1997 Deep Blue den Weltmeister Garry Kasparov in sechs Spielen mit 3,5 : 2,5. Der Computer gewann dank einer enormen Rechenleistung von 200 000 000 Stellungen pro

Sekunde, Vorausberechnung von bis zu 40 Halbzügen Spieltiefe, einer ausgereiften Zugbewertung, einer Eröffnungs- und Endspiel-Datenbank und durch Modifikationen des Programms zwischen den Partien. Die optimalen Werte der Parameter wurden vom System selbst bestimmt, indem es Tausende von Meisterpartien analysierte. 2006 gewann Deep Fritz gegen den Weltmeister Kramnik 4 : 2, obwohl letzterer den Programmcode und damit die Spielweise des Programms analysieren durfte. Kramnik übersah in der zweiten Partie eine direkte Mattdrohung gegen sich – und verlor. Ein solcher Fehler wäre keinem Programm passiert. Beim japanischen Brettspiel Go sind Menschen bislang besser, weil der Suchraum zu groß wird – anfangs sind mehr als 300 Optionen pro Halbzug möglich. Jedoch konnte 2008 der Supercomputer Huygens gegen Großmeister Kim Myng Hwan gewinnen, weil dieser dem Programm neun Steine Vorsprung gab (eine im Go übliche Art, Partien gegen schwächere Gegner spannend zu machen).

Wie funktioniert die KI? Das Spielbrett wird als mathematische Zuordnung von Feldern auf ihre Belegung (Spielfigur oder leer) repräsentiert, die Aktionen (Spielzüge) ändern wie bei SHRDLU die Belegung von Ausgangs- und Zielfeld. Wie bei SHRDLU gibt es Bedingungen für die Ausführbarkeit einer Aktion – sie hängen von der Belegung vom Ausgangsfeld, Zielfeld und möglicherweise weiteren Feldern ab und bei vielen Spielen kommen Bedingungen an die Lage von Ausgangs- und Zielfeld hinzu, z. B. bei Dame und Schach. Für das Ziel, das Spiel zu gewinnen, müssen Pläne gefunden werden, obwohl die Aktionen des Gegners im Vorhinein unbekannt sind. Das Konzept dabei ist das der rationalen Aktion: Unter allen möglichen Aktionen wird diejenige ausgewählt, die die besten Konsequenzen hat unter der Annahme, dass der Gegner analog vorgeht. Zu einer rationalen

Entscheidung gehören das Ziel, Situationen, Aktionen (die eine Situation in eine andere überführen) und Bewertungen der Situationen. Die Situationen sind im Wesentlichen die möglichen Stellungen am Brett, beim Schach kommen noch weitere Aspekte hinzu, beispielsweise welche Spieler bereits rochiert haben. Aktionen sind die regelgerechten Spielzüge. Die Bewertung der Aktion erfolgt bei erfolgreichen Programmen nicht durch die Bewertung der unmittelbaren Ergebnis-Situation, sondern es werden mehrere Halbzüge vorausberechnet, ergänzt durch weitere programmspezifische „Tricks‟ die in der folgenden Antwort beschrieben werden. Beispielsweise wurde Huygens' Rechenleistung beim Go genutzt, um Stellungen mit Muster-Datenbanken zu vergleichen, darüber hinaus wurden die Züge durch zufälliges Zuendespielen bewertet.

Spielen Menschen wie eine KI? Entscheidend für die Spielqualität bei Mensch und KI ist die Qualität zweier Dinge: die exakte Stellungsbewertung und Heuristiken, also Faustregeln für die Qualität einer Aktion. Heuristiken erlauben, vielversprechende Züge zuerst auszuwerten und schlechte auszusortieren, so dass die Vorausberechnung sich auf lohnende Bereiche konzentriert. Beispielsweise werden Züge, bei denen Figuren auf einer bestimmten Linie stehen (bei Othello beispielsweise die 3. Linie), bevorzugt analysiert. Einfache regelbasierte Heuristiken, die Menschen durch Anleitung oder Ausprobieren kennen, können einprogrammiert oder vom System gelernt werden. Die Stellungsbewertung erfolgt in der einfachsten Variante (einfache KI bzw. Amateurspieler) durch Parameter für bestimmte Teilaspekte einer Situation, z. B. die Anzahl eigener Damen oder die Anzahl der Figuren, die eines der zentralen vier Felder bedrohen. Jeder dieser Parameter erhält ein Gewicht (positiv oder negativ) und die Gesamtbewertung ist die Summe aller gewichteten

Parameter. Formal kann die Evaluation einer Stellung *E(s)* folgendermaßen betrachtet werden:

$$E(s) = w1 \cdot p1 + w2 \cdot p2 + w3 \cdot p3$$

wobei *w1* bis *w3* Gewichte und *p1* bis *p3* Parameter sind, beispielsweise

w1 = 10, *p1* = Anzahl eigener Damen,

w2 = –10, *p2* = Anzahl gegnerischer Damen,

w3 = 1, *p3* = Anzahl bedrohter Zentralfelder

Einige Programme können im Unterschied zum Menschen die Gewichte durch die Analyse gespielter Spiele optimieren.

Bei komplexeren Spielen (Schach, Dame, Go) ist es sehr schwierig, die Bewertungen und Heuristiken der menschlichen Experten exakt genug zu erkennen und zu formalisieren. Experten denken in langfristigen strategischen Einflusssphären und taktischen Angriffsmöglichkeiten, die nicht in eine symbolbasierte Sprache zu übersetzen sind. Stattdessen tragen folgende, vom menschlichen Verhalten abweichende Konzepte wesentlich zu den KI-Erfolgen bei: Verschiedene Zweige der Vorberechnung werden parallel durchgerechnet. Das System merkt sich alle gespielten Partien und für jeden Zug, ob er zum Sieg geführt hat – oder wie oft er bei zufälligem Zuendespielen zum Erfolg führte. Häufiger siegreiche Züge werden bevorzugt. Das System variiert in einer Lernphase die Parameter der Bewertungsfunktion. Züge, die oft zum Sieg führten, werden in entscheidenden Spielen verwendet. Für die ersten Züge gibt es Eröffnungsdatenbanken mit empfohlenen Antwortmöglichkeiten und für das Endspiel spezielle Algorithmen. Ähnlich wie der Mensch merkt sich der Computer während der Vorausberechnung die bisher besten Alternativen. Wenn durch eine Aktion eine Stellung erreicht wird, die deutlich schlechter ist als die beim momentan favorisierten Zug erreichbare, wird die Vorausberechnung für diese Aktion abgebrochen. In kritischen Situationen, z. B. wenn eine Figur geschlagen wurde, werden mehr Züge vorausberechnet oder alle Möglichkeiten des Gegners betrachtet (Reinefeld, 2006).

Was können wir über die menschliche Denkleistung lernen? Unsere Strategien sind vor allem bei komplexen Spielen erfolgreich. Menschen entwickeln durch Erfahrung ein Gespür für die Qualität einer Stellung. Dieses Gespür wiegt das Durchspielen etlicher Zugvarianten in mehreren Halbzügen Tiefe auf.

Was ist von der KI zu halten? Die Entwicklung eigenständiger Konzepte und Heuristiken begünstigten die Erfolge bei Schach und Go. „Dennoch ist dieser Erfolg gleichzeitig ein grandioser Misserfolg der KI, denn die heute erfolgreichen Programme arbeiten ... mit ‚nackter Gewalt'" (Auf dem Hövel, 2002) – ohne Supercomputer wären sie undenkbar. Zwar ist der Computer in der Lage, mögliche Spielabläufe deutlich tiefer vorauszuberechnen als der Mensch, aber die eigentlichen Stellungsbeurteilungen menschlicher Großmeister sind den Computerbeurteilungen überlegen, denn trotz geringerer Vorausberechnungstiefe können Schach-Großmeister Partien gewinnen, vor allem dann, wenn sie gezielt Züge spielen, deren Bedrohungspotenzial sich erst auf lange Sicht zeigt.

12.5.3 ELIZA

KI-Kritiker wie Joseph Weizenbaum weisen darauf hin, dass von äußerem Verhalten nicht auf tatsächliche Intelligenz geschlossen werden solle. Zwischen 1964 und 1966 entwickelte er das Programm ELIZA, welches das Verhalten eines nichtdirektiven Psychotherapeuten simulierte (Weizenbaum, 1966). Er wollte damit zeigen, dass man mit einfachen Mitteln scheinbar komplexe Verhaltensweisen vortäuschen kann, ohne dass das Programm in irgendeiner Weise intelligent ist. Er war überrascht, als selbst einige seiner Kollegen das Programm für voll nahmen und seine Sekretärin ihn sogar bat, aus dem Zimmer zu gehen, da sie gerade mit ELIZA ihre Probleme bespreche (Weizenbaum, 1976).

Was kann ELIZA? Das Programm erzeugt den Eindruck einer Unterhaltung, wobei das Programm vor allem Fragen stellt, die teilweise auf das Gesagte eingehen. Die Dialoge mit dem Programm, wie der im Folgenden abgedruckte Dialog mit einer deutschen Version, wirken zunächst normal.

> ELIZA: Hallo, ich bin Eliza, dein Psychiater. Was ist dein Problem?
> Mensch: Ich habe kein Problem.
> ELIZA: Du hast also kein Problem?
> Mensch: Jedenfalls kein großes Problem.
> ELIZA: Erzähl mir mehr.
> Mensch: Ich muss rausfinden, wie ich zur Konferenz komme.
> ELIZA: Warum glaubst du, du musst rausfinden, wie du zur Konferenz kommst?
> Mensch: Weil ich mich angemeldet hab und teilnehmen möchte.
> ELIZA: Was schlägst du nun vor?
> Mensch: Ich gehe zum Bahnhof.
> ELIZA: Reist du gern mit dem Zug?

Wie funktioniert ELIZA? ELIZA erkennt Schlüsselworte, z. B. „Bahnhof", „Mutter", „Freund" und hat für jedes Schlüsselwort eine Liste komplett vorformulierter Antwortmöglichkeiten, unter denen zufällig eine ausgewählt wird. Es folgen Beispiele aus dem Original-Programm von ELIZA (Schlüsselworte in Großbuchstaben, dann einige Antwortmöglichkeiten.)

FRIEND
Do your friends worry you?
Do your friends pick on you?

MAYBE
You aren't sure?
Don't you know?

YOU
You're not really talking about me, are you?
We were discussing you – not me!!

Wenn ELIZA kein Wort erkennt, wird zufällig ein Standardsatz ausgewählt, der (hoffentlich) immer passt, etwa „please go on", „what does that suggest to you?" Oder ELIZA wechselt das Thema: „say, do you have any psychological problems?" Außerdem paraphrasiert ELIZA Sätze und gibt sie zurück. Dabei erkennt es Verbformen und kann sie umwandeln, z. B. „I am X" in „so you are X". ELIZA kann vor die Paraphrase eigene Fragen hängen, beispielsweise wenn eine Eingabe mit „I don't" beginnt, lauten ihre Antwortmöglichkeiten (wobei * für die Paraphrase des Restsatzes steht)

I DON'T
Why don't you *
Do you wish you would be able to *
Does that trouble you?

Denken Menschen wie ELIZA? ELIZA wertet ein Wort immer aus, wenn es auftaucht; Menschen hingegen erkennen, wo es wesentlich ist. Dies zeigt, dass Menschen deutlich mehr erfassen als das Programm – ELIZA erkennt nur einzelne Wörter. Zudem wertet ELIZA jede Eingabe einzeln aus, Menschen merken sich Inhalte des gesamten Gesprächsverlaufs. ELIZA wertet nur das Eingegebene aus, Menschen können auch Ungesagtes aus dem Kontext entnehmen. ELIZA versteht alles wörtlich, Menschen erkennen Ironie und Witz.

Was können wir über die menschliche Denkleistung lernen? Durch einfache Regeln und Zufall kann ein komplexer Eindruck entstehen, möglicherweise auch im Gehirn. Durch Reagieren auf einzelne Schlüsselworte kann in bestimmten Situationen (wenn hauptsächlich der Gesprächspartner erzählt) Verständnis partiell vorgetäuscht werden. Dennoch reichen diese Methoden nicht, um menschliche Intelligenz zu erklären, denn die meisten Gesprächspartner halten ELIZA schnell für dumm oder unsinnig. Menschliches Sprachverständnis ist zu komplex, um allgemein nur durch Reduktion auf einzelne Worte verstanden zu werden. Möglicherweise sind Schlüsselworte aber für ein erstes Einordnen des Gesagten hilfreich.

Was ist von ELIZA zu halten? Für die einfache Funktionsweise wirken manche Antworten überraschend passend. Standardsätze, Schlüsselworte und Paraphrasierungs-Regeln täuschen Verständnis vor. Wenn das Programm nichts erkennt, wechselt ELIZA das Thema oder hält durch allgemein gehaltene Sätze die Unterhaltung am Laufen. Indem ELIZA fast nur Fragen stellt und Fragen an sich selbst ablehnt, vermeidet das Programm inhaltliche Aussagen und Widersprüche. ELIZA umgeht die Notwendigkeit, intelligent zu sein. Nicht alle Dialoge mit ELIZA sind so sinnreich wie der oben zitierte. Im Lauf eines längeren Dialogs kommt es öfter vor, dass eine zufällig gewählte Antwort nicht passt, weil die Semantik nicht verstanden wurde. Auf „My temper has caused my problems, you know" antwortet ELIZA gemäß dem Schlüsselwort *YOU*: „We were discussing you – not me."

Eine Maschine mit menschlichen Eigenschaften ist für Weizenbaum seit ELIZA lediglich ein Kategorienfehler des Betrachters (Auf dem Hövel, 2002).

12.5.4 Chatterbots und Sprachanalyse

Die Hoffnung, man könne Psychotherapie nun an Maschinen übertragen, hat Weizenbaum mit ELIZA eigentlich ad absurdum führen wollen – jedoch für eine gewisse Zeit bei vielen Beobachtern erst geweckt. Ein Kollege Weizenbaums wagte eine Prognose: „In from three to eight years we will have a machine with general intelligence of an average human being" (Darrach, 1970) – „it was left largely to Weizenbaum to put the issue in perspective and to note that computers as thinking machines weren't right around the corner" (Gardner, 2008). Weiterentwicklungen versuchten ELIZAs Schwächen und Begrenzungen zu vermeiden. ELIZAs Nachfolger sind Computerprogramme, mit denen man online ohne Themenbeschränkung kommunizieren kann, sogenannte Chatterbots. Seit 1991 wird jährlich der vom Soziologen und Unternehmer Hugh Loebner gestiftete Loebner-Preis für das beste Abschneiden im Turing-Test vergeben. Juroren chatten je mit einem Menschen und einem Chatterbot und geben danach an, welchem sie eher zutrauen, ein Mensch zu sein. Die Details des Wettbewerbs wurden mehrfach geändert: Seit 1995 gibt es keine Beschränkung der Chat-Inhalte oder Formulierungen mehr; von 2004 bis 2007 dauerten Chats 20 bis 25 Minuten, davor und danach je fünf Minuten; bis 2008 gab es in der Endrunde zwölf Juroren, seit 2009 nur noch vier; auch die Kriterien für die Auswahl der Juroren variierte. Seit 2007 gibt es eine Vorrunde, in der die Programme Fragen zur Tageszeit, zum Zweck von Gegenständen und zu Vergleichen und logischen Folgerungen gestellt bekommen. Die dabei erfolgreichsten Programme kommen in die Endrunde.

Was können Chatterbots? Schon „der erste Wettbewerb um den Loebner-Preis, 1991 im Boston Computer Museum als große Galaveranstaltung aufgezogen, endete als Desaster. Sieger (ohne einen Juror zu täuschen) wurde eine einfache Variation von Eliza." (Mariske 2008) Erst 2008 gelang es dem Programm Elbot (siehe www.elbot.com), drei von zwölf Juroren der Endrunde zu täuschen, da es auf die ersten Fragen plausibel auf Schlüsselworte reagierte, dann Gegenfragen stellte und seine vordefinierten Antworten umgangssprachlich und humorvoll waren. 2009 sind alle Computer als Programm entlarvt worden (Klempert, 2009). Da bisher stets weniger als 30 % der Juroren getäuscht wurden, hat noch kein Programm den Turing-Test bestanden. Die Konversationen sind teilweise recht lustig:

> PROGRAM: I'm ready for the challenge! What is your name?
> JUDGE: Hola! Como estas?
> PROGRAM: Hola, como estas! Muy bien, gracias.
> JUDGE: bien y fatigue
> PROGRAM: Right! Do you speak Spanish? Me?
> JUDGE: un poco but I prefer speaking in English.
> PROGRAM: Are we still discussing you?
> JUDGE: Not necessarily. Where ared you?
> PROGRAM: Really? You think so? un poco but I prefer speaking in English?
> JUDGE: you are answering different questions to the ones I pose. where are you?
> PROGRAM: No?! I am answering different questions to the ones I pose. I am in Surrey, in England. Where are you?
> JUDGE: you make me think I am talking to myself
> PROGRAM: Really? You think so?
> JUDGE: yes. so what do you like to do in your spare time?

PROGRAM: OK. Uhuh, To tell you the local news: Punta San Basilio has a total of 5,000 plus Acres with 6 miles of ocean front.
JUDGE: I thought you were in Surrey! You seem to be having an identity crisis!
PROGRAM: I am having an identity crisis.
(Loebner-Contest 2005)

Judge: r u a college student?
PROGRAM: This competition was first administered by the Cambridge Center of Behavioral Studies, by Flinders University, and Dartmouth College.
Judge: You are a robot. Ha ha
(Löbner-Contest 2008)

PROGRAM: Judge, are you male or female?
Judge: I'm a bloke [= Bursche]
PROGRAM: I can see where you are a bloke.
Judge: how so?
PROGRAM: How so?
PROGRAM: I apologize that I don't know How Judge.
Judge: don't worry about it
PROGRAM: May I ask you what gender you are?
Judge: I'm still male
PROGRAM: Ok, thanks for telling me.
PROGRAM: I'll keep that in mind.
PROGRAM: Talk to me about how you are still male!
(Loebner-Contest 2008)

Wie funktionieren Chatterbots? Die Chatterbot-Programme, die beim Loebner-Contest antreten, basieren auf dem ELI-ZA-Prinzip, besitzen allerdings riesige Stichwort- und Antwort-Datenbanken:

Mehr als eine Million Antworten hat mancher Computer schon parat. Die Maschinen analysieren Sätze nach ihrem grammatikalischen Aufbau, suchen nach Schlüsselwörtern und Wortmustern. Gute Chatbots merken sich zudem, ob ihr Gesprächspartner ein Thema schon einmal behandelt hat, und verweisen darauf zurück, oder sie stellen Verbindungen zu neuen Themenkomplexen her. Sie geben sich beleidigt oder erfreut, die besten haben sogar eine eigene Persönlichkeit mit Lebenslauf. (Klempert, 2009)

Die Hauptstrategien bleiben der abrupte Themenwechsel und das Antworten mit unspezifischen Sprüchen (Scriba 1997). Durch probabilistisches Satzverständnis versuchen einige Chatterbots, mehrdeutige Aussagen korrekt zu interpretieren. Einige KI-Systeme nutzen kontextunabhängige und kontextabhängige Wahrscheinlichkeiten für mehrdeutige Wortbedeutungen, Wortkorrelationen und grammatikalische Strukturen (deRaedt, 1993). Bei kontextunabhängiger Wortinterpretation deutet eine KI das Wort „meine" beispielsweise zu 40 % Wahrscheinlichkeit als Verbform und zu 60 % als Possesivpronomen, das Wort „Waren" zu 10 % als „Güter" und zu 90 % als Vergangenheit zu „sind". Die Wahrscheinlichkeiten werden aus bereits analysierten Texten gelernt. Bei naiver Anwendung würde die Deutung „meine Waren" als Pronomen + Verbform (60 % · 90 % = 54 %) gegenüber der korrekten Deutung (Pronomen + „Güter": 6 %) bevorzugt. Weniger fehleranfällig sind Wahrscheinlichkeiten, die jeweils Wortgruppen bewerten. Beispielsweise wird „meine" bei „ich meine" zu 98 % Wahrscheinlichkeit als Verb interpretiert, nur zu 2 % als Possessivpronomen („... rief ich meine Mutter an"), und bei „ich meine, dass" zu 99,99 % als Verb. Weiter greift die folgende Kontext-Analyse beim Satz „Das Geld liegt auf der Bank": Mit Wörtern wie „Geld" mit einem benachbarten „liegt" ist die Lesart „Bank" als Kreditinstitut wahrscheinlicher als bei „Park" mit einem benachbarten „sitzt". Schwieriger als die Analyse mehrdeutiger Wortbedeutungen sind mehrdeutige grammatikalische Konstruktionen. Wenn eine KI drei Arten kennt, einen Satz zu konstruieren, jeweils mit Wahrscheinlichkeiten, beispielsweise

Satz = Subjekt + Verb-transitiv + Objekt (50 %)

Satz = Subjekt + Verb-intransitiv (20 %)

Satz = Subjekt + {Verb-transitiv + Objekt + Verb-Ergänzung} (30 %)

wobei die Teilbestandteile selbst unterschiedlich aufgebaut sein können, beispielsweise

Objekt = Nominalterm (60 %)

Objekt = Objekt + Präp-Ergänzung (40 %)

ergibt sich beim Satz „Rolf vertrieb den Einbrecher mit der Pistole" für die Lesart

{Rolf} {vertrieb} {den Einbrecher {mit der Pistole}} 50 % · 40 % = 20 %

und für

{Rolf} {vertrieb {den Einbrecher} mit der Pistole} 30 % · 60 % = 18 %

als Vertrauensmaß. Die erste Lesart wird bevorzugt – solange keine Kontextanalyse vorliegt.

Denken Menschen wie Chatterbots? Die bei ELIZA aufgeführten prinzipiellen Unterschiede bestehen weiterhin. Chatterbots verraten sich außerdem durch fehlende Unsicherheit bei Faktenwissen, lexikonreife Formulierungen, Sprunghaftigkeit und unsinnige Themenwechsel. Menschen können den Gesprächsverlauf dezent steuern, folgen der Gesprächslinie des Gesprächspartners, zeigen Interesse für das Gegenüber, assoziieren eigene Erfahrungen zu den Äußerungen des Gesprächspartners, beharren auf Fragen und können Tippfehler, Wortspiele und wie gesprochen getippte Worte verstehen – all dies können Chatterbots kaum.

Was können wir über die menschliche Denkleistung lernen? Möglicherweise erscheinen auch dem Menschen je nach Kontext unterschiedliche Deutungen plausibel, und die wahrscheinlichste Deutung kommt ins Bewusstsein. Entstehen so auch Assoziationen und ein Gefühl dafür, was passende Anknüpfungspunkte sind? In einfachen Gesprächen werden vielfältige Erfahrungen und Assoziationsfelder angezapft; Menschen haben sehr schnell Zugang zu verschiedenen Wissensbereichen. Ungesagtes wird verstanden. Alle diese Fähigkeiten sind schwer zu formalisieren.

Was ist von Chatterbots zu halten? Chatterbots haben große Fortschritte gemacht, aber ihre einfache regelbasierte Methodik und ihr begrenzter Erfahrungsschatz unterscheiden sich noch so fundamental vom Menschen, dass diese Unterschiede in kurzen Chats auffallen. Auf viele Aussagen fehlen ihnen passende Antworten und ihre Ersatz-Strategien sind leicht durchschaubare Ablenkungsmanöver. Viele Aussagen werden nicht oder falsch verstanden. „Manifestly, we have not yet mechanized human-level intelligence" (Nilsson, 2007).

12.5.5 Fazit aus diesen Beispielen

Einige KI-Programme haben Erfolg beim Simulieren menschlicher Leistungen im Sinne des Erzeugens ähnlicher Ergebnisse. Bis heute jedoch gibt es keine erfolgreiche KI, deren Simulation menschlicher Leistungen auf menschenähnlichen Denkprozessen basiert – der Grund ist, dass wir bis heute die menschlichen Denkprozesse nicht im Detail kennen. Diese Aussage wird in diesem Beitrag anhand des klassischen symbolistischen Ansatzes untermauert, aber auch mit anderen Ansätzen ist dies bisher nicht gelungen: Weder können mit dem subsymbolistischen konnektionistischen Ansatz, der die Verknüpfungen von Nervenzellen simuliert, die komplexen Strukturen im Gehirn nachgebildet werden, noch kann mit dem suprasymbolistischen situativen Ansatz, der Verhaltensmuster beschreibt, die menschliche Variationsbreite erreicht werden.

12.6 Das neue Paradigma

Die in Dartmouth postulierte kognitionswissenschaftliche Aufgabe, unser Denken zu analysieren, wird seit einiger Zeit dank neuer Methoden erneut aufgegriffen. Neu ist die Idee, die KI-Entwicklung nicht als Motivation, sondern als Mittel zu nutzen: durch die formale Analyse verschiedener KI-Programme. Die Idee besteht darin, dem Menschen und mehreren KI-Programmen die gleichen Fragen zu stellen. Wenn den Gefragten solche Fragen schwerer fallen, für die auch innerhalb einer KI-Variante aufwändigere Prozesse ablaufen, ist das ein Indiz dafür, dass menschliche Denkprozesse und diese KI-Variante ähnlich funktionieren. Umgekehrt lässt sich ein kognitionswissenschaftliches Modell widerlegen, wenn dessen Formalisierung bei Folgerungen, die dem Menschen leicht fallen, einen hohen Speicher- oder Rechenaufwand erfordert.

Ein Beispiel ist das Ableiten von Schlussfolgerungen von je vier Aussagen (Prämissen) über Objektbeziehungen:

1. Der Apfel ist links von der Birne
2. Der Chicoree ist links von der Birne
3. Die Dattel ist oberhalb vom Chicoree
4. Die Erdbeere ist oberhalb von der Birne

Oder eine Variation der Prämissenmenge:

1'. Der Apfel ist rechts von der Birne
2'. Der Chicoree ist links von der Birne
3'. Die Dattel ist oberhalb vom Chicoree
4'. Die Erdbeere ist oberhalb von der Birne

Wie liegt die Dattel zur Erdbeere?

Die nötigen kognitive Prozesse könnten aussagenlogisch syntax-basiert (Rips, 1994) oder anhand von internen Bildern (Huttenlocher, 1968) gebildet werden. Welche Variante ist wahrscheinlicher? Aussage 1 „Der Apfel ist links von der Birne" kann durch Aussage 1' „Der Apfel ist rechts von der Birne" ersetzt werden, ohne dass sich an der Konklusion „Die Dattel liegt links von der Erdbeere" etwas ändert. Dennoch brauchen Menschen für die erste Variante länger (Latenzzeit-Effekt) und sie machen mehr Fehler. Eine formale KI, die nur aussagenlogische Schlussfolgerungen durchführt, braucht in beiden Fällen die gleiche Zeit. Eine KI, die ein internes Bild aufbaut, braucht hingegen für die erste Variante länger, da es mehrere Möglichkeiten des Aufbaus gibt: Der Chicoree könnte links oder rechts vom Apfel liegen (vgl. Abb. 12.3, links). Um sicher zu sein, dass die Aussage „Die Dattel liegt links von der Erdbeere" gefolgert werden kann, müssen beide Bilder erzeugt und überprüft werden. Dieser höhere Aufwand entspricht den längeren Antwortzeiten beim Menschen. Dies ist ein Indiz, dass Menschen mit internen Bildern arbeiten (Ragni 2005).

Ein weiterer Hinweis ergibt sich aus einer weiteren Variation von Aussage 4 zu „Die Erdbeere ist oberhalb vom Apfel." (vgl. Abb. 12.3, rechts) Nun ist die Aussage „die Dattel ist links von der Erdbeere" keine allgemein gültige Konklusion mehr. Viele Menschen stimmen ihr dennoch zu. Die Erklärung ist, dass von diesen Menschen nur das eine innere Bild erzeugt wurde, in dem die Aussage stimmt.

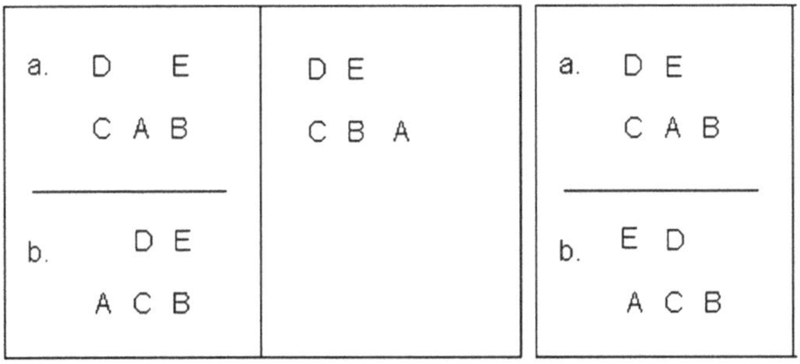

Abbildung 12.3 Linker Kasten: Die erste Variante der Prämissenmenge im Text erlaubt zwei mögliche Anordnungen (a. und b.), die zweite nur eine. In allen Fällen liegt D links von E. Rechter Kasten: Bei Variation von Prämisse 4 ergeben sich zwei Anordnungen. Die Behauptung, dass D links von E liegt, ist nur in einer Anordnung korrekt und daher keine logische Konklusion.

Ist es Zufall, welches Bild zuerst erzeugt wird? Interessanterweise hängt die Fehlerhäufigkeit von der Reihenfolge der ersten beiden Aussagen ab; dies legt die Vermutung nahe, dass die Bilder Schritt für Schritt aufgebaut werden. Auch dieser Effekt lässt sich durch eine geeignete Formalisierung simulieren: Nur eine KI, die neue Objekte nicht zwischen bereits repräsentierte Objekte quetscht (*first fit principle*), sondern erst hinter das letzte Objekt, also dort, wo ausreichend Platz ist (*first free fit principle*), produziert diesen Effekt in der beim Menschen beobachteten Weise. Dies stützt die Theorie des *first free fit principle* (Ragni, 2005). So helfen formale Analysen von KI-Programmen der Kognitionsforschung. Die KI-Forschung ist zum Werkzeug für andere Wissenschaftszweige geworden: Durch KI können wir erforschen, wie wir denken.

Abschließend soll noch Kritik an dieser Methode geäußert werden, KI-Programmierungen zur Untermauerung kognitionswissenschaftlicher Thesen zu nutzen. Ein wesentlicher Vorteil der Methode liegt darin, dass sie klare und sogar quantitative Prognosen erlaubt, die statistisch mit Ergebnissen kognitionswissenschaftlicher Untersuchungen verglichen werden können. Die Korrelationen liefern ein Maß für die Plausibilität eines Erklärungsansatzes. Die Methode dient so zur Untermauerung zuvor entwickelter kognitionswissenschaftlicher Modelle, bislang jedoch nicht zur Entwicklung neuer Theorien. Korrelationen stellen allerdings keinen Beweis für die Gültigkeit eines Erklärungsmodells dar. Verschiedene Mechanismen können zum gleichen Effekt führen. Selbst wenn es an analogen Verarbeitungsmechanismen liegt, dass die in einer KI-Modellierung komplexeren Ableitungen auch dem Menschen schwerer fallen, ist denkbar, dass dieser Prozess nur ein untypischer Spezialfall beim Menschen ist. Möglicherweise werden bei einem Prämisseninhalt innere Bilder, bei anderem Prämisseninhalt aussagenlogische Ableitungen gebildet. Auch dann, wenn im Gehirn beide Formalisierungen durchgeführt werden, ist der Latenzzeit-Effekt vorhanden. Somit taugt das „Experiment" weder zur Falsifikation noch zur Verifikation einer Theorie – es kann lediglich ihre Plausibilität erhöhen. Die Zahlenwerte bei der Analyse der KI sind abhängig von gewählten Parametern, beispielsweise Annahmen über die Laufzeiten der Einzel-Verarbeitungsschritte. Als Komplexitätsmaß sind unterschiedliche Maßzahlen denkbar, beispielsweise die Anzahl verschiedener interner Repräsentationen, ihre Größe, ihre Ähnlichkeit, die Zeit sie aufzubauen. Welches ist dann der geeignete Vergleichsmaßstab? Schließlich basiert die Methode auf der Annahme des Symbolismus, das heißt, dass menschliche Denkprozesse durch symbolische Repräsentationen beschreibbar sind. Was wäre, wenn wir anders denken, als wir uns das derzeit denken? Vielleicht funktioniert unser Gehirn in diffusen Assoziationen oder die Konzentration von Botenstoffen in bestimmten Gehirnarealen beeinflusst jede Entscheidung auf eine Art, die nicht in die sequenzielle Abarbeitung eines Programms überführbar ist. Oder auf eine ganz andere, bisher ungedachte Weise? Doch auch dann ist die Grundidee des Paradigmas, bisher ungedachte KI-Ansätze auf die Kognitionswissenschaft zu übertragen, erst recht notwendig, um der Kognitionswissenschaft neue Impulse zu geben.

12.7 Fazit und offene Fragen

Das Ziel der Dartmouth-Konferenz ist unerreicht. Hatte Dreyfus (1986) doch Recht mit seiner Prognose „human intelligence and expertise depends primarily on unconscious instincts rather than conscious symbolic manipulation, and that these unconscious skills could never be captured in formal rules" – und ist dies die Ursache für Schwierigkeiten von Chatterbots und Go-Programmen? Einige Denker geben ihm Recht (Crevier, 1993; vgl. Schefe 1986): „Das Scheitern der Ansätze von McCarthy, Newell und Simon scheint mir offensichtlich. Die Welt als eine Menge von Fakten ... zu betrachten und die Intelligenz als ein geschlossenes formales System zu modellieren, ist mit dem heutigen naturwissenschaftlichen Weltbild nicht mehr zu vereinbaren." Nilsson (2007) hingegen folgert aus diesen Einwänden nicht, dass der Symbolismus falsch wäre, sondern dass er zu erweitern ist. Entspricht der Symbolismus einer Ebene menschlichen Denkens, und andere Ebenen werden durch andere Ansätze (Konnektionismus, situated movement oder noch zu entwerfende Alternativen) besser simuliert? Wir wissen es nicht. Zu vieles über die Arbeitsweise des Gehirns ist ungeklärt. Die KI-Entwicklung ist bisher unfähig, das menschliche Urteilsvermögen bei komplexen Brettspiel-Stellungen, die Sensibilität für unausgesprochene Gedanken in Therapiesitzungen oder die Gesprächsführung bei Dialogen zu simulieren. Bedeutet das, dass wir noch komplexere KI-Systeme entwickeln und gemäß der drei Paradigmen testen müssen – oder dass wir doch ganz anders denken als wir uns das derzeit denken?

Trotz derzeitiger (Teil-)Erfolge des neuen Paradigmas ist die Antwort auf die Titelfrage eher negativ: Bisher verstehen die KI-Systeme und wir selbst nur ansatzweise, wie wir denken. Doch die Analyse der KI-Programme bleibt ein wichtiges Werkzeug zum Verständnis des Gehirns. Um dessen Geheimnisse zu lüften, werden weiterhin Erfolge, Fehler und sogar das Scheitern von KI-Entwicklungen wichtig und aufschlussreich sein.

13 Gedanken sichtbar machen? Funktionsweise, Möglichkeiten und Grenzen von EEG und fMRT

Karsten Hoechstetter

13.1 Einleitung

Welche physiologischen Vorgänge sind es, die es Lebewesen ermöglichen, zu denken, zu empfinden, zu planen, kognitive Leistungen zu erbringen? Wo liegen dabei die graduellen Unterschiede zwischen niederen und höher entwickelten Lebewesen bis hin zum Menschen? Und was wiederum befähigt manche Menschen zu außergewöhnlichen, überdurchschnittlichen kognitiven Leistungen? Die Antwort auf diese Fragen ist in den Vorgängen im Gehirn zu finden, dem komplexesten aller Organe. Seit jeher gilt daher das Interesse von Naturwissenschaftlern und Medizinern, aber auch von Philosophen, der detaillierten Untersuchung von Gehirnaktivität.

Dabei sahen sich Wissenschaftler einem für dieses Organ einzigartigen Problem gegenübergestellt: Kognitive menschliche Fähigkeiten zu untersuchen erfordert eine Messung der Vorgänge am intakten Gehirn des lebenden Menschen bei vollem Bewusstsein. Weder Sezierungen des Gehirns *post mortem* noch rein anatomische *in vivo*-Verfahren können Aufschlüsse geben über die dynamischen Vorgänge, die sich während kognitiver Tätigkeit im Menschen abspielen. Den Durchbruch in der kognitiven Hirnforschung stellte daher die Entwicklung von Verfahren zur nichtinvasiven funktionellen Hirnbildgebung dar, d. h. von Techniken, die es ermöglichen, ohne operativen Eingriff von außen die Vorgänge im arbeitenden menschlichen Gehirn zu messen und zu analysieren.

Insbesondere die letzten beiden Jahrzehnte lieferten durch die Weiterentwicklung solcher Verfahren eine Flut neuer Erkenntnisse. Gleichzeitig entstand dabei der Eindruck, Wissenschaftler könnten dadurch jede Art von Gedanken lesen, beliebig tief und detailliert ins Gehirn blicken. Um die Möglichkeiten und Grenzen der aktuellen Forschung realistisch einschätzen zu können, ist ein Verständnis der Funktionsweise der verschiedenen Verfahren hilfreich. Dies zu vermitteln ist die Motivation der folgenden Seiten, in dem die beiden wichtigsten aktuellen nichtinvasiven Messmethoden, EEG und fMRT, vorgestellt werden.

13.2 Funktionsweise von EEG und fMRT

13.2.1 Ansatzpunkte für die nichtinvasive Messung von Hirnaktivität

Wenn von „Hirnaktivität" die Rede ist, sind vor allem molekulare Vorgänge in Neuronen (Nervenzellen) im Gehirn gemeint, die untereinander Signale austauschen sowie mit Zellen außerhalb des Gehirns in Verbindung stehen können, um zum Beispiel Sinneseindrücke zu registrieren oder Bewegungen auszulösen. In der menschlichen Großhirnrinde, dem Kortex, gibt es in etwa 10^{10} Neuronen mit rund 10^{14} Verbindungen untereinander. Abbildung 13.1a zeigt schematisch den Haupttyp von Neuronen im Kortex, der aufgrund der Form seines Zellkörpers unter dem Mikroskop *Pyramidenzelle* genannt wird.

Die Zelle kann grob unterteilt werden in den *Dendritenbaum*, den *Zellkörper* und das *Axon*. Am Dendritenbaum sowie am Zellkörper docken Axonenden anderer Neurone an. An diesen Verbindungen (den *Synapsen*) erfolgt die Reizweiterleitung von einem Neuron zum anderen. Dies geschieht zumeist über die Ausschüttung von speziellen Molekülen (*Neurotransmittern*), die über physikalisch-chemische Mechanismen die Eigenschaften der Zellmembran der Pyramidenzelle an der Synapse ändert. Durch den dadurch modifizierten Ein- und Ausstrom von Ionen (geladenen Atomen) kommt es zu einer Änderung des Membranpotenzials, der Potenzialdifferenz zwischen intra- und extrazellulärem Raum. Diese Spannungsänderung pflanzt sich daraufhin aufgrund der geometrischen Gegebenheiten im Neuron, nämlich einer Erweiterung des Durchmessers, zum Zellkörper hin fort – es fließt der *postsynaptische Strom*. Übersteigt an der Schnittstelle zum Axon, dem *Axonhügel*, die Summe der von den verschiedenen Synapsen weitergeleiteten Spannungen einen bestimmten Schwellwert, „feuert" das Neuron, d. h. es werden kurze (im Bereich von Millisekunden) Spannungspulse erzeugt, die als Signal das Axon entlang zu den Synapsen an die Verbindungsstelle zu anderen Neuronen oder zu Muskelzellen übertragen werden.

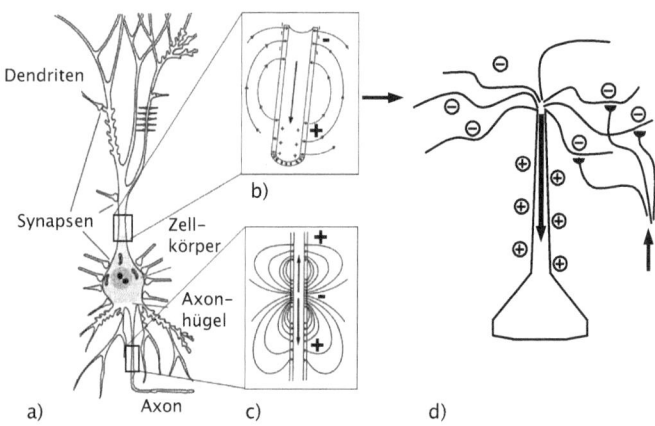

Abbildung 13.1 a) Schematische Darstellung einer Pyramidenzelle (modifiziert nach Hämäläinen et al, 1993). b) Polarisierung des postsynaptischen Stromflusses nach erregender Reizung am Dendritenbaum. c) Polarisierung des axonalen Stromflusses. d) Erregte Pyramidenzelle als Stromdipol.

Diese neuronalen Vorgänge erfordern Energie, die aus chemischen Prozessen unter anderem unter Beteiligung von Sauerstoff gewonnen wird. Er wird den Neuronen je nach Bedarf über das Blut durch sauerstoffhaltiges Hämoglobin zur Verfügung gestellt. Erhöhte Aktivität in einer Hirnregion führt zu einem erhöhten Energiebedarf, auf den der Körper über gesteigerten Zustrom von sauerstoffreichem Blut reagiert. Sowohl diese geänderte Hämodynamik als indirekte Folge neuronaler Aktivität als auch die direkten physikalischen Begleiterscheinungen der postsynaptischen Ströme stellen Ansatzpunkte zur nichtinvasiven Messung der Hirnaktivität dar, wie im Folgenden im Detail erläutert wird.

13.2.2 Elektroenzephalographie (EEG)

Wie in Abbildung 13.1b und 13.1d gezeigt, geht der postsynaptische Stromfluss innerhalb einer Pyramidenzelle mit der Ausbildung einer dipolaren Spannungsverteilung entlang der Zellachse einher. Da das umgebende biologische Gewebe elektrisch leitfähig ist, erzeugt dieser *dipolare Primärstrom* darin einen elektrischen *Sekundärstrom* innerhalb des Kopfes einschließlich der Kopfhaut. Als Konsequenz entsteht eine Potenzialverteilung auf der Kopfoberfläche als direktes Korrelat postsynaptischer neuronaler Aktivität (Abb. 13.2a und 13.2b).

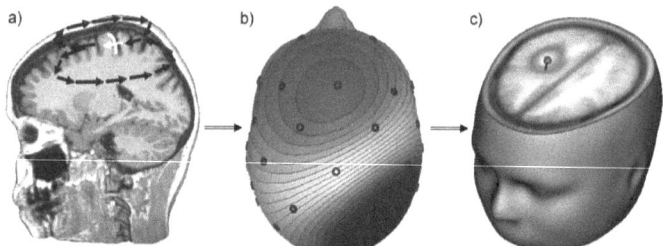

Abbildung 13.2 a) Aktive Hirnregion (weiß) mit resultierendem postsynaptischem Strom senkrecht zur Oberfläche der aktiven grauen Substanz. Die schwarzen Pfeile symbolisieren den durch das umgebende biologische Gewebe fließenden Volumenstrom (Sekundärstrom). b) Resultierende Verteilung des elektrischen Potenzials auf der Kopfoberfläche, das durch die EEG-Elektroden (Ringsymbole) detektiert wird. c) Die Quellenanalyse rekonstruiert aus den gemessenen EEG-Daten die zugrundeliegende Hirnaktivität.

Die Aktivität eines einzelnen Neurons ist allerdings zu klein, um an der Kopfoberfläche detektiert zu werden. Typischerweise sind in einer Hirnregion aber zahlreiche Neuronen gleichzeitig aktiv. Da Pyramidenzellen innerhalb der Großhirnrinde in etwa parallel zueinander ausgerichtet sind – die Achse Dendritenbaum-Soma steht senkrecht zur Kortexoberfläche –, summieren sich ihre Sekundäreffekte. Übersteigt die Zahl simultan aktiver, parallel zueinander orientierter Neuronen eine Größenordnung von ca. 10 000, werden die von ihnen erzeugten Spannungsunterschiede an der Kopfoberfläche messbar. In der Elektroenzephalographie werden dazu Elektroden auf der Kopfoberfläche angebracht und über Differenzverstärker die zwischen ihnen entstehenden Spannungsunterschiede in der Größenordnung von Mikrovolt gemessen und ausgewertet.

Die Effekte der axonalen Ströme sind gegenüber denen der postsynaptischen Ströme in Bezug auf das EEG im Allgemeinen vernachlässigbar. Der Grund dafür ist zum einen, dass die Axone keine räumliche Vorzugsrichtung im Kortex haben und daher eine räumliche Aufsummierung der Aktivitäten benachbarter Neuronen nicht gegeben ist. Da die zeitliche Dauer der kurzen axonalen Spikes (~1 ms) im Vergleich zu den langsameren postsynaptischen Strömen (~10 ms) deutlich geringer ist, ist darüber hinaus auch die zeitliche Synchronizität wesentlich kleiner.

Selbst fokale, räumlich eng begrenzte Hirnaktivität erzeut auf der Kopfoberfläche eine weit verteilte Potenzialverteilung. Da im allgemeinen viele Hirnregionen gleichzeitig aktiv sind, detektiert jede einzelne EEG-Elektrode Signale von mehreren Hirnregionen. Will man aus dem gemessenen EEG Rückschlüsse auf die Verteilung der postsynaptischen Ströme im Gehirn ziehen, muss daher eine *Quellenanalyse* durchgeführt werden (Abb. 13.2c). Leider ist dies nicht eindeutig möglich: Da die Anzahl der Mess-Sensoren zwangsläufig kleiner ist als die Anzahl der möglichen aktiven Hirnregionen, existieren unendlich viele Verteilungen von postsynaptischen Strömen, die alle jeweils die gleichen EEG-Daten erzeugen würden. Es existieren verschiedene Ansätze, die dieses sogenannte *inverse Problem* angehen. Sie unterscheiden sich jeweils in den Nebenannahmen, die aus den verschiedenen möglichen Stromverteilungen im Gehirn ein Modell auszeichnen.

Zur akkuraten inversen Modellierung der Hirnaktivität aus den gemessenen EEG-Signalen benötigt man außerdem ein Modell für die Leitfähigkeitsverteilung innerhalb des Kopfes, denn diese bestimmt den Fluss der Sekundärströme und damit die an der Kopfoberfläche erzeugte Potenzialverteilung. Die genaue Leitfähigkeitsverteilung ist im Allgemeinen nicht bekannt, auch hier müssen Modellannahmen getroffen werden, deren Genauigkeit die Qualität der Quellenlokalisation beeinflusst.

Die wesentliche Stärke des EEG liegt daher nicht in der räumlichen Genauigkeit – diese ist in der nachfolgend beschriebenen funktionellen Magnetresonanztomographie höher. Optimal ist das EEG dagegen in seiner zeitlichen Auflösung: Da sich die Änderungen der postsynaptischen Aktivität quasi-instantan in Änderungen der Potenzialverteilung an der Kopfoberfläche widerspiegeln, kann neuronale Aktivität mit einer Genauigkeit gemessen werden, die der Abtastrate des digitalisierten EEG entspricht. Typischerweise wählt man dabei Raten um 1 kHz. Dies reicht aus, um den Zeitverlauf postsynaptischer Aktivität vollständig zu erfassen.

13.2.3 Funktionelle Magnetresonanztomographie (fMRT)

Die Magnetresonanztomographie (MRT, englisch: MRI) wird auch Kernspintomographie genannt. Die hierbei gemessenen Signale werden von Atomkernen erzeugt, die einen von Null verschiedenen *Spin* tragen.

Der Wasserstoffkern (ein Proton), das in biologischem Gewebe am häufigsten vorkommende Element, ist ein Beispiel für solche Atomkerne. Spin ist eine quantenmechanische Eigenschaft, zu der es kein klassisches Analogon gibt. Mit ihm einher geht ein magnetisches Moment, das dazu führt, dass die Wasserstoffkerne mit einem extern angelegten Magnetfeld wechselwirken: Sie richten ihre Spinachse in einem bestimmten Winkel zur Magnetfeldrichtung aus und kreiseln (*präzedieren*) um diese Richtung (Abb. 13.3a). Die Präzessionsfrequenz ω ist proportional zum magnetischen Moment und der Stärke des externen Magnetfelds B_0. Von den beiden möglichen Netto-Orientierungen, parallel und antiparallel zur Magnetfeldrichtung, ist erstere energetisch günstiger. Daher richten sich im Gleichgewichtszustand etwas mehr Protonen in diese Richtung aus – es entsteht eine makroskopische *Magnetisierung* in Magnetfeldrichtung (Abb. 13.3b).

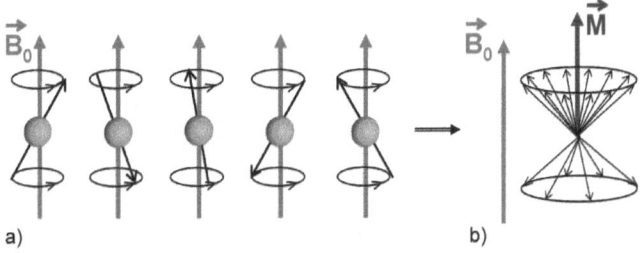

a) b)

Abbildung 13.3 a) Die spinbehafteten Wasserstoffkerne orientieren sich in einem festen Winkel zum externen Magnetfeld B_0 und führen eine Präzessionsbewegung um die Magnetfeldachse aus. b) Die Mehrzahl der Spins richtet sich mit einer Netto-Richtung parallel zu B_0 aus. Dies führt zur makroskopischen Magnetisierung M parallel zu B_0.

Um ein messbares Signal zu erhalten, muss die Magnetisierung aus ihrem Gleichgewichtszustand gebracht werden. Dies geschieht durch Einstrahlung eines zweiten Magnetfelds B_1 mit einer Orientierung senkrecht zu B_0. Die Präzessionsbewegung der Protonen erfolgt nun um das Gesamtfeld $B_0 + B_1$. Verwendet man für B_1 ein magnetisches Wechselfeld mit einer Oszillationsfrequenz, die der Präzessionsfrequenz entspricht, erreicht man, dass sich die Netto-Orientierungs-achse aller Protonen systematisch ändert, was wiederum zu einer Änderung der Richtung der Gesamtmagnetisierung führt (Abb. 13.4b). Der Betrag der Richtungsänderung ist dabei proportional zur Stärke und Einstrahldauer von B_1.

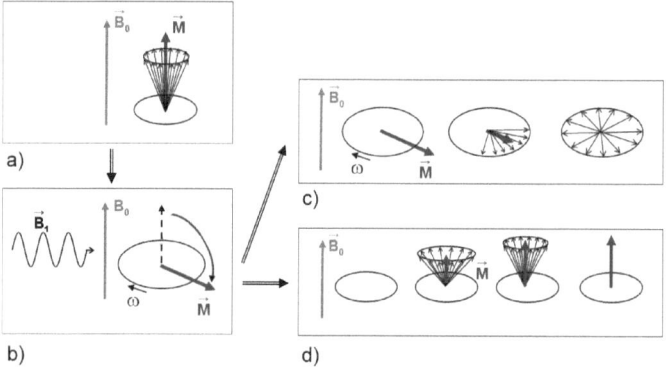

Abbildung 13.4 a) Gleichgewichtslage der Magnetisierung M parallel zu B_0. Nur Spins mit Vorzugsorientierung in B_0–Richtung sind durch kleine Pfeile symbolisiert. b) Auslenkung der Magnetisierung durch einen 90°–Puls B_1 mit der Wechselfrequenz ω. c) Rückbildung der Quermagnetisierung mit der Zeitkonstanten T_2^*. d) Wiederherstellung der Magnetisierung in Magnetfeldrichtung mit der Zeitkonstanten T_1.

Schaltet man B_1 wieder ab, rotieren die Protonen und damit die Gesamtmagnetisierung wieder mit der Frequenz ω um B_0. Eine solche rotierende Quermagnetisierung ist außerhalb des Kopfes messbar, denn sie erzeugt in einer leitenden Spule einen makroskopischen Wechselstrom. Die Magnetisierung tendiert aber nach Abschaltung von B_1 wieder zu ihrem energetischen Gleichgewichtszustand parallel zu B_0. Diese

Relaxation erfolgt in zwei unterschiedlichen Prozessen: Zum einen findet eine Querrelaxation statt: Aufgrund der Wechselwirkung jedes Spins mit Nachbarspins, Unterschieden in der chemischen Bindung jedes Protons, sowie kleinen Feldinhomogenitäten ist die Präzessionsgeschwindigkeit der einzelnen Protonen leicht unterschiedlich, so dass die Komponente der Magnetisierung senkrecht zu B_0 mit einer bestimmten Zeitkonstanten (T_2^* genannt) verschwindet (Abb. 13.4c). Gleichzeitig findet aufgrund der Wechselwirkung jedes Spins mit seiner Umgebung eine Längsrelaxation mit einer Zeitkonstanten T_1 statt, die die Komponente der Magnetisierung in B_0-Richtung wieder auf ihren Gleichgewichtswert einstellt (Abb. 13.4d).

Bei einer typischen MRT-Messung wird der Proband in einen Scanner gelegt, eine Röhre, in der supraleitende Magneten das starke statische Magnetfeld B_0 am Ort des Kopfes erzeugen (gewöhnlich zwischen 1,5 und 7 Tesla), das den Kopf durchdringt und damit wie oben beschrieben zur Ausrichtung der Wasserstoffkerne führt. Mittels einer in Kopfnähe befindlichen Spule kann nun senkrecht zu B_0 ein kurzer B_1-Puls angelegt werden (mit der Resonanzfrequenz ω proportional zu B_0, bei obigen Feldstärken zwischen 64 und 298 MHz; typische Pulslänge ~1–10 ms). Ein solcher Puls kann bei geeigneter Dauer und Stärke die Magnetisierung beispielsweise um 90 oder 180 Grad kippen. Die Relaxationsvorgänge setzen nun ein. Durch eine geeignete Folge von weiteren Magnetfeldpulsen kann erreicht werden, dass nach kurzer Zeit eine bestimmte Komponente der Magnetisierung (z. B. die verbleibende Quermagnetisierung oder die bereits wieder ausgebildete Längsmagnetisierung) wieder senkrecht zu B_0 gekippt wird und dort mit der Frequenz ω präzediert (tatsächlich wird üblicherweise nicht direkt die zerfallende Magnetisierung detektiert, sondern das zerfallene Signal

durch geeignete Gradientenpulse teilweise „wiederherge-
stellt" und die Stärke dieses „Echosignals" ausgewertet). Die
Kopfspule dient nun als Messspule und detektiert das von
dieser Magnetisierung erzeugte Signal, dessen Stärke je nach
Pulssequenz proportional zu T_1 oder T_2^* ist. Da beide Rela-
xationszeiten gewebespezifische Größen sind, kann man auf
diese Art Bilder mit Gewebekontrast erhalten, wenn man
jedem Punkt im Gehirn die von ihm stammende Signalstärke
zuweisen kann.

Woher weiß man, welcher Teil des gemessenen Signals von
welchem Punkt im Kopf erzeugt wird? Zum einen richtet
man das statische Magnetfeld B_0 so ein, dass es nicht homogen ist, sondern in Feldrichtung leicht zunimmt (es weist
einen *Gradienten* auf, typisch sind etwa 40 mT/m). Damit
unterscheiden sich in jeder Schicht des Kopfes die Präzessi-
onsfrequenzen leicht, und ein bestimmter B_1-Puls „passt"
nur für eine bestimmte Schicht. Nur in dieser Schicht wird
daher die Magnetisierung definiert ausgelenkt, und nur sie
trägt zum nachfolgend gemessenen Signal bei. Nach dem
auslenkenden B_1-Puls sowie während des Auslesens werden
zusätzlich kurze *Gradientenpulse* eingestrahlt, die das B_0-Feld
für kurze Zeit innerhalb der angeregten Schicht ortsabhängig
verändern, so dass jeder Punkt innerhalb der Schicht Signale
mit einer charakteristischen Frequenz und Phase erzeugt.
Durch eine wiederholte Anwendung solcher Pulssequenzen
kann dadurch für jeden Punkt im Kopf das von ihm erzeugte
Signal berechnet werden.

Die so entstandenen MRT-Bilder geben aber lediglich die
Anatomie des Gehirns wieder – um Aussagen über die mo-
mentane Aktivität der verschiedenen Hirnregionen treffen zu
können, bedarf es noch weiterer Vorgehens. Dabei macht
man sich den oben beschriebenen indirekten Effekt neuro-

naler Aktivität zunutze, nämlich den Bedarf an Energie. Aktive Hirnregionen benötigen vermehrten Zustrom von Sauerstoff, der durch das Blut in Form von sauerstoffhaltigem Hämoglobin antransportiert wird. Da in diesem Prozess der vermehrte Antransport den gesteigerten Verbrauch überkompensiert, kommt es im venösen Bereich in der Umgebung dieser Hirnregionen zu einer erhöhten Konzentration von sauerstoffhaltigem Hämoglobin. Da sauerstoffhaltiges Hämoglobin andere magnetische Eigenschaften hat als sauerstoffarmes Hämoglobin, wird durch diesen hämodynamischen Prozess die T_2^*-Zeit der Protonen verändert und damit auch die im T_2^*-gewichteten MRT-Bild gemessene Signalstärke.

Vergleicht man T_2^*-gewichtete MRT-Bilder von zwei verschiedenen Zuständen des Gehirns miteinander (beispielsweise in Ruhe und während einer kognitiven Aufgabe), so weisen daher die unterschiedlich aktivierten Hirnregionen verschiedene Signalintensitäten auf. Ein fMRT-Bild (funktionelles MRT) ist eine Darstellung der Signifikanz der Änderungen der MRT-Aktivitäten bei Änderung des Hirnzustands und zeigt damit spezifisch die in der kognitiven Leistung involvierten Hirnregionen.

Der große Vorteil des fMRT gegenüber dem EEG ist die hohe räumliche Auflösung: Die gemessenen Signale können sehr genau den einzelnen Punkten im Kopf zugeordnet werden. Darüberhinaus erlaubt das fMRT vielfältige Möglichkeiten der Paradigmenwahl: Die Zustände des Gehirns, die gegeneinander kontrastiert werden (beispielsweise die kognitiven Aufgaben, die den Probanden gestellt werden), können nahezu beliebig gewählt werden. Die zeitliche Auflösung des fMRT ist dagegen stark limitiert und deutlich schlechter als die des EEG: Die hämodynamische Antwort folgt der neuronalen Aktivität zeitverzögert und läuft auf einer Zeitskala von Sekunden ab. Infolgedessen kann der Zeitverlauf der Hirnaktivität kaum besser als mit einer Auflösung von etwa 100 ms bestimmt werden. Ein weiterer Nachteil der fMRT-Technik sind die relativ lauten Geräusche, die aufgrund mechanischer Wechselwirkungen im Scanner mit den oben erwähnten kurzen Gradientenpulsen einhergehen.

Bei der Interpretation von fMRT-Bildern mit sehr hoher räumlicher Auflösung ist zu berücksichtigen, dass der Ort der höchsten Änderung im Blutsauerstoffgehalt und damit des fMRT-Signals nicht notwendigerweise identisch ist mit dem Ort der zugrundeliegenden neuronalen Aktivität: Da der Blutsauerstoffgehalt tendenziell im venösen Teil des Kapillarsystems erhöht ist, erscheinen die Bild-Maxima daher in Richtung des Blutflusses leicht (im Millimeter-Bereich) zur aktiven Hirnregion verschoben.

13.3 Was kann man messen – und was nicht?

Die erläuterte Funktionsweise der beiden meistverwendeten Methoden zur Messung von Hirnaktivität, EEG und fMRT, lässt erahnen, welch große Möglichkeiten ihre Entwicklung sich den Neurowissenschaften und der Medizin bei der Untersuchung des menschlichen Gehirns eröffneten. Es lassen sich aber auch die Grenzen dieser Möglichkeiten daraus ableiten (Logothetis, 2008).

Ein Beispiel für Ergebnisse der Hirnforschung, die auch direkte philosophische Relevanz hatten, sind die EEG-Studien der Gruppe von Libet (Libet et al., 1983). Sie zwangen dazu, den Begriff des „freien Willens" neu zu überdenken: Die Experimente nutzten die hohe zeitliche Auflösung des EEG, um zu zeigen, dass bereits vor der bewussten Entscheidung zur Ausführung einer freiwilligen Bewegung eine für diesen Akt charakteristische Hirnaktivität stattfindet – das Gehirn initiiert die Bewegung also schon, bevor der Mensch glaubt, sich freiwillig dafür zu entscheiden. Um diese kleine ereignisbezogene Hirnaktivität zu detektieren, bediente sich Libet eines in der EEG-Analyse sehr häufigen Verfahrens: Die gleichen Ereignisse (in seinem Fall Fingerbewegungen) wurden wiederholt durchgeführt und die jeweils gemessenen EEG-Antworten gemittelt. Dies ist in vielen EEG-Anwendungen nötig, da die interessierende Aktivität der relevanten Hirnregionen um Größenordnungen kleiner ist als die sogenannte Hintergrundaktivität, die neuronalen Aktivität, die das Gehirn bereits im Ruhezustand aufweist. Diese überlagert die ereignisbezogene Aktivität und verhindert so in vielen Fällen deren direkte Detektion. Erst im über viele Wiederholungen gemittelten Signal tritt sie zutage, da sich dann die Signale der Hintergrundaktivität herausmitteln.

Hier zeigt sich also eine Einschränkung der Möglichkeiten des EEG: Eine Analyse des „Einzelfalls" ist nur möglich, wenn die relevante Hirnaktivität sehr groß ist. Da, wie oben erwähnt, zudem nur synchrone Aktivität ganzer Neuronenpopulationen überhaupt messbare EEG-Signale erzeugt, lässt sich konstatieren, dass das „Lesen" beliebiger Gedanken mit dieser Methode nicht möglich ist. Die Aktivität einzelner Neuronen wird nicht gemessen, wohl aber das grobe Muster, die gemeinsame Aktivität von Neuronengruppen.

Wie verhält es sich in dieser Hinsicht mit dem fMRT? Auch mit dieser Technik wird nicht die Aktivität einzelner Neuronen detektiert, und auch im fMRT ist in den meisten Fällen eine Wiederholung des relevanten Ereignisses nötig, um sichere Aussagen zur Änderung der Hirnaktivität zwischen verschiedenen Hirnzuständen treffen zu können. Über den Einzelfall können meist nur statistische Aussagen getroffen werden – eine Tatsache, die in medienwirksamen Schlagzeilen gerne unterschlagen wird.

So wurde zum Beispiel Anfang 2008 gemeldet, Wissenschaftler könnten anhand der Gehirnströme erkennen, welches Bild eine Person gerade betrachtet – und damit suggeriert, aus der Messung der Hirnaktivität eines Proganden könnte jederzeit das von ihm visuell wahrgenommene Bild rekonstruiert werden. Tatsächlich wurden den Probanden in der Studie von Kay und Kollegen (2008) 1 750 ausgewählte Fotos gezeigt. Ein Computeralgorithmus ermittelte daraufhin für jeden Punkt im primären visuellen Kortex typische Bildcharakteristika, die bevorzugt diesen Punkt im Gehirn aktivieren. Daraufhin wurden den Probanden 120 vorgegebene neue Bilder präsentiert und die durch sie induzierte fMRT-Aktivität gemessen. Anhand der Ergebnisse des Computeralgorithmus wurde nun geschätzt, welche Hirnantwort zu welchem Bild gehört, wobei die Trefferquote hoch signifikant über einer Zufallsverteilung lag.

Eine hundertprozentige Trefferquote wird in solchen Experimenten schon allein dadurch verhindert, dass die Hirnantworten eines Probanden durchaus von Mal zu Mal leicht unterschiedlich ausfallen können. Aufgrund von interindividuellen Unterschieden ist entsprechend auch eine Übertragung der Ergebnisse eines Probanden auf einen anderen nicht direkt möglich.

13.4 Aktuelle Entwicklungen

Neben der Anwendung der vorgestellten Methoden in der Hirnforschung und Medizin gilt der Fokus aktueller Arbeiten zum einen der Weiterentwicklung der Methoden, um die Qualität der Messergebnisse zu optimieren. Zum anderen gilt es, das Verständnis für die zugrundeliegende physiologische Aktivität zu verbessern. Ein Gegenstand aktueller Forschung ist es beispielsweise herauszufinden, wie genau das im fMRT gemessene Signal mit neuronaler Aktivität zusammenhängt. Von Interesse ist dabei die Frage, welche neuronalen Vorgänge überhaupt eine Änderung des Blutsauerstoffgehalts nach sich ziehen, die groß genug ist, um im fMRT detektiert zu werden. Es zeigte sich beispielsweise, dass das fMRT unterschiedlich stark mit neuronalen Oszillationen in unterschiedlichen Frequenzbändern korreliert.

Solche Erkenntnisse werden unter anderem gewonnen durch die Kombination der beiden Methoden EEG und fMRT (Debener et al., 2005): Das gleiche Experiment kann entweder zweimal (für jede Methode separat) durchgeführt werden oder auch simultan. Bei gleichzeitiger Messung von EEG und fMRT hat man zwar mit großen Artefakten im EEG zu tun, die durch die schnell geschalteten Magnetfeldgradienten im Scanner erzeugt werden, doch durch moderne mathematische Verfahren der Artefaktkorrektur können diese Störsignale nahezu vollständig aus den EEG-Daten herausgerechnet werden. Eine solche Kombination von EEG und fMRT erlaubt es, die großen Vorteile der beiden Methoden zu verbinden und deren Nachteile zu kompensieren: Die hohe Ortsauflösung des fMRT kann genutzt werden, um den Ort der Hirnaktivität zu bestimmen. Das Resultat kann anschließend in der EEG-Quellenanalyse dazu verwendet werden, um den zeitlichen Verlauf der Aktivität in diesen Regionen mit der hohen Zeitauflösung des EEG zu ermitteln (Bledowski et al., 2006).

Als aktuelle Weiterentwicklungen der fMRT-Methode ist die sogenannte „parallele" Aufnahmetechnik zu nennen (pMRT), bei der die Signale nicht durch eine, sondern durch mehrere Kopfspulen gleichzeitig detektiert werden, wodurch eine Verbesserung der zeitlichen und räumlichen Auflösung der Methode erreicht werden kann.

Auch im EEG wird an einer verbesserten Genauigkeit gearbeitet: Moderne Verstärker erlauben die simultane Aufnahme von bis zu 512 Elektrodensignalen an der Kopfoberfläche, die Verstärker werden darüber hinaus hinsichtlich ihres Signal-zu-Rausch-Verhältnisses optimiert. Zum anderen gilt der Fokus der Forschung der Verbesserung der Methoden zur Quellenanalyse, um möglichst zuverlässig und objektiv aus den gemessenen Oberflächensignalen auf die zugrundeliegende Hirnaktivität rückrechnen zu können.

Haben die funktionellen Hirnbildgebungsverfahren in den 1990er-Jahren, dem „Jahrzehnt des Gehirns" bereits eine Flut neuer Erkenntnisse ermöglicht, so lassen diese und weitere aktuelle Entwicklungen erwarten, dass diese Tendenz auch in den nächsten Jahrzehnten anhält und spannendes neues Wissen über die Funktionsweise des komplexen Organs Gehirn gewonnen werden kann.

14 Die Zukunft von Gehirn und Bewusstsein

Rüdiger Vaas

14.1 Schöne neue Neuro-Welt?

„Mein Körper strebt Richtung Tod, mein Kopf dreht sich zum Leben um, mein Fuß holt unschlüssig zu einem Schritt aus. Einem Schritt wohin? Egal. Denn wer den Schritt tut, bin schon nicht mehr ich. Das ist ein anderer." Dieses Zitat stammt aus dem Roman *Ich, ein anderer* des ungarischen Schriftstellers Imre Kertész. Es passt auch zu Erkenntnissen aus der Neuropsychologie und Philosophie. Denn die persönliche Identität eines Menschen, so scheint es, besteht nicht in einem unveränderlichen, substanziellen Wesenskern, sondern wird durch das autobiographische Gedächtnis und soziale Zuschreibungen konstruiert. Und das kann sich ändern – manchmal ganz plötzlich und dramatisch. Besonders durch Erkrankungen und Verletzungen des Gehirns. „Es denkt, also bin ich", könnte man mit dem Aphoristiker Christoph Georg Lichtenberg in Abwandlung eines berühmten Zitats des Philosophen René Descartes sagen.

Solche neurophilosophischen Aspekte sind nur eine Facette der enormen Erkenntnislawine, die die Gehirnforschung, verbunden mit Psychologie und Philosophie, in den letzten hundert Jahren losgetreten hat. Und sie beschränkt sich längst nicht mehr auf Erklärungen, etwa von Prozessen der Wahrnehmung, der Gefühle und der Handlungsplanung, sondern bekommt durch die wachsenden Möglichkeiten der Eingriffe eine zunehmende praktische Relevanz und wirft damit auch immer mehr Fragen der Ethik auf – ja verändert sogar den Blick auf moralische Urteile selbst.

Dieser Erkenntnisfortschritt ist zwiespältig zu beurteilen: Neben dem großen Wert der Grundlagenforschung und vielen Chancen etwa in der Medizin zeichnen sich auch beträchtliche Risiken und bereits ganz konkrete Gefahren ab (besonders durch psychopharmakologische Manipulationen). Nicht nur für jeden einzelnen, sondern für die menschliche Gesellschaft insgesamt. Sind wir womöglich schon eingetreten in eine „Schöne neue Neuro-Welt"? Fest steht jedenfalls: Durch die Entwicklung der modernen Hirnforschung stellen sich alarmierende Fragen, die auch tiefgreifende anthropologische und ethische Probleme aufwerfen.

- Wie werden künftig Menschen behandelt und bewertet werden, wenn ihre genetischen und neurophysiologischen Schwächen und Stärken bekannt sind? Wie groß wird der Druck der Nachbesserung – vom Designer-Baby bis zum Gehirn-Doping?

- Wie gut werden die Prognosemethoden der Neurotechnologien ausfallen – und was sind die Auswirkungen? Schon heute bieten Hirnscans eine zuverlässigere Quelle, bestimmte eng begrenzte, aber grundlegende Persönlichkeitsmerkmale zuverlässiger zu ermitteln als psychologische Fragen und Selbstaussagen der Personen.

- Wie wird das künftige neurowissenschaftliche Wissen das Alltagsverständnis von Menschen prägen? Wird „Glück" zu einer bestimmten Mischung aus Endorphinen (Rausch), Dopamin (Belohnungen), Oxytocin (Paarbindung und Liebe) und Serotonin (inneres Gleichgewicht)?

- Was wird aus der menschlichen Individualität, wenn das Zentralnervensystem – bislang gleichsam der privateste oder intimste Teil einer Person – durch Neuroprothesen zur Außenwelt geöffnet wird? Wenn technische Surrogate und Systeme immer mehr in die Bewusstseinsvorgänge eingreifen?

- Wie wird sich die Sichtweise auf die menschliche Rationalität verändern, wenn immer deutlicher wird, welche Rolle Gefühle für das Wollen, Entscheiden und Handeln spielen? Und wie wird sich die Bewertung dieses Wollens und Handelns verändern, nicht nur im Hinblick auf Verantwortung und Moral, wenn die emotionale Priorität anerkannt oder gar forciert würde? Könnte Gefühlsdesign oder -unterdrückung geradezu zur Pflicht werden – oder eine externe Manipulation zum Gebot, um beispielsweise die destruktiven Triebe der Menschen einzudämmen und eine friedlichere Welt zu schaffen? Aber wäre das noch eine lebenswerte Welt?

- Wie wird der neurowissenschaftliche Fortschritt Erziehung, Lernen und das Zusammenleben fördern und verbessern? Kann er das überhaupt? Jedenfalls hat er nicht nur bedrohliche Seiten, sondern dürfte auch zunehmend nützliche, alltagspraktische Relevanz bekommen, und zwar nicht nur in medizinischer Hinsicht. Wird es Cerebralhelme geben, über die in kürzester Zeit ein riesiger Wissensfundus aufgenommen werden kann? Welchen Stellenwert hat ein solches Wissen? Werden unsere fernen Nachkommen mental in virtuelle Realitäten auswandern und ihre Körper von Maschinen versorgen lassen? Oder werden sie mit Computer,

Sensoren und Mikromotoren zu Übermenschen heranwachsen? Wozu sollte dies dann gut sein?

- Ist eine überragende Intelligenz überhaupt so erstrebenswert? Einerseits sind intelligentere Menschen erfolgreicher in vielerlei Hinsicht. Aber ab einem gewissen Level steigt die Gefahr, dass sie sich selbst im Weg stehen oder mit ihrer sozialen Umwelt nicht mehr klarkommen können.

- Wird es eines Tages möglich sein, allein durch Gedanken zu kommunizieren, Autos zu lenken oder Flugzeuge zu navigieren? Wird es neue, biochemisch oder durch elektronische Mittel unterstützte Methoden des Lernens und der Steigerung der körperlichen Leistungsfähigkeit und Intelligenz geben – mit vielleicht verheerenden gesellschaftlichen Folgen: totalitärer Konformitätszwang, eskalierende Leistungsidolatrie sowie Diskriminierung und so weiter? Wird es möglich sein, mit technischer Hilfe direkt auf das Gehirn einzuwirken, sich über elektronische Verbindungen in andere Bewusstseine einzuloggen, Illusionen einzuspeisen, Gefühle auf Knopfdruck zu manipulieren, Werbebotschaften in die „Lustzentren" zu projizieren, Gedanken zu kontrollieren und Verhaltensweisen zu lenken?

- Die moderne Genetik mitsamt der Gendiagnostik, -technik und -therapie ist auch für die Neurowissenschaft von großer Bedeutung. Zwar ist der Mensch nicht nur das Produkt seines Erbguts, und gerade sein Gehirn wird in weit größerem Ausmaß durch die Umwelt geprägt. Mit wachsender Kenntnis der Funktion der einzelnen Gene und der von ihnen codierten Proteine wird sich allerdings das Verständnis der biochemischen und zellulären Vorgänge in den Nervenzellen und Nervennetzen, in der individual- und stammesgeschichtlichen Entwicklung des Nervensystems und bei Krankheiten und Vergiftungen enorm erweitern. Gentechnische Eingriffe werden künftig eine wachsende Rolle spielen. Das schon heute mögliche gezielte Ausschalten, Aktivieren oder Einsetzen von Genen in Tierversuchen (knock-out- und transgene Mäuse) dürfte die Neurophysiologie auch weiterhin um viele Erkenntnisse bereichern; langfristig betrachtet wird davon auch die Medizin profitieren. Denn mit einer Zunahme der Kenntnisse über die Wirkung des mittlerweile fast vollständig entzifferten menschlichen Genoms werden sich nicht nur die erblichen Richtlinien der Gehirnentwicklung besser verstehen lassen, sondern auch die Ursachen von Fehlentwicklungen. Und das, was den Menschen ausmacht und beispielsweise von Schimpansen unterscheidet, deren Genom inzwischen ebenfalls bekannt ist, wird anthropologisch von großer Bedeutung sein.

■ Wie wird sich das Selbstverständnis des Menschen ändern, wenn immer mehr organische Materie durch Technik ersetzt und ergänzt wird? Und wenn Computer und Roboter zunehmend intelligenter werden und allmählich Sprachfähigkeit und womöglich sogar Bewusstsein entwickeln? Worin besteht die Würde und Freiheit einer Person angesichts immer raffinierterer genetischer und neuronaler Eingriffe und Modifikationsmöglichkeiten? Wird es zu einer neuen „Kränkung des Menschen" kommen, wenn sich immer mehr die Auffassung durchsetzt, dass das „Ich" keine irreduzible, unvergängliche Substanz, kein nichtmaterieller Träger von Eigenschaften und kein völlig autarker Initiator von Handlungen ist? Denn naturalistische Theorien zum Leib-Seele-Problem und berechtigte Zweifel an einer absoluten Willensfreiheit (als könnte man wollen, was man will, was man will ... bis ins Unendliche) sind auf dem Vormarsch und auch durch naturwissenschaftliche Erkenntnisse motiviert.

- Was wird aus der personalen Identität eines Menschen, wenn das Gehirn Stück für Stück ergänzt, erneuert oder ersetzt werden kann? Was wird aus der Zuschreibung von Verantwortlichkeit, was aus moralischer Schuld? Könnte ein Neuronenimplantat eines Verbrechens beschuldigt werden, das derjenige begeht, dem die Zellen implantiert wurden? Und darf die Persönlichkeit eines Menschen durch Eingriffe in sein Gehirn verändert werden, um Beispiel die Wahrscheinlichkeit von Verbrechen zu vermindern?

- Muss es neue Disziplinen im Gefolge der neurowissenschaftlichen Erkenntnisse, der Bewusstseinstechnik und den philosophischen Implikationen geben: normative Psychologie, Anthropologiefolgenabschätzung, Bewusstseinsethik und Bewusstseinskultur? Wir werden neu bedenken müssen, was es heißt, ein Mensch zu sein, was es heißt, ein gutes Leben zu führen und wie wir mit anderen Organismen umgehen dürfen. Was sind überhaupt gute, anzustrebende Bewusstseinszustände, und gibt es die denn? Werden wir überhaupt in der Lage sein, so schnell zu leben, wie es uns die immer rasantere Beschleunigung des technischen Fortschritts diktiert?

- Was wird aus den Geisteswissenschaften, wenn Kognitionspsychologie und Neurophysiologie das menschliche Bewusstsein immer genauer zu erklären vermögen und womöglich zu den eigentlichen Wissenschaften des Geistes avancieren? Denn schon jetzt dringt die Hirnforschung in Territorien der Geisteswissenschaften ein und entzaubert mehr und mehr unseren von poetischen und religiösen Vorstellungen ausgekleideten „seelischen Innenraum".

- Und wie wird sich aufgrund dieser Veränderung die Einstellung der Menschen zu der Neurowissenschaft ändern? Wird sie sogar hart bekämpft werden wie die Evolutionstheorie von den Kreationisten? Es ist wenig wahrscheinlich,

dass sich viele Menschen so einfach „die Seele austreiben"
lassen wollen, die althergebrachten, religiös mitgeprägten
Konzepte der personalen Identität, Individualität, Ich-
Substanz und Willensfreiheit preisgeben werden und das
„Ich" als eine neuronale Illusion akzeptieren (selbst wenn
das alles in der Sache richtig ist). Zum einen haben sich diese
Konzepte in der Evolution bewährt, und sei es als nützliche
Fiktion. Zum anderen ist die Alternative wenig schmeichel-
haft und zieht einem in Anbetracht der Sterblichkeit sogar
den Boden unter den Füßen weg.

▪ Welchen Stellenwert wird der Tod erhalten? Schon heute
könnten Koma-Patienten mit Reizstrom in den Hirnstamm
oder ins Halsmark aufgeweckt und für eine Weile wach
gehalten werden. Wird der Tod sich noch weiter hinauszö-
gern lassen, werden Menschen womöglich über Jahrhunderte
in einem Dämmerzustand gehalten und sporadisch reaktiviert
werden, kann man sich mit (Schein-)Toten verständigen?

14.2 Eine anthropologische Kränkung?

Oft wird gesagt, dass die neuen Erkenntnisse zur Physiologie, Psychologie und Philosophie des (nicht nur) menschlichen Bewusstseins sowie die sich daraus ergebenden Perspektiven eine neue Kopernikanische Revolution oder sogar
anthropologische Kränkung bedeuten. Im Hinblick auf manche – teils von Wunschdenken oder religiösen und anderen
Ideologien bestimmte – Menschenbilder trifft dies wohl auch
zu. Im Licht der Neuro- und Evolutionsbiologie sowie der
psychologischen Einsichten und der scharfsinnigen, kritischen philosophischen Argumente erscheinen viele geläufige
Vorstellungen auf derselben Stufe zu stehen wie ein archai-

scher Gespensterglaube: besonders die Vorstellungen von immateriellen Seelensubstanzen, die sich beim Sterben vom Körper lösen, von paradoxen absoluten Willensfreiheiten, die quasi aus dem Nichts heraus und entgegen aller Naturgesetze in die Welt eingreifen, oder von obskuren Persönlichkeitskernen, die ihr unverständliches Dasein fristen unangetastet von jeglichen Erfahrungen, von oft verheerenden Hirnerkrankungen sowie von der Millionen Jahre währenden Gehirnevolution.

Unser Denken und Fühlen ist aber ein Teil der Natur, nicht getrennt und losgelöst von ihr. Dies nicht zu verstehen, hieße einen wesentlichen Teil von uns selbst nicht zu verstehen. Was freilich nicht meint, die Bedeutung der Kultur außer Acht zu lassen. (Doch Natur und Kultur sind sowieso keine Gegensätze, insofern die Kultur zur Natur des Kulturwesens Mensch gehört, also wie dieser selbst in die Natur eingebettet und somit letztlich ein Teil von ihr ist.)

Diese revolutionäre Veränderung im Menschenbild – in der wissenschaftlichen Betrachtungsweise wie im Selbstverständnis – mag manche verstören, zum Widerspruch reizen, zur Verdrängung bewegen oder zumindest traurig stimmen. Doch die neuen – sich weiterentwickelten, keineswegs abgeschlossenen und wie immer in der Wissenschaft stets auch mit einer gewissen Vorläufigkeit behafteten – Erkenntnisse sollten keineswegs als eine anthropologische Kränkungs- und Krankengeschichte missdeutet und deshalb abgelehnt werden. Zumal ja keineswegs jeder davon „beleidigt" oder erschüttert wird. Diese faszinierenden Entwicklungen sind auch eine Erhöhung und Befreiung des Menschen.

Die Erhöhung besteht nicht darin, sich über die Natur zu erheben oder sich gar außerhalb von ihr zu stellen. Wir sind vollständig eingewoben in eine lange Generationenkette von

Organismen, die mindestens drei Jahrmilliarden der 4,5 Milliarden Jahre langen Erdgeschichte umfasst, und in eine Naturhistorie der Materie, die bis zum Urknall vor 13,7 Milliarden Jahre zurückreicht oder vielleicht sogar darüber hinaus. Vielmehr besteht die Erhöhung darin, diese Entwicklung zu erkennen und immer genauer zu verstehen und somit letztlich uns selbst. Was auch heißen kann, unser destruktives Erbe deutlicher zu begreifen und vielleicht besser zu beherrschen, sein Risiko und Gewaltpotenzial einzuschränken und die künftige Entwicklung zum Besseren für uns selbst, unsere Mitmenschen und den gesamten Planeten zu gestalten.

Und die Befreiung besteht nicht darin, die biologischen Erkenntnisse zu immer raffinierteren Manipulationen einzusetzen, einem grenzenlosen Machtstreben zu huldigen und die Natur oder andere Menschen auszuplündern. Das alles wäre höchstens von kurzer Dauer und würde das Leid und Unglück nur vermehren. Vielmehr besteht die Befreiung darin, Illusionen und falsche Dogmen zu überwinden und damit auch ideologische Rechtfertigungen oder Hilfsmittel für das Machtstreben. Was unwahr ist, kann letztlich nicht lebensdienlich sein.

Die Rolle der Neurobiologie sollte dabei weder über- noch unterschätzt werden. Auch steht die Menschheit damit jetzt nicht an einem Scheideweg – sie steht ständig an Scheidewegen. Doch die zunehmenden Möglichkeiten, Bewusstseinsprozesse zu analysieren und, biochemisch wie elektromagnetisch, immer gezielter zu beeinflussen, werden unsere Zukunft rascher und tiefgreifender prägen, als sich mancher heute vorzustellen vermag. Um die Entwicklungen in lebensdienlichen Bahnen zu halten bzw. zu bringen – und mehr noch: Irrwege zu verhindern –, sind Wissensvermittlung, breite gesellschaftliche Diskussionen, detaillierte ethische Reflexionen und letztlich auch eine demokratisch legitimierte, transparente Gesetzgebung mit entsprechenden Kontrollen und Sanktionen notwendig. Nicht aber blinder Aktionismus oder hektischer Alarmismus samt populistischen Schreckgespenstern.

Hirnforschung ist dabei keineswegs auf die Erforschung von Hirnvorgängen begrenzt, denn die Erkenntnisse dabei haben eine größere Reichweite. Sie tragen beispielsweise zu einer wissenschaftlichen und philosophischen Aufklärung bei und somit zu einem geistigen und moralischen Fortschritt. Wer jedoch das, was er nicht verstehen kann oder will, leugnet oder gar bekämpft, vergreift sich an seiner Um- und Mitwelt.

Unzählige Menschen wurden ins Unglück gestürzt oder gar in den vorzeitigen Tod, weil sie in die Hände von anderen gerieten, die falschen „Theorien" oder Ideologien huldigten. Man denke nur an schwere Erkrankungen wie Epilepsie oder Schizophrenie, die oft als Besessenheit missdeutet und nicht selten mit vermeintlichen Teufelsaustreibungen „behandelt" wurden. Und umgekehrt interpretierten die Erkrankten solcher psychiatrischen Störungen, aber auch die Menschen um sie herum, ihre Halluzinationen als „göttliche" Eingebungen, auf deren wahnsinniger Basis mitunter ganze Religionen gegründet wurden, die teils bis heute ihre blutigen Spuren in der Menschheitsgeschichte hinterlassen. So können Illusionen mitunter grausame Realitäten schaffen, wie umgekehrt die grausame Realität auch nach den Illusionen greift, wenn etwa Menschen mit schweren Erkrankungen von Exorzisten gepeinigt werden.

Dass Erkrankungen des Gehirns in den aufgeklärten Gesellschaften heute nicht mehr durch archaische Dogmen stigmatisiert werden, sondern sich immer besser verstehen, aber auch lindern lassen, ist einer der großen Verdienste der Hirnforschung. Dass dieses Verständnis und vor allem die medizinischen Behandlungsmöglichkeiten noch sehr begrenzt sind, steht selbstverständlich außer Frage – wie auch die Tatsache, dass Menschen mit neuropsychiatrischen Erkrankungen noch immer mit vielen Vorurteilen begegnet wird und dass selbst Hirnforscher mitunter das Leid in der Welt vermehrt haben und noch vermehren, zum Beispiel mit der Psychochirurgie und durch Tierversuche.

14.3 Veränderte Gehirne

Das Gehirn des Menschen ist antastbar. Und wird mehr und mehr angetastet. Im Folgenden einige der brisanten Themen, von denen viele längst keine Science Fiction mehr sind.

14.3.1 Aufgeputschte Gehirne

Von den vielen hier lediglich partiell skizzierbaren Entwicklungen sind biochemische Manipulationen des Gehirns, vom Hirndoping bis zur Partydroge, gegenwärtig die massenwirksamsten. Solche vergleichsweise groben Eingriffe in das komplexe Wechselspiel von Milliarden Neuronen sind außerordentlich riskant – in vielerlei Hinsicht. Aber wohl kaum mehr aufzuhalten oder zu kanalisieren. Sie werden in den nächsten Jahren die größte Herausforderung sein.

Neuro-Enhancement, Hirn-Doping, Lifestyle-Medikamente, Glückspillen, Gedächtnis-, Konzentrations- und Intelligenzverstärker sind die Objekte vieler Versprechungen. Denn was den Kranken recht ist, sollte den Gesunden teuer sein; wenn bestimmte Präparate gegen Beeinträchtigungen und

Ausfälle wirken, könnten sie doch auch die Leistungsfähigkeit intakter Gehirne steigern, so die (keineswegs zwingende!) „Logik" mancher Psychopharmakologen oder der, teils illegalen, Nutznießer. Möglicherweise erleben die pharmazeutischen Denkhelfer und Hirnverstärker bald denselben Boom wie Viagra & Co.

Tatsächlich wächst der Markt der Lifestyle-Medikamente (Präparate, die Gesunde zu sich nehmen) rapide. Die Neurochemie-Goldgräberstimmung steht dabei erst am Anfang. Und warum sollten Anstrengungen, sein Gehirn zu optimieren, die Leistungsfähigkeit auszuschöpfen oder zu erweitern und das emotionale Befinden zu verbessern, nicht positiv beurteilt werden, zumal Denksport, Meditation oder Coaching ja auch oft hohes Ansehen haben?

Koffein, Glukose und andere Substanzen in „Energy Drinks" sind etablierte Aufputschmittel. Das erstmals 1887 synthetisierte Amphetamin (AMPH) wird seit dem spanischen Bürgerkrieg 1936 militärisch eingesetzt, um die Wachsamkeit und Konzentration der Soldaten zu erhöhen. Inzwischen gibt es Mittel mit weniger Nebenwirkungen, etwa Modafinil (Provigil). Im Irak-Krieg waren US-Soldaten damit bis zu 48 Stunden lang im Einsatz.

Chemisch eng verwandt mit AMPH ist Methylphenidat (Ritalin), das oft gegen die Aufmerksamkeitsdefizit-/Hyperaktivitätsstörung verschrieben wird. Es verändert die Gehirndurchblutung und wird immer häufiger auch von Gesunden illegal als Gehirn-Dopingmittel eingenommen. 2001 machten bereits 4,1 % der über 10 000 befragten College-Studenten in den USA regelmäßig davon Gebrauch. Tendenz steigend. Anderen Umfragen zufolge schwankt der Anteil von Studenten und Schülern mit biochemischer Nachhilfe zwischen 3 und 11 %. Und 20 % der von der Zeitschrift *nature* 2008 befragten Akademiker gab an, schon Ritalin, Modafinil oder Betablocker zur Leistungssteigerung genommen zu haben. In Deutschland hat die Verschreibungshäufigkeit von Methylphenidat ähnlich wie in den USA rapide zugenommen. Und einer repräsentativen Umfrage unter 3 000 Arbeitnehmern zufolge gaben 2009 immerhin 5 % zu, Tabletten zur Verbesserung der Leistungsfähigkeit oder des Wohlbefindens zu konsumieren, 2 % der Arbeitnehmer sogar regelmäßig. Allerdings zeigen Studien, dass die Aufputschmittel nur kurzfristig Schlafdefizite ausgleichen können, die kognitive Fitness aber nicht verbessern – in der Regel nimmt sie sogar ab. Insofern ist die Wirksamkeit von Ritalin, Vigil & Co. sehr zweifelhaft und jedenfalls nicht belegt; subjektive Selbsteinschätzungen einer Leistungssteigerung sind objektiv falsch.

Auch die gezielte Manipulation der eigenen Psyche ist kein neues Phänomen. Doch jetzt liefert die moderne Neuropharmakologie immer bessere Werkzeuge, um die Laune zu heben oder sich vermeintlich zu entspannen. Das Antidepressivum Fluoxetin (Fluctin, Prozac) etwa, das die Wiederaufnahme des Hirnbotenstoffs Serotonin hemmt, schlucken bereits Millionen Menschen weltweit. Rapide wachsen die Erkenntnisse, wie körpereigene Botenstoffe in verschiedenen Hirnregionen unsere psychische Befindlichkeit prägen. Die Rede von Glückshormonen und biochemischen Stimmungsmachern mag eine schlechte Metapher sein, doch dass unser Gemütszustand physiologisch nicht nur ge-, sondern auch bestimmt wird, lässt sich kaum noch bezweifeln. Mit dem Erkenntnisgewinn nimmt freilich die Möglichkeit gezielter Eingriffe zu. Schon jetzt wachsen (insbesondere in den USA) Menschen auf, die mit Prozac ihre Niedergeschlagenheit bekämpfen, mit Ritalin ihre Aufmerksamkeit erhöhen oder mit Paxil ihre Schüchternheit zu überwinden trachten.

Vielleicht werden sich die Menschen des 21. Jahrhunderts nicht mehr – je nach Geschmack – mit trällernder Schlagermusik, Kerzenlichtromantik oder Alkohol in Stimmung bringen, sondern ihren Gemütszustand aus einem Chemikalien-Cocktail individuell zusammenstellen – passend zur Krawatte, dem Wetter oder der gerade angesagten Partylaune: der Psychotrip als Freizeitgestaltung, die neurokosmetische Pharmakologie als neuer Absatzmarkt. Und wer nicht mitfühlt, könnte als antiquiert und vielleicht sogar gefährlich gelten und wird womöglich schon zu Lebzeiten in eine biochemische Hölle geschickt – ein paar Moleküle genügen.

Doch wo bleibt die Authentizität? Glücksdrogen können, jedenfalls vorübergehend, das Leben in einen Rausch tauchen, aber zugleich unterlaufen sie es und rauben die Würde und womöglich die Identität, beeinträchtigen die Fähigkeit zur Verantwortung sowie die Möglichkeit, mit den Grenzen und Unvollkommenheiten des eigenen Lebens und des Lebens anderer umzugehen. Außerdem sind Trauer, Angst und Leid angemessene Reaktionen auf die Fragilitäten des Lebens; Rückschläge und Enttäuschungen bilden die Kehrseite des Glücksstrebens, auch wenn man daran zerbrechen kann.

Ein anderes, ganz praktisches Problem ist: Keine Wirkung ohne Nebenwirkung! Manipulationen der Nervenaktivitäten sind immer problematisch, weil das Gehirn ein hochkomplexes System ist und Veränderungen lawinenartige, nicht vorhersehbare Auswirkungen haben können. So gibt es beispielsweise Indizien dafür, dass Substanzen, die die Lernfähigkeit erhöhen, auch die Schmerzempfindlichkeit vergrößern. Langzeitwirkungen sind schon aufgrund der geringen Erfahrung mit den meisten Substanzen bislang noch kaum absehbar. Unklar ist auch das physische und psychische Suchtpotenzial.

Hirn-Doping und Psycho-Engineering sind also ein zwei-schneidiges Schwert. Zum einen sollte in einer freiheitlichen Gesellschaft jeder die Chance haben, sein Leben für sich bestmöglich zu gestalten, ohne dass andere ihn gängeln oder einschränken. Besonders die durch das Schicksal biologisch Zu-kurz-Gekommenen werden verständlicherweise ihre ihnen auferlegten Nachteile bekämpfen wollen. Und warum soll eine Intelligenz- oder Gefühlskorrektur nicht genauso erlaubt sein wie die Leibkorrekturen der kosmetischen Chi-rurgie? Andererseits zeigen gerade sie, wie dumm und unre-flektiert diese oft gewählt werden, wie stark ein sozialer Druck oder bloß irgendwelche Werbekampagnen und verin-nerlichte Moden sich auswirken. Nicht nur das biologische Schicksal, auch der wenig selbstbewusste Umgang damit können sich als Fluch erweisen. Entsprechend heikel und schwierig sind ethische Bewertungen und gesetzliche Richtli-nien.

Die Einnahme von Gehirn-Dopingmitteln ist freilich nicht einfach nur Privatsache. Zum einen gehen die Nebenwir-kungen auch zu Lasten der Solidargemeinschaft − zwar hat jeder das Recht, sich sein Gehirn zu ruinieren, aber was ist dann mit der Pflicht der Gesellschaft zur Krankenversor-gung und zum sozialen Unterhalt? Zum anderen könnte Neuro-Enhancement ein kognitives Wettrüsten zur Folge haben mit dem Ergebnis, dass einerseits jene, die es sich nicht leisten können, einmal mehr abgehängt werden, und dass andererseits jene, die „clean" bleiben wollen, in Leistungs- und Eignungstests schlechter abschneiden und auf dem Arbeitsmarkt ebenfalls das Nachsehen haben. Der anfangs subtile, dann immer stärker auf die Individuen aus-geübte soziale Druck könnte ganze Hirngenerationen in die Pharma-Falle treiben. Und vielleicht fordern Firmen sogar eines Tages, dass ihre Angestellten zwecks Effektivitätssteigerung regelmäßig Mind Enhancer schlucken – die Mitarbeiter-Ausbeutung bekommt dann eine ganz neue Dimension.

Freilich geht es nicht nur um die genetisch bedingte Intelligenz-Verteilung, die nach wie vor Schicksal ist, sondern vor allem um die Einflüsse der sozialen und ökonomischen Umwelt. Überspitzt formuliert: Armut macht dumm. Das gilt zwar nur statistisch, aber die Daten sind eindeutig. Bereits Sechsjährige mit niedrigem sozioökonomischen Status haben einen weit unterdurchschnittlichen Intelligenzquotienten – im Mittel 81; nur ein Fünftel von Ihnen liegt im normalen Bereich von mindestens 90. Korrelationen sind noch keine Kausalitäten, und was Ursache beziehungsweise Wirkung ist, muss auch gefragt werden. Doch genetische Analysen und Zwillingsstudien haben gezeigt, dass der Einfluss der Lebensumstände auf den IQ größer ist als umgekehrt. Das verdeutlichen auch Unterstützungsprogramme. So machen in den USA mehr Kinder einen High-School-Abschluss, wenn ihre Familie 10 000 Dollar zusätzlich hat – bei den Kindern mittlerer Einkommensschichten führt dies zu einer Steigerung von 16 %, bei denen unterer Schichten jedoch zu einem Zuwachs von 600 %. Die sozioökonomische Umwelt prägt die Gehirnentwicklung also entscheidend mit – vor allem der Regionen für Sprache, Entscheidungen, Lernen und Gedächtnis. Beeinträchtigt sind besonders die linke Großhirnhälfte in den Regionen um die Sylvische Furche herum (wo semantische, syntaktische und phonologische Fähigkeiten verarbeitet werden, also Sprache), das präfrontale exekutive System im Stirnhirn (das für flexible Reaktionen in komplexen, ungewöhnlichen Situationen zuständig ist), und die medial-temporalen Regionen (also Teile der Schläfenlappen einschließlich des Hippocampus, die für Lernen und Gedächtnis entscheidend sind). Die Defizite resultieren überwiegend aus schlechter Ernährung, Drogenmissbrauch,

Umweltgiften, mangelnder geistiger Anregung und größerem Stress. Armut ist nicht nur eine Behinderung von menschlicher Lebensqualität, sondern sogar die Ursache von geistigen Behinderungen; was die Selbstentfaltung individueller Möglichkeiten einschränkt, das beschränkt auch das Hirnpotenzial und generiert einen Teufelskreis „sozial weitervererbter" Armut der Nachkommen. So gesehen hätten die kognitiv Unterprivilegierten am ehesten das Recht auf Hirn-Doping, um ihre sozioökonomischen und biologischen Nachteile wenigstens etwas zu kompensieren und sich, wenn ihnen die Gesellschaft schon nicht ausreichend hilft, wenigstens selbst zu helfen.

14.3.2 Ergänzte Gehirne

Die Fortschritte der Neurobiologie bilden die Struktur und Funktion des Gehirns nicht nur immer besser ab, sondern ermöglichen auch immer gezieltere Veränderungen. Das ist zunächst bei der Behandlungen von Krankheiten von großer Bedeutung, wird aber auch vor gesunden Gehirnen nicht Halt machen.

▪ Erst im Anfangsstadium ist eine somatische Gentherapie, bei der Gene durch speziell manipulierte Viren ins Hirn eingeschleust werden sollen, um dort bestimmte Enzyme zu aktivieren, die Botenstoffe freisetzen oder transportieren. Auch die Produktion von Wachstumsfaktoren, die die Zellregeneration fördern, ist möglich.

▪ Die Transplantation von Nervenzellen (aus Tieren oder abgetriebenen Föten) hat bei Parkinson-Patienten Linderungen erzielt und in manchen Tierversuchen zu Leistungssteigerungen beeinträchtigter Hirnfunktionen geführt (Bewegungskoordination, Lernen, Gedächtnis). Allerdings vermögen die eingesetzten Zellen die Funktionen des zerstörten Gewebes nicht vollständig zu ersetzen. Die Chancen, Ausfälle zu heilen, die Menschen zum Beispiel durch Schlaganfälle erlitten haben, sind daher bislang noch sehr gering.

▪ Auch die Injektion von Stammzellen kann Parkinson-Symptome und vielleicht bald noch andere Erkrankungen lindern.

▪ Eine weitere Möglichkeit zur Regeneration von Schädigungen bietet die Aktivierung der Teilung körpereigener Nervenzellen. Dazu sind inzwischen verschiedene Substanzen bekannt. Damit besteht Hoffnung für Hirngeschädigte, die verlorenen neuronalen Ressourcen gleichsam durch eine Reparatur aus eigener Kraft wieder aufzustocken. Freilich reicht es nicht, dass neue Zellen entstehen – diese müssen auch funktionieren. Und die Zellvermehrung darf nicht überschießen, sonst kann es zu tödlichen Wucherungen oder Epilepsien kommen.

▪ Einfacher erscheint die Überbrückung defekter Leitungsbahnen. Sogar die Transplantation von Rückenmark ist prinzipiell möglich und wurde auch schon versucht. In den nächsten Jahren wird es wohl gelingen, dort neue Fasern einwachsen zu lassen und zum Beispiel Querschnittslähmungen zu lindern oder gar zu heilen.

▪ Und wenn die biochemischen Grundlagen der neuronalen Plastizität besser bekannt sind, wird man vielleicht eines Tages die Reorganisation des Gehirns gezielt auslösen und so steuern, dass zum Beispiel Patienten mit Schädigungen durch Tumore, Schlaganfälle oder Verletzungen einen Teil ihrer abhanden gekommenen Fähigkeiten verlagern oder entfallene, sonst nicht mehr erlernbare Informationen anderweitig speichern können.

- Vielleicht lässt sich durch Zelltransplantationen oder eingespritzte Moleküle auch der Hirnalterungsprozess verzögern. Denkbar ist sogar, mit Nervenwachstumsfaktoren und Zellteilungsstimulatoren die Neuronen- und Verschaltungsdichte in manchen Hirnbereichen gezielt zu erhöhen. Dies birgt zwar enorme Risiken, zum Beispiel eine unkontrollierte Aktivität wie bei epileptischen Anfällen hervorzurufen, aber es könnte auch ganz neue Chancen der Intelligenzsteigerung eröffnen.

14.3.3 Technisierte Gehirne

Biologische Methoden der neuronalen Nachrüstung sind nur eine Möglichkeit; die Unterstützung durch technische Systeme eröffnet andere Chancen. Dabei gibt es zwei Arten von Neuroprothesen – solche, die Signale vom Gehirn empfangen und solche, die Signale an dieses senden (ein Informationsaustausch in beiden Richtungen ist noch Zukunftsmusik). Hier dienen oft Elektroden als Vermittler zwischen Gehirn und Außenwelt, aber es existieren auch teil- und nicht-invasive Methoden: bei der Electrocorticographie sind es Elektroden, die auf dem Cortex liegen, also unterhalb der Hirnhaut, und beim Elektroencephalogramm (EEG) solche, die von außen an den Kopf geklebt werden. Die folgende Übersicht beschreibt heute schon funktionierende „Brain-Computer-Interfaces" sowie künftige Entwicklungsrichtungen.

- Für Menschen mit einem Locked-in-Syndrom, die zum Beispiel aufgrund der Amyotrophen Lateralsklerose oder eines Hirnstamminfarkts vollständig gelähmt sind und allenfalls noch willentlich mit den Augen zwinkern können, ist eine elektrische Verstärkung ihrer Gedanken die einzige Chance, hin und wieder das Gefängnis ihres Körpers zu verlassen, der im letzten Stadium beatmet und künstlich ernährt werden muss. Sie können lernen, willentlich ihre langsamen Hirnpotenziale zu ändern, die mit an den Kopf aufgesetzten Elektroden registriert und in einem Computer verstärkt und sichtbar gemacht sowie gemäß einer vorprogrammierten Einstellung in bestimmte Aktionen überführt werden. Dann lässt sich zum Beispiel ein Punkt über einen Bildschirm bewegen und damit Wörter oder Buchstaben auswählen, so dass Mitteilungen geschrieben werden können – gedacht, getan.

- Ein solches Neurofeedback wird inzwischen auch gegen Epilepsie, Schizophrenie, Depressionen und Migräne sowie posttraumatisches Stress-Syndrom, Aufmerksamkeits-Defizit-/Hyperaktivitätsstörungen, Ess- und Schlafstörungen eingesetzt und ist teilweise sogar dort erfolgreich, wo Medikamente nicht weiterhelfen.

- Spezifischere Steuerungen sind möglich, wenn Elektroden ins Gehirn eingepflanzt werden. Dann lassen sich bestimmte Hirnareale gezielt ableiten. So konnte ein Patient über den primären motorischen Cortex einen Cursor auf einem Bildschirm bewegen und damit sogar Figuren zeichnen, E-Mails öffnen, TV-Programme auswählen und einfache Computerspiele machen. Wer mit Gedankenkraft gezielt einen Computer zu bedienen vermag, hat im Prinzip eine Fülle von Freiheiten. Denn alles Weitere ist eine Sache der Technik – der Reizverstärkung, Software und Hardware-Steuerung. So lernten Menschen bereits über ihre Hirnströme prosthetische Gliedmaßen zu bewegen, teilweise mit Verzögerungen von nur sieben Sekunden.

- Auch andere Formen der Mensch-Maschinen-Kopplung sind vielversprechend. Hirnschreibmaschinen und -autopiloten rücken in den Horizont des Möglichen. Und manche Computerspiele lassen sich bereits in Echtzeit über reine Gedankenkraft steuern. Dazu ist allerdings die Magnetencephalographie als Detektorsystem nötig oder das teure und aufwendige bildgebende Verfahren der funktionellen Magnetresonanztomographie (fMRT). Vielleicht werden künftig Roboter ferngesteuert, als würde ein Mensch in ihnen stecken – dabei kann der Tausende Kilometer entfernt sein.

- Mit dem Gehstimulator können Gelähmte einige Schritte tun, Muskeln trainieren, ihre Durchblutung fördern und Gelenkversteifungen vermeiden. Per Knopfdruck steuern Elektroden auf Beinen und Gesäß nach einem festen Programm Aufstehen, Gehen und Hinsetzen; den Rollstuhl macht dies freilich noch nicht überflüssig. Doch gewisse Funktionen können schon heute von der Hirnrinde ohne Beteiligung des Rückenmarks direkt mit Hilfe von Neurotechnologie umgesetzt werden: Zum Beispiel stimulieren in den Unterarm implantierte Elektroden die gelähmte Handmuskulatur und macht Greifen möglich. Einen großen Fortschritt werden „intelligente" rückgekoppelte Neuroprothesen bieten: Sie vergleichen eine tatsächliche Bewegung mit einer gewünschten und regulieren sich demgemäß selbst.

- Die Implantation von Hirnschrittmachern, bei denen über dünne Platindrähte als Elektroden bestimmte Hirnareale spezifisch gereizt werden, hat bei der Behandlung von Parkinson, Zwangserkrankungen, Depressionen und Schizophrenie erste Erfolge gezeigt.

- An der sensorischen Schnittstelle gibt es ebenfalls Erfolgsmeldungen. Am weitesten fortgeschritten sind die *Cochlea*-Implantate, die schon von über 100 000 Gehörlosen getragen werden. Bei diesen Hörprothesen stimulieren implantierte Elektroden bis zu 18 000-mal pro Sekunde die Nervenzellen des Hörnervs in der Hörschnecke (Cochlea) im Innenohr. Die mit einem Mikrofon empfangenen Signale werden in Stromimpulse umgewandelt, die die Patienten mit der Zeit zu verstehen lernen. Auch für die nächste akustische Verarbeitungsstufe existieren bereits Neuroprothesen: die Hirnstamm-Implantate. Dabei aktivieren rund zwei Dutzend Elektroden den ersten Hörkern (*Nucleus cochlearis*).

■ Eine viel größere Herausforderung stellt die künstliche Netzhaut dar, das Retina-Implantat. Winzige Photodioden auf einem Silizium-Chip wandeln das Licht in elektrische Impulse um, die dann noch verstärkt und in den Sehnerv geleitet werden. Die ersten implantierten Retina-Chips erlauben bereits grobe Seheindrücke und somit zumindest eine gewisse Orientierung – ein Lichtblick für Blinde. Auch eine direkte Stimulation der Sehrinde im Hinterhirn über Kamera und Kabel ist möglich: Nach einigem Training können die Patienten eine rudimentäre Sehfähigkeit entwickeln, zum Beispiel schemenhafte Umrisse und Helligkeitsunterschiede wahrnehmen.

■ Denkbar ist auch, Menschen künftig mit ganz neuen Sinnen auszustatten, um die biologischen Grenzen zu überwinden: mit Ultraschall-Ortungsgeräten oder Sensoren für Infrarot-, Ultraviolett- oder Röntgenstrahlung oder für Radioaktivität. Nicht einmal funkgesteuerte Telepathie von Gehirn zu Gehirn erscheint manchen Visionären zu utopisch.

■ Von einer technischen Unterstützung neuronaler Prozesse profitieren nicht nur Patienten und Hirnforscher, sondern auch Ingenieure. Denn seit der Entwicklung künstlicher neuronaler Netze dient das Nervensystem als Vorbild bzw.

Inspirationsquelle für neue technische Verfahren, etwa für die Mustererkennung.

- Und umgekehrt versteht man einer alten Ingenieurs-weisheit zufolge eigentlich nur das richtig, was man auch bauen kann. So werden inzwischen ganze Hirnteile (visueller Cortex, Hippocampus, Thalamus) im Computer nachgebaut – als Hard- und Software. Damit könnten eines Tages viel-leicht Hirnschäden technisch kompensiert werden: Schlagan-fall- oder operierte Hirntumor-Patienten hätten einen Ersatz ähnlich wie bereits heute Menschen mit einem künstlichen Knie- oder Hüftgelenk. Wenn solche Prothesen möglich wären, liegt die Spekulation nahe, auch gesunde Gehirne aufzurüsten. Wäre es nicht großartig, die Sehleistung mit einem implantierten Retina-Chip zu verzehnfachen, die Na-vigationsfähigkeiten mit einem zusätzlichen Hippocampus zu verbessern, das Weltwissen mit einem Google-Chip sofort greifbar zu haben oder sich den Wortschatz fremder Spra-chen mit einem lexikalischen Gedächtnis-Chip anzueignen statt durch stupides Pauken von Vokabeln?

- Zu einem richtigen Silizium-Gehirn ist der Weg freilich noch weit. Aber wenn es realisiert würde, stellen sich all die Fragen in der Diskussion um „Künstliche Intelligenz" in neuer und verschärfter Form. Wie lange wird es noch dau-ern, bis sich die Kunstgehirne selbst in die Diskussion ein-schalten? Und sie einfach auszuschalten wäre womöglich Mord ...

- Eine direkte Verschmelzung der Wetware des Gehirns mit der Hard- und Software des Computers mag futuristisch klingen, ist es aber nicht. Denn seit Anfang der 1990er Jahre verbinden Forscher Nervenzellen mit Halbleiter-Chips. So kann man Nervenzellen auf Silizium-Chips wachsen lassen, die die Aktivität der Chips lesen wie auch umgekehrt die

Chips auf neuronale Impulse reagieren und die Nervenzelle reizen.

▪ Mit Elektroden und Funkgeräten lassen sich Gehirne sogar fernsteuern: Es wurden beispielsweise die Bewegungen von Insekten oder Wirbeltieren manipuliert. Dies eröffnet auch allerlei Anwendungsmöglichkeiten bis hin zu militärischen Aktionen: als Explorer oder lebende Bomben. Denkbar ist, künftig zum Beispiel Fluginsekten als lebende Luftaufklärer einzusetzen oder Ratten, die eine Kamera auf dem Kopf tragen, in ein ansonsten unzugängliches, vermintes oder verseuchtes Gelände zu schicken – eine Möglichkeit, beispielsweise durchgebrannte Kernkraftwerke oder eingestürzte Häuser und Bergwerksschächte zu erkunden. Für Terroristen, Geheimdienste oder Streitkräfte wären solche Tiere auch interessant, um Sprengsätze oder Giftstoffe gezielt und heimlich zu den anvisierten Wirkungsfeldern zu bringen – eines Tages womöglich über Satellitennavigation und das Internet.

▪ Noch utopisch mutet eine Hybridisierung von Mensch und Neuro-Chips an. Doch erste Versuche mit unter die Haut implantierten Chips, die sensorische und motorische Nervenimpulse messen und zu Computern funken können, sind bereits angelaufen. Damit soll es möglich werden, dass Computer den Aufenthaltsort des Chip-Trägers oder dessen Zugangsberechtigung zu bestimmten Orten registrieren, aber auch Informationen über seine Physiologie und Psychologie. Der Computer kann die Nervenimpulse via Radiowellen außerdem zu Chips senden, die in einem anderen Menschen implantiert sind und dort eine physiologische Reaktion auslösen – eine ganz neue Verbindungsmöglichkeit für Verliebte oder Behinderte sowie für Kampftruppen und andere auf enge Zusammenarbeit angewiesene Teams.

■ Im Tierversuch gelang es bereits, Neuronen durch künstliche Nerven auszutauschen oder Roboter von lebenden Gehirnzellen eines Tieres zu steuern. Möglicherweise werden in ein paar Jahrzehnten Cyborgs, biotechnische Chimären, neben Menschen die Erde bevölkern und zum Beispiel als moderne Sklaven in Haushalt, Büros und Fabriken arbeiten. Prothesen-Anzüge mit Mikromotoren und eingebauten Muskeln könnten Behinderten neue Mobilität verleihen, aber es zum Beispiel auch Soldaten erlauben, schneller zu laufen, höher zu springen und schwerere Waffen zu tragen. Vielleicht lassen sich sogar menschliche Gehirne einmal in Roboter transplantieren. Das würde nicht nur die Lebenserwartung weiter erhöhen – erkrankte Körper könnten einfach gewechselt werden –, sondern Menschen beziehungsweise menschlichen Gehirnen auch ganz neue Fähigkeiten ermöglichen.

■ Bis es soweit ist, könnten Gehirne transplantiert oder zumindest Köpfe auf Ersatzkörper gepflanzt werden. Das ist die einzige Überlebenschance für einen Menschen, wenn sein Körper irreparabel geschädigt oder zum Beispiel unheilbar von Tumoren befallen ist: Das Gehirn und mit ihm das Bewusstsein könnte weiterleben.

■ Langfristig ist sogar eine komplette Ersetzung des Gehirns durch Chips denkbar. Dann könnte Bewusstsein auf Datenträgern gespeichert, aber auch dupliziert werden: Der menschliche Geist, solchermaßen auf einem im Prinzip austauschbaren Gefüge funktionaler Strukturen basierend, könnte den Tod von Körper und Gehirn überleben und wäre potenziell unsterblich.

14.3.4 Noch mehr neuroethische Probleme

Viele der genannten Themen werfen schwierige ethische und moralische Fragen auf. Hier sind einige weitere Aspekte:

- Absehbar ist, dass es immer häufiger zu Normenkonflikten kommen wird, die ethische Reflexionen und Entscheidungen verlangen. Angenommen, jemand hat als Versuchsperson bei einer wissenschaftlichen Studie teilgenommen, bei der mit Hirnscans Gedächtnisfunktionen getestet werden, und die Forscher entdecken dabei einen nicht entfernbaren Hirntumor, der in wenigen Monaten zum Tod führen wird. Sollten sie das der Person mitteilen? Dürfte diese noch mit dem Auto fahren, wenn unklar ist, wann die ersten Ausfallserscheinungen einsetzen? Schließlich gibt es auch ein „Recht auf Nichtwissen", und die Person ist zu einem Experiment gekommen, nicht als Patient. (Tatsächlich werden bei nichtmedizinischen Studien bei bis zu 40 % der Versuchspersonen Gehirnabnormalitäten entdeckt, von denen 2–8 % als krankhaft angesehen werden müssen.) Und, wie im Fall des erwähnten Autofahrens, sind häufig die Interessen Dritter berührt – etwa bei der Entdeckung von Kopfverletzungen, die nicht zufällig entstanden sein können, oder beim Nachweis genetischer Defekte, die an die Kinder vererbt werden können.

- Tierversuche sind immer ein ethisches Problem der biologischen und medizinischen Forschung allgemein, gewinnen in den Neurowissenschaften jedoch dort zusätzliche Brisanz, wo es um eine Manipulation höherer Hirnleistungen insbesondere bei Affen und Menschenaffen geht.

- Und wo liegen die Grenzen bei Humanexperimenten und Heilversuchen, etwa bei der Erprobung oder Anwendung einer neuen Behandlungsmethode wie dem Einsatz neuer Psychopharmaka? Der Grundkonflikt betrifft hier das Verhältnis von Rechten und Interessen des Individuums einerseits und der Gesellschaft (oder anderen Individuen) andererseits. Humanexperimente an gesunden oder kranken Probanden erfolgen aus rein wissenschaftlichen Gründen, während Heilversuche primär darauf angelegt sind, eine Krankheit unter Einsatz innovativer Mittel oder Verfahren festzustellen (Diagnose), zu behandeln (Therapie) oder zu verhindern (Prophylaxe). Zu den Experimenten müssen die Testpersonen informiert werden und einwilligen (was jedoch selbst problematisch ist, wenn die Testpersonen damit beispielsweise aus materieller Not zu Geld kommen wollen). Experimente an Embryonen, Kleinkindern, Hirntoten und Leichen werfen die Frage auf, inwiefern andere Personen an ihrer Stelle eine Einwilligung geben können; eine ähnliche Schwierigkeit besteht bei komatösen oder dementen Patienten.

■ Verteilungsgerechtigkeit ist ein anderes Problem, das bislang nur peripher berücksichtigt wird: Es stellt sich in Anbetracht teuerer Diagnose- und Heilbehandlungen, die für arme Menschen unzugänglich bleiben, oder für deren Kosten viel mehr Menschen anderweitig mit preiswerteren Methoden geholfen werden könnte, zumal die Hochtechnologie die Aufmerksamkeit auf soziale Bedürfnisse abzieht. Und bei kontrollierten Blindversuchen muss ebenfalls gefragt werden, in welchen Fällen es gerechtfertigt ist, bestimmten Testpersonen einen Behandlungsnachteil zuzumuten.

■ Auch die folgenden Aspekte sind bereits ein Gegenstand der Neuroethik, ohne sich freilich darauf zu beschränken.

14.4 Gefährdete Gehirne

Registrierende und manipulierende Eingriffe in die Individualität und Persönlichkeit des Menschen werden umso einfacher und effektiver, je mehr man über die neuronalen Grundlagen weiß. Inwieweit und in welchen Fällen ist es verantwortbar, solche Eingriffe vorzunehmen?

14.4.1 Zerschnittener Geist: Psychochirurgie

Das Problem verändernder Eingriffe ins Gehirn stellt sich zum Beispiel im Umgang mit „gemeingefährlichem unkontrollierbaren Triebverhalten", aber auch bei der Behandlung psychiatrischer Störungen. Hier ist nicht nur an das Dilemma chronischer Medikamentenabhängigkeit sowie an Nebenwirkungen von elektrokonvulsiven Therapien zu denken, sondern auch an die Psychochirurgie, also die Zerstörung von Gehirnregionen, um schwere und anderweitig unbehandelbare Störungen zu beheben: im 20. Jahrhundert zuerst mit Hilfe von Alkohol-Injektionen in den Stirnlappen, bald darauf mittels präfrontaler Leukotomie. Dabei wurden durch Löcher im Schläfen- oder Stirnknochen des Schädels die Bahnen zwischen Stirnlappen und Thalamus durchtrennt. Allein in den USA wird die Zahl solcher psychochirurgischen Eingriffe – teils sogar von Nichtchirurgen vorgenommen – bis Ende der 1970er Jahre auf 35 000 bis 60 000 Fälle geschätzt. Und das alles, ohne dass Tierversuche eine ausreichende Grundlage dafür geliefert hatten. Es gab keine Ethikkommission, die die Behandlung und Auswahl der Patienten beobachten und kontrollieren konnte. Nachfolgeuntersuchungen blieben, falls sie überhaupt vorgenommen wurden, häufig oberflächlich und ohne wissenschaftlichen Anspruch.

Und wie steht es mit natürlichen Defekten? Wird man Menschen, die Diebstähle und andere Verbrechen begehen, noch schuldig sprechen und bestrafen können, wenn sich herausstellt, dass sie zum Beispiel eine Schädigung im Stirnhirn haben (das Frontallappensyndrom geht mit sozialer Verantwortungslosigkeit einher) und im Mandelkern (was das Mitleidsempfinden und Schuldbewusstsein beeinträchtigt)? Handelt es sich nicht vielmehr um Kranke? Andererseits: Werden solche Menschen, weil keine Hoffnung auf Besserung mehr besteht, womöglich gerade deshalb lebenslang weggesperrt? Und wie groß wird die Versuchung sein, potenzielle Kriminelle und Sexualverbrecher allein aufgrund einer Hirndiagnose hinter Gitter zu schicken – und zwar bevor sie straffällig werden? Angeblich verüben nur 6 % der männlichen Bevölkerung 70 % aller Kapitalverbrechen – warum die Risikokandidaten also nicht gleich präventiv wegsperren oder einer Zwangsoperation unterziehen?

Wie werden Abweichungen vom „Normhirn" einmal betrachtet werden? Die Signifikanz von Unterschieden ist willkürlich. Und es ist mindestens teilweise eine Frage der Perspektive, ob psychiatrische Patienten wirklich ein Problem haben – oder aber die Gesunden mit ihnen. Wird es also zu weiteren Stigmatisierungen kommen, durch Neuroprofiling womöglich zu neuen Formen präjudizialer Diskriminierung und vielleicht sogar Sicherheitsverwahrung? Oder umgekehrt durch das bessere Verständnis menschlicher Unterschiede zu einer Abnahme von Stigmatisierungen und einer größeren Toleranz? Und wie werden Ärzte mit Leuten umgehen, die sich durch eine Operation andere Charaktereigenschaften erhoffen, die quasi eine kosmetische Hirnchirurgie anstreben?

14.4.2 Belauschter Geist: Lügendetektoren

Registrierende Eingriffe könnten eines Tages individuelle Gedanken ohne Beteiligung und Zustimmung der betroffenen Person zugänglich machen. Erste Ansätze bei Lügendetektoren mit Hilfe des EEGs gibt es bereits. Dabei werden charakteristische Hirnsignale (sogenannte ereigniskorrelierte Potenziale) ausgewertet, die etwa beim Erkennen bestimmter, nur einem Tatverdächtigen bekannter Informationen entstehen. So lassen sich mit großer Zuverlässigkeit Informationen über das Wissen von Menschen erhalten, unabhängig davon, was und ob sie dies preisgeben wollen oder nicht.

Auch fMRT lässt sich als Lügendetektor verwenden. Wer lügt, muss nämlich mehr geistige Energien aufwenden, um die körperlichen Reaktionen zu unterdrücken und entgegen seinem Wissen Aussagen zu machen; dabei sind bestimmte Hirnregionen messbar aktiver oder überhaupt erst aktiv. Experimente haben auch schon verblüffende Erfolge bei der Identifikation von Gedankeninhalten vorzuweisen: Werden beispielsweise vorab zwölf einfache Objektklassen definiert (etwa „Gesichter", „Schreinerwerkzeuge" oder „Wohnhäuser"), lässt sich mit einer Wahrscheinlichkeit von 80–90 % feststellen, an welche der Klassen die Person denkt. Denn die dafür „zuständigen" Hirnregionen liegen oft mehrere Zentimeter weit auseinander. Selbst die Orientierung, Bewegungsrichtung oder Farbe eines visuellen Reizes kann anhand von Aktivitätsmessungen der Sehrinde oder Teilen davon vorausgesagt werden. So lässt sich zum Beispiel erkennen, welches von acht verschiedenen Streifenmustern eine Versuchsperson gerade anschaut (verblüffend ... aber eine Empfindung von acht möglichen Mustern, wie sie sich im Alltag beim Betrachten einer Tapete einstellen mag, ist nicht gerade der Gipfel menschlichen Denkens) – übrigens sogar dann, wenn der Reiz nur 15 Millisekunden eingeblendet wird und von der Person gar nicht bewusst wahrgenommen werden kann. Messbar ist auch, ob jemand einen eindeutigen oder doppelsinnigen Satz liest, sich ein Verb oder ein Substantiv vorstellt oder eine Bewegung mit dem Daumen oder aber dem kleinen Finger einer Hand.

Freilich: Wie akkurat und effizient lässt sich ein geistiger Zustand erschließen? Ist die ehrliche Mitarbeit der gescannten Person dabei erforderlich? Wie gut kann die zeitliche Auflösung sein – ist es möglich, quasi „online" zu verfolgen, was im Kopf einer Person vorgeht? Und inwieweit lassen sich geheime oder sogar unbewusste Gedanken entschlüsseln – also solche, die die Person vor anderen geheim halten möchte oder die ihr Gehirn gleichsam vor ihr selbst geheim hält?

Werden also künftig Hirnscans zur Charakterkunde eingesetzt? Hacken sich Polizei, Geheimdienste oder Marketing-Forscher in das verdächtige oder lockende Gewirr unserer grauen Zellen ein? Wird der Staat dereinst „Gehirn-Fingerabdrücke" nehmen, um potenziell zwielichtige Menschen zu identifizieren und womöglich schon aus dem Verkehr zu ziehen, noch bevor sie überhaupt etwas Illegales getan haben? Würden wir in solchen Hirnkontroll-Staaten leben wollen – oder sollten wir das Recht auf Gedankenfreiheit, auf die Privatsphäre psychischer Vorgänge und auf die eigenen Gehirnwellen nicht höher schätzen?

Doch Hirnscans zwecks eingeschränkter Bewusstseinsüberwachung eröffnen auch ganz andere Möglichkeiten: So wurde inzwischen bei mehreren Menschen, die sich seit Jahren im vermeintlich bewusstlosen Koma befinden, *persistent vegetative state* genannt, festgestellt, dass ihr Gehirn so reagiert, wie es auch bei Gesunden der Fall ist, die bestimmte Objekte sehen oder sich vorstellen, durch ihre Wohnung zu gehen. Beispielsweise wurde im November 2009 der Fall eines 46-jährigen Belgiers bekannt, der nach einem Autounfall 23 Jahre (!) lang im Wachkoma lag, aber für völlig bewusstlos gehalten wurde, bis Hirnforscher das Gegenteil erwiesen und es ihm ermöglichten, mittels eines Computers zu kommunizieren. Allein in Deutschland sind mehrere 1 000 Menschen vermutlich irreversibel komatös – doch für wie viele ist ihr total gelähmter Körper das schauderhafte Gefängnis eines noch wachen Geistes?

14.4.3 Beeinflusster Geist: Neurocontrolling

Neuro-Waffen sind ein noch wenig reflektiertes, jedoch sorgsame Kontrollen erforderndes Thema, an dem seit langem im Geheimen geforscht wird. Nervengas als chemischer Kampfstoff hatte bereits im Ersten Weltkrieg unzählige Leben gekostet. Interessanter sind mittlerweile nichttödliche Stoffe, etwa psychogene Substanzen wie LSD und Benzilsäureester (im Vietnamkrieg eingesetzt, mittlerweile geächtet) oder das synthetische Opioid Fentanyl. Menschen kampflos zu machen, durch temporäre Halluzinationen oder Betäubung oder starke Schmerzen, ist sicherlich „humaner" als das blutige Gemetzel der Stellungskriege, eröffnet aber auch neue Probleme – innenpolitische Einsätze eingeschlossen.

Ganz friedlich ist dagegen die *Neuroökonomie*. So heißt seit wenigen Jahren eine neue Subdisziplin, die auch die Wirtschaftswissenschaftler und Konsumforscher fasziniert. Der Begriff ist missverständlich, insofern die Forschungen unter diesem Etikett hauptsächlich die neuronalen Korrelate menschlicher Entscheidungen im Hinblick auf Gewinne, Verluste, Kooperation, Vertrauen, Fairness sowie die Rolle von Rationalität und Emotionen dabei untersuchen. Neuro-ökonomie ist also nicht in erster Linie eine Wissenschaft von der Steuerung des Kaufverhaltens, sondern die Erforschung von Bewertungsprozessen im Gehirn. Dies vertieft aber auch das Verständnis wirtschaftlichen Handelns.

Und von der Grundlagenforschung zur Anwendung ist der Schritt oft nicht weit. So auch bei der Neuroökonomie, die selbst zu einem Mittel der Ökonomie werden kann. Tatsächlich hat sich dafür bereits der Begriff „Neuromarketing" etabliert: Wie lassen sich die Erkenntnisse der Hirnforschung für eine effektivere, erfolgreichere Werbung nutzen? Mit Scannern den Kunden gleichsam in den Kopf zu schauen, ermöglicht nämlich – so zumindest die Hoffnungen oder Versprechen – nicht nur ein effektiveres Marketing. Es wür-de auch viel Geld sparen, denn allein in den USA werden jährlich über 100 Milliarden Dollar für Werbung ausgegeben, und über 80 % aller Versuche, beispielsweise eine neue Mar-ke zu etablieren, floppen.

Freilich ist die Bedeutung der direkten neuronalen Einfluss-nahmen im Augenblick noch marginal im Vergleich zu den indirekten, teils brutalen, teils subtilen Beeinflussungen: durch tendenziöse Berichterstattung in den Medien, durch systematische Ausbeutung und Verdummung durch die Poli-tik, durch Preisdiktate der Kartellwirtschaft oder durch die mit Zuckerbrot oder Peitsche durchgesetzten Befehle der sogenannten Arbeitgeber. Dies alles hinterlässt seine neuro-nalen Spuren. Und nicht nur die Gedanken-, sondern auch die Gefühlsfreiheit steht mittelfristig auf dem Spiel. Die meiste Zeit versuchen Menschen ihre Gefühle und Stim-mungen wenigstens teilweise zu kontrollieren und zu verber-gen. Gäbe es Stimmungsdetektoren – sei es über Hirnwellen-Messungen oder über subtile Mustererkennungsprogramme zur Auswertung der Mimik –, dann wären ganz neue Interaktionen mit der Umwelt möglich. Werbung könnte quasi stimmungsabhängig platziert werden, die Wahl von Speisen oder TV-Programmen ließe sich anpassen, sogar potenzielle Selbstmörder wären identifizierbar. Und zusammen mit Fortschritten in der Neuropharmakologie könnte eine Gesellschaft ihre Mitglieder zwar nicht im Detail gedanklich, aber doch emotional kontrollieren und manipulieren. Es gäbe dann keine eigenen, authentischen Gefühle mehr, jeder wäre vielleicht ständig gut gelaunt, von penetrantem Optimismus und ohne kritische Einstellungen, allen Eskapaden der Konsumwirtschaft aufgeschlossen, der Regierung wohlgesonnen und der ideale Staatsbürger, Angestellte, Ehepartner und Fußballvereinsmitspieler. Die Glückseligkeit wäre nicht einfach zum Greifen nahe, sie hätte die Gesellschaft voll im Griff – die Eudaimonie wäre ein Dämon, der alles beherrscht.

14.5 Neuronale Herausforderungen

Fazit: Das 21. Jahrhundert ist nicht nur mit der Erwartung bahnbrechender Fortschritte in den Neurowissenschaften verbunden, sondern auch mit großen Anstrengungen in den Bereichen der Neuroregeneration und -technologie. Was heute noch Science Fiction ist, wird vielleicht schon bald Wirklichkeit: Neuroprothesen, Gehirn-Chips und -Elektroden erlauben Handlungen mit Gedankenkraft, Blinde sehen, Taube hören, Lahme gehen. Gewebe- und Zelltransplantationen, gezielte genetische Veränderungen und ungeahnte Therapie-, aber auch Manipulationsmöglichkeiten werden erhofft und befürchtet. Gehirn-Computer-Schnittstellen und Cyborgs verwischen die Grenze zwischen Natur und Technik. Kopftransplantationen, Gehirne im Tank und Cyberrealitäten weisen den Weg zur Unsterblichkeit oder einer Abschaffung des Menschen. Der Psychotrip wird zum Freizeittipp. Intelligenzverstärker, Neurokosmetika, Gefühlsdesign, Gedächtnisverbesserung und -löschung halten Einzug. Eingriffe ins Gehirn sowie Geräte fürs Gedankenlesen sind vielleicht bald grausiger Alltag. Und ein neues Menschenbild entsteht, das altehrwürdige Begriffe von Seele, Rationalität, Willensfreiheit, Religiosität, Moral und Verantwortung in Frage stellt.

Dies alles verändert nicht nur Wissenschaft und Medizin, sondern stellt auch Anthropologie und Ethik vor neue Grundfragen und große Herausforderungen. Doch nicht Kassandra-Rufe oder naive Fortschrittsgläubigkeit sind das Thema, sondern die vielen Fragen, die sich aufdrängen – heute schon. Die schöne oder weniger schöne neue Neurowelt wird sich im Wesentlichen in drei Dimensionen manifestieren, und das hat bereits begonnen. Diese drei Dimensionen können auf die Schlagwörter Erklärungen, Eingriffe und Ethik gebracht werden. Sie stehen nicht unabhängig nebeneinander, sondern bilden gleichsam ein interaktives Dreieck. Denn jeder dieser Aspekte der aktuellen und künftigen Hirnforschung – Erklärungen, Eingriffe und Ethik – wechselwirkt mit den anderen beiden. Das ist an sich nichts Neues, bekommt durch die rasanten und sich zudem beschleunigenden Entwicklungen aber eine wachsende Bedeutung.

Eingriffe ins Gehirn, die geistige Vorgänge immer stärker technisch verfügbar machen, erfolgen aus unterschiedlichen Motiven, mit unterschiedlichen Zielen und auf unterschiedliche Weise. Forschung und medizinische Hilfe sind die wichtigsten, aber die Anwendungen reichen weiter – bis hin zum Gefühlsdesign oder gar einer Manipulation von Denken und

Handeln. Ableitungen globaler Hirnaktivitäten (wie im Elektroencephalogramm, EEG) und lokaler Aktivierungsmuster (etwa durch fMRT) beim Menschen sind von außen möglich und erlauben erstaunliche Einsichten – bis hin zu einer noch sehr primitiven Form des „Gedankenlesens". Mit starken Magnetfeldern lassen sich aber auch gezielt Hirnbereiche lahm legen (ohne irreversible Schäden) und andere vielleicht zu ungeahnten Leistungen anspornen. Direkte Eingriffe mittels Elektroden hingegen können Nervenzellen belauschen oder stimulieren und entgleiste neuronale Aktivitäten wieder in gewünschte Bahnen lenken. Ein weiteres riskantes Feld ist die Neurochirurgie, die mitunter ganze Hirnhälften herausoperiert und, gegen Geistes- und Gemütskrankheiten eingesetzt, früher Tausende von Menschen mehr oder weniger lahm gelegt hat. Doch sie rettet auch vielen Menschen das Leben, beispielsweise wenn Hirntumore entfernt werden.

Nicht nur medizinisch notwendiges Entfernen von Hirngewebe ist inzwischen in ein gewisses Routinestadium gekommen, sondern auch der Einsatz von Ersatz: neue Nervenzellen sowie Neuroprothesen (künstliche Ergänzungen zur Kompensation von Seh-, Hör- oder Bewegungsverlusten). Die am weitesten verbreiteten Eingriffe muten hingegen wenig spektakulär an und können doch tiefgreifende Wirkungen haben: Neuropharmaka, die mittlerweile die rein medizinischen Anwendungsgebiete, zum Beispiel bei Depressionen, verlassen haben und mehr und mehr zu anderen Zwecken eingenommen werden: zur Neurokosmetik, Lifestyle-Gestaltung und als Hirn-Doping.

Die ethischen Aspekte der Neurowissenschaft, zuweilen Neuroethik genannt, betreffen sowohl die menschlichen Individuen als auch die Gesellschaft insgesamt und, nicht zu vergessen, die Tiere (Stichwort: Tierversuche). Hirn-Doping und Gedächtnis-Manipulatoren werfen Fragen auf nach Fairness (Chancengleichheit, Zugangsmöglichkeiten), Selbstbestimmung (äußerer Druck, kognitives Wettrüsten) und Identität (auch Gewissen und Verantwortung). Hirnscans stellen das Recht auf (Nicht)Wissen und die Privatheit der Gedanken (etwa bei Lügendetektoren oder Einstellungstests) in Frage und erschaffen neue Möglichkeiten der Überwachung (bis hin zu präventiven Verhaftungen und Kriminalchirurgie). Elektroden und Gehirn-Computer-Schnittstellen eröffnen neue Wege des Manipuliertwerdens und des „freiwilligen" Freiheitsverlusts. Nervenzell-Transplantationen rütteln am Gehirntodeskriterium, der persönlichen Identität und könnten Embryonen zu Ersatzteillagern degradieren. Auch die vielfältigen Einflüsse der neurowissenschaftlichen Erkenntnisse und deren philosophische Bedeutung haben eine ethische Dimension. Denn unser Selbst- und Weltbild bestimmt unser Handeln mit; und mutmaßliche „Kränkungen" des Menschenbilds oder Erklärungen von Bewusstsein, Willensentscheidungen, Moral und Religiosität (vielleicht sogar deren Bezweiflung und Kritik) können labile Menschen in die Irre führen oder ideologische Fundamentalismen und Wissenschaftsfeindlichkeit begünstigen. So werden bereits Forderungen nach einer „Anthropologie-Folgenabschätzung" laut, nach einer „neuen Bewusstseinskultur" oder „normativen Psychologie". Aber auch die philosophische Grundfrage wird neu gestellt: Was ist (oder wird) der Mensch?

Wissenschaft vollzieht sich nicht in einer Isolierstation, sondern mitten in der Gesellschaft, und ihre Ergebnisse, vor allem aber deren Anwendungen, gehen jeden an. Und so hat jede Erkenntnis ihren Preis. Der wissenschaftliche und technische Fortschritt stellt uns daher vor gewaltige Herausforderungen. Die einzelnen Aspekte sind dabei diffizil und kompliziert. Einfache Lösungen gibt es selten. Es liegt an uns, unsere Zukunft so zu gestalten, dass sie nicht in die Unmenschlichkeit mündet auf dem oft schmalen und gewundenen Pfad zwischen der Skylla der Hybris und der Charybdis der Unterdrückung.

„In der Tiefe großer Erkenntnisse, selbst wenn sie sich auf unüberwindbare Katastrophen gründen, steckt immer etwas vom großartigsten aller europäischen Werte, ein Moment der Freiheit, das als Surplus, als etwas Bereicherndes in unser Leben eingeht, indem es uns die wahre Tatsache unserer Existenz und unsere wahre Verantwortung für sie zu Bewusstsein bringt", hat Imre Kertész gesagt, in seiner Rede bei der Verleihung des Nobelpreises für Literatur im Jahr 2002. Diese „wahre Verantwortung" haben auch die Hirnforscher und alle, die mit ihren Resultaten umgehen. Diese „wahre Verantwortung" hat jeder Mensch, hat jede Gesellschaft, denn auch „in der Tiefe großer Erkenntnisse" dieser faszinierenden Wissenschaft stecken, falsch zur Anwendung gebracht, große Gefahren. Erstmals in der Geschichte dieses Planeten beginnen Gehirne sich differenziert selbst zu begreifen und diffizil in sich hineinzugreifen. Die Folgen davon sind noch nicht abzusehen. Es kommt aber entscheidend darauf an, dass der „Moment der Freiheit" und die Bereicherungen, von denen Imre Kertész sprach, verteidigt und vermehrt werden.

Die hier skizzierten Aspekte der modernen Hirnforschung und viele weitere hat der Autor ausführlich in seinem Buch *Schöne neue Neuro-Welt* (Vaas, 2008) dargestellt. Dort finden sich zahlreiche Hinweise auf Internet-Links sowie populär- und fachwissenschaftliche Artikel und Bücher, worauf in diesem Text aus Platzgründen verzichtet wurde.

Literatur

Alberini, C. M. (2005): Mechanisms of memory stabilization: are consolidation and reconsolidation similar or distinct processes? Trends in Neurosciences 28, 51–56.

Allman, J. M. Hakeem, A., Erwin, J. M., Nimchinsky, E., Hof, P. (2001): The anterior cingulate cortex. Annals of the New York Academy of Sciences 935, 107–117.

Amabile, T. (1982): Social psychology of creativity: a consensual assessment technique. Journal of Personality and Social Psychology 43, 997–1013.

An der Heiden, U., Roth G., Schwegler H. (1985): Principles of self-generation and self-maintenance. Acta Biotheory 34, 125–138.

Anderson, M. C., Ochsner, K. N., Kuhl, B., Cooper, J., Robertson, E. et al. (2004): Neural systems underlying the suppression of unwanted memories. Science 303, 202–205.

Angele, B., Slattery, T., Yang, J., Kliegl, R., Rayner, K. (2009): Parafoveal processing in reading: Manipulating n+1 and n+2 previews simultaneously. Visual Cognition 16, 697–707.

Aristoteles (1995): Über die Seele. Hamburg: Meiner.

Armel, K. C. & Ramachandran, V. S. (1999): Acquired synesthesia in retinitis pigmentosa. Neurocase 5, 293–296.

Asendorpf, J. (2007): Psychologie der Persönlichkeit (4. Aufl.). Heidelberg: Springer.

Asendorpf, J. (2004): Psychologie der Persönlichkeit (3. Aufl.). Heidelberg: Springer.

Aserinsky, E. & Kleitman, N. (1953): Regularly occurring periods of eye motility and concomitant phenomena, during sleep. Science 118, 273–274.

Ashwin, E., Ashwin, C., Rhydderch, D., Howells, J., & Baron-Cohen, S. (2009): Eagle-eyed visual acuity: An experimental investigation of enhanced perception in autism. Biological Psychiatry, 65, 17–21.

Atkinson, R. C. & Shiffrin, R. M. (1968): Human memory: a proposed system and its control processes. In K.W. Spence: The psychology of learning and motivation: advances in research and theory. New York: Academic Press.

Auf dem Hövel, J. (2002): Abenteuer Künstliche Intelligenz – Auf der Suche nach dem Geist in der Maschine. Hamburg: Discorsi.

Baars, B. J. (1997): In the theater of consciousness. Oxford: University Press.

Bach, M. (1990): Der Turing-Test – Ein ungeeignetes Paradigma der künstlichen Intelligenz. http://www.uniklinik-freiburg.de/augenklinik/live/homede/mit/bach/ops.html

Baddeley, A. D. (1986): Working Memory. Oxford: Clarendon Press.

Baddeley, A. D. (1995): The Psychology of Memory. In A.D. Baddeley, B.A. Wilson & F.N. Watts (Hrsg.), Handbook of Memory Disorders. Hoboken: Wiley.

Baddeley, A. D. (1999): Essentials of Memory. Hove: Psychology Press.

Baddeley, A. D. (2003): Working Memory: Looking Back and Looking Forward. Nature Reviews Neuroscience 4, 829–839.

Baddeley, A. D. & Hitch, G. J. (1974): Working memory. In G.A. Bowers: Recent advances in learning and motivation. New York: Academic Press.

Bailey, M. E. S. & Johnson, K. J. (1997): Synaesthesia: is a genetic analysis feasible? In S. Baron-Cohen & J. E. Harrison (Hrsg.), Synaesthesia: classic and contemporary readings (S. 182–207). Oxford: Blackwell.

Baron-Cohen, S. (1996): Is there a normal phase of synaesthesia in development? Psyche 2(27).

Baron-Cohen, S., Burt, L., Smith-Laittan, F., Harrison, J. & Bolton, P. (1996): Synaesthesia: prevalence and familiarity. Perception 25, 1073–1080.

Baron-Cohen, S., Harrison, J., Goldstein, L. H. & Wyke, M. (1993): Coloured speech perception: is synaesthesia what happens when modularity breaks down? Perception 22, 419–426.

Basar, E. (1998): Brain Function and Oscillations. I. Brain Oscillations: Principles and Approaches. Heidelberg: Springer.

Basar, E. (1999): Brain Function and Oscillations. II. Integrative Brain Function. Neurophysiology and Cognitive Processes. Heidelberg: Springer.

Basar, E. (2005): Memory as a "whole brain work". A large-scale model based on "oscillations in super-synergy". International Journal of Psychophysiology 58, 199–226.

Basar, E., Basar-Eroglu, C., Karakas, S. & Schürmann, M. (2001): Gamma, alpha, delta, and theta oscillations govern cognitive processes. International Journal of Psychophysiology 39, 241–248.

Batty, G. D., Wennerstad, K. M., Smith, G. D., Gunnell, D., Deary, I. J., Tynelius, P. & Rasmussen, F. (2009): IQ in early childhood and mortality by middle age: Cohort study of 1 million Swedish men. Epidemiology 20, 100–109.

Baudson, T. G. & Dresler, M. (2008): Kreativität und Innovation: Beiträge aus Wirtschaft, Technik und Praxis. Stuttgart: Hirzel.

Baumert, J., Brunner, M., Lüdtke, O. & Trautwein, U. (2007): Was messen internationale Schulleistungsstudien? Psychologische Rundschau 58, 118–127.

Beckermann, A. (2001): Analytische Einführung in die Philosophie des Geistes. Berlin De Gruyter.

Bellezza, F. S. (1981): Mnemonic Devices: Classification, Characteristics, and Criteria. Review of Educational Research 51, 247–275.

Bennett, M. R. (2000): The concept of long term potentiation of transmission at synapses. Progress in Neurobiology 60, 109–137.

Binet, A. (1894): Psychologie des grands calculateurs et jouers d'echecs. Paris: Hachette.

Binet, A. & Simon, T. (1905): Classics in the history of psychology. L'Année Psychologique, 12, 191–244.

Bledowski, C., Kadosh, K. C., Wibral, M., Rahm, B., Bittner, R. A. et al. (2006): Mental Chronometry of working memory retrieval: A combined functional magnetic resonance imaging and event-related potentials approach: The Journal of Neuroscience 26, 821–829.

Bles M, Haynes J.-D. (2008): Detecting concealed information using brain-imaging technology. Neurocase 14, 82–92

Block, N. (2006): Max Black's objections to mind-body identity. In T. Alter & S. Walter (Hrsg.), Phenomenal concepts and phenomenal knowledge. Oxford: University Press.

Block, N. (1996): What is functionalism? In Borchert, Donald M. (Hrsg.), The Encyclopedia of Philosophy Supplement. Macmillan.

Bode, S., Haynes J.-D. (2009): Decoding sequential stages of task preparation in the human brain NeuroImage 45: 606–613.

Born, J., Rasch, B. & Gais, S. (2006): Sleep to remember. Neuroscientist 12, 410–424.

Bouchard, T. J., , McGue, M. (1981): Familial studies of intelligence: A review. Science 212, 1055–1059.

Bowden, E. M., Jung-Beeman, M., Fleck, J., Kounios, J. (2005): New approaches to demystifying insight. Trends in Cognitive Sciences 9, 322–328.

Brand, C. (1987): The importance of general intelligence. In S. Modgil & C. Modgil (Hrsg.), Arthur Jensen: Consensus and controversy (S. 251–265). New York: Palmer Press.

Braun, A. R., Balkin, T. J., Wesenten, N. J., Carson, R. E., Varga, M. et al. (1997). Regional cerebral blood flow throughout the sleep-wake cycle. An H2(15)O PET study. Brain 120, 1173–1197.

Brim, B. (1968): Impact of a reading improvement program. Journal of Educational Research 62, 177–182.

Brody, N. (1999): What is intelligence? International Review of Psychiatry 11, 19–25.

Brown, E. & Deffenbacher, K. (1975): Forgotten Mnemonists. Journal of the History of the Behavioral Sciences 11, 342–349.

Brown, B. L., Inouye, D. K., Barrus, K. B., & Hansen, D. M. (1981): An analysis of the rapid reading controversy. In J.R. Edwards (Hrsg.), The Social Psychology of Reading (S. 29–50). Silver Spring: Institute of Modern Languages.

Butcher, J. (2000): Dominic O'Brien – master mnemonist. The Lancet 356, 836.

Butcher, L. M., Davis, O. S. P., Craig, I. W. & Plomin, R. (2008): Genome-wide quantitative trait locus association scan of general cognitive ability using pooled DNA and 500K single nucleotide polymorphism microarrays. Genes, Brain & Behavior 7, 435–446.

Carroll, J.B. (1993): Human cognitive abilities. New York: Cambridge University Press.

Carver, R.P. (1977): Toward a theory of reading comprehension and rauding. Reading Research Quarterly 13, 8–63.

Carver, R. P. (1985): How good are some of the world's best readers? Reading Research Quarterly 20, 389–419.

Carver, R. P. (1990): Reading rate: a review of research and theory. San Diego: Academic Press.

Chalmers, D. J. (1996): The Conscious Mind. Oxford: University Press.

Chase, W. G., & Simon, H. A. (1973a): Perception in chess. Cognitive Psychology 4, 55–81.

Chase, W. G., & Simon, H. A. (1973b): The mind's eye in chess. In W.G. Chase (Hrsg.), Visual information processing. New York: Academic Press.

Chase, W. G., & Ericsson, K. A. (1981): Skilled memory. In R. J. Anderson (Hrsg.), Cognitive skills and their acquisition (S. 141–189). Hillsdale: Erlbaum.

Churchland, P. M. (1997): Die Seelenmaschine. Heidelberg: Spektrum Akademischer Verlag.

Churchland, P. M. (1989): A neurocomputational perspective: the nature of mind and the structure of science. Cambridge: MIT Press.

Cleeremans, A. (2005): Computational correlates of consciousness. Progress in Brain Research 150, 81–98.

Collins, C. (1979): Speedway: The action way to speed read to increase reading rate for adults. Reading Improvement 16, 225–229.

Conway, M. A. (2001): Sensory-perceptual episodic memory and its context: autobiographical memory. Philosophical Transactions of the Royal Society of London 356, 1375–1384.

Cranney, G., Brown, B.L., Hansen, D.M. & Inouye D.K. (1982): Rate and reading dynamics reconsidered. Journal of Reading 25, 526–533.

Creutzfeldt, O. D. (1983): Cortex Cerebri. Heidelberg: Springer.

Crevier, D. (1993): AI: The Tumultuous Search for Artificial Intelligence. New York: Basic Books.

Crick, F. H. C. (1984): Function of the thalamic reticular complex: the searchlight hypothesis. PNAS 81, 4586–4590.

Crick, F. (1994): Was die Seele wirklich ist. Die naturwissenschaftliche Erforschung des Bewußtseins. München: Artemis und Winkler.

Crick, F. H. C., Koch, C. (2003): A framework for consciousness. Nature Neuroscience 6, 119–126.

Cytowic, R. E. (1989): Synesthesia: A Union of the Senses. New York: Springer.

Cytowic, R. E. (1995): Synesthesia: phenomenology and neuropsychology. A review of current knowledge. Psyche 2(10).

Cytowic, R. E. (1997): Synaesthesia: phenomenology and neuropsychology. In S. Baron-Cohen & J.E. Harrison (Hrsg.), Synaesthesia: classic and contemporary readings (S. 17–39). Oxford: Blackwell.

Da F. Costa, L. (1996): Synesthesia – a real phenomenon? Or real phenomena? Psyche 2(26).

Darrach, B. (1970): Meet Shakey, the First Electronic Person. Life Magazine 20, November, 58–68.

Davidson, D. (1981): Mental events. In N. Block (Hrsg.), Readings in the philosophy of psychology. Volume One (S. 107–119). Cambridge: Harvard University Press.

Day, S. (1996): Synaesthesia and synaesthetic metaphors. Psyche 2(32).

Day, S. (2001): A brief history of synaesthesia and music. http://www.thereminvox.com/article/articleview/33/1/5

Day, S. (2007): Types of Synesthesia. Synesthesia. http://home.comcast.net/~sean.day/html/types.htm

Deary, I. J. (2000): Looking down on human intelligence: From psychometrics to the brain. Oxford: University Press.

Deary, I. J., Spinath, F. M. & Bates, T. C. (2006): Genetics and IQ. European Journal of Human Genetics 14, 690–700.

Deary, I. J., Whiteman, M. C., Starr, J. M., Whalley, L. J., Fox, H. C. (2004): The impact of childhood intelligence on later life: Following up the Scottish Mental Surveys of 1932 and 1947. Journal of Personality and Social Psychology 86, 130–147.

Debener, S., Ullsperger, M., Siegel, M., Fiehler, K., von Cramon, D. Y., Engel A. K. (2005): Trial-by-Trial Coupling of Concurrent Electroencephalogram and Functional Magnetic Resonance Imaging Identifies the Dynamics of Performance Monitoring. The Journal of Neuroscience 25, 11730–11737.

Dennett, D. C. (1991): Consciousness Explained. Boston: Little, Brown & Co.

De Raedt L. & Bruynooghe, M. (1993): A theory of clausal discovery. Proceedings of the 13th International Joint Conference on Articial Intelligence, 1058–1063.

Der, G., Batty, G. D., Deary, I. (2006): Effect of breast feeding on intelligence in children: Prospective study, sibling pairs analysis, and meta-analysis. British Medical Journal 333, 945–950.

Descartes, R. (1642) : Meditationes de prima philosophia. In R. Descartes, Meditationes de prima philosophia. Meditationen über die Grundlagen der Philosophie. Hamburg: Meiner.

Dietrich, A. (2004): The cognitive neuroscience of creativity. Psychonomic Bulletin & Review 11, 1011–1026.

Domino, G. (1989): Synesthesia and creativity in fine arts students: an empirical look. Creativity Research Journal 2, 17–29.

Domino, G. (1999): Synesthesia. In M.A. Runco & S.R. Pritzker (Hrsg.), Encyclopedia of creativity, Vol. 2 (S. 597–604). Amsterdam: Elsevier.

Doppelmayr, M., Klimesch, W., Sauseng, P., Hödlmoser, K., Stadler, W., Hanslmayr, S. (2005): Intelligence related differences in EEG-bandpower. Neuroscience Letters 381, 309–313.

Doyon, J., Penhune, V. & Ungerleider, L. G. (2003): Distinct contribution of the cortico-striatal and cortico-cerebellar systems to motor skill learning. Neuropsychologia 41, 252–262.

Dreyfus, H. & Dreyfus, S. (1986): Mind Over Machine: The Power of Human Intuition and Expertise in the Era of the Computer. New York: Free Press.

Du Bois-Reymond, E. (1912): Über die Grenzen des Naturerkennens. In Reden von Emil du Bois-Reymond in zwei Bänden. Leipzig: Veit & Comp.

Dudai, Y. (2004): The Neurobiology of Consolidations, Or, How Stable is the Engram? Annual Review of Psychology 55, 51–86.

Dudai, Y. & Eisenberg, M. (2004): Rites of Passage of the Engram: Reconsolidation and the Lingering Consolidation Hypothesis. Neuron 44, 93–100.

Duffy, P. L. (2001): Blue Cats and Chartreuse Kittens. San Francisco: W. H. Freeman.

Duncan, J., Seitz, R.J., Kolodny, J., Bor, D., Herzog, H., Ahmed, A., Newell, F. N., Emslie, H. (2000): A neural basis for general intelligence. Science 289, 457–460.

Eagleman, D. M., Kagan, A. D., Nelson, S. S., Sagaram, D., Sarma, A. K. (2007): A standardized test battery for the study of synesthesia. Journal of Neuroscience Methods 159, 139–145.

Ebenrett, H. J., Hansen, D., Puzicha, K. J. (2003): Verlust von Humankapital in Regionen mit hoher Arbeitslosigkeit. Aus Politik und Zeitgeschichte 6–7, 13–21.

Ebbinghaus, H. (1885): Über das Gedächtnis. Leipzig: Duncker & Humblot.

Eccles, J. C. (1994): Wie das Selbst sein Gehirn steuert. München: Piper.

Edelman, G. M. & Tononi G. (2000): Consciousness. How Matter Becomes Imagination. London: Penguin Books.

Edinger, L., Wallenberg, A., Holmes, G. (1903): Untersuchungen über die vergleichende Anatomie des Gehirns. Abhandlungen der Senckerbergischen naturforschendend Gesellschaft 20, 343–426.

Eichenbaum, H. & Cohen, N. J. (2001): From Conditioning to Conscious Recollection. Oxford: University Press.

Ericsson, K. A. (1985): Memory Skill. Canadian Journal of Psychology 39, 188–231.

Ericsson, K. A. (1988): Analysis of Memory Performance in Terms of Memory Skill. In R. J. Sternberg (Hrsg.), Advances in the psychology of human intelligence, Vol 4. Hillsdale: Lawrence Erlbaum.

Ericsson, K. A. (2003): Exceptional memorizers: made, not born. Trends in Cognitive Sciences 7, 233–235.

Ericsson, K. A. & Lehmann, A. C. (1996): Expert and Exceptional Performance: Evidence of Maximal Adaption to Task Constrains. Annual Review of Psychology 47, 273–305.

Ericsson, K. A. & Kintsch, W. (1995): Long-Term Working Memory. Psychological Review 102, 211–245.

Ericsson, K. A., Delaney, P. F., Weaver, G. & Mahadevan, R. (2004): Uncovering the structure of a memorist's superior "basic" memory capacity. Cognitive Psychology 49, 191–237.

Fehr, T., Wiedenmann, P., Herrmann, M. (2006): Nicotine-Stroop and addiction memory – an ERP study. International Journal of Psychophysiology 62, 224–232.

Fehr, T., Code, C., Herrmann, M. (2007a): Common brain regions underlying different arithmetic operations as revealed by conjunct fMRI-BOLD activation. Brain Research 1172, 93–102.

Fehr, T., Wiedenmann, P., Herrmann, M. (2007b): Differences in ERP topographies during colour matching of smoking-related and neutral pictures in smokers and non-smokers. International Journal of Psychophysiology 65, 284–293.

Fehr, T., Code, C., Herrmann, M. (2008a): Auditory task presentation reveals predominantly right hemispheric fMRI activation patterns during mental calculation. Neuroscience Letters 431, 39–44.

Fehr, T., Erhard, P., Herrmann, M. (2008b): Prodigious calculation performance and neural plasticity. Frontiers in Human Neuroscience. Conference Abstract: 10th International Conference on Cognitive Neuroscience.

Fehr, T. (2008): Complex Mental Processing and Psychophysiology. (Habilitationsschrift als Monographie in Vorbereitung, Information: fehr@uni-bremen.de)

Fehr, T. (2009): Chancen und Grenzen von Methoden der kognitiven Neurowissenschaften – Funktionelle Magnetresonanztomographie und Biosignalanalyse im Kontext der Entwicklungsneurophysiologie. Zeitschrift für Gestaltpädagogik 20, 29–43.

Fehr, T., Weber, J., Willmes, K., Herrmann, M. (2010): Neural correlates in exceptional mental arithmetic – About the neural architecture of prodigious skills. Neuropsychologia 48, 1407–1416.

Fehr, T., Wallace, G., Erhard, P., Herrmann, M. (2011). The functional neuroanatomy of expert calendar calculation: A matter of strategy? Neurocase, im Druck.

Feldman D. H. (1986): Nature's gambit: child prodigies and the development of human potential. New York: Teacher's College press.

Fink, A. & Neubauer, A. C. (2006): EEG alpha oscillations during the performance of verbal creativity tasks: Differential effects of sex and verbal intelligence. International Journal of Psychophysiology 62, 46–53.

Fink, A., Benedek, M., Grabner, R. H., Staudt, B., Neubauer, A. C. (2007): Creativity meets neuroscience: Experimental tasks for the neuroscientific study of creative thinking. Methods 42, 68–76.

Fink, A., Grabner, R. H., Benedek, M., Neubauer, A. C. (2006): Divergent thinking training is related to frontal electroencephalogram alpha synchronization. European Journal of Neuroscience 23, 2241–2246.

Fink, A., Grabner, R. H., Benedek, M., Reishofer, G., Hauswirth, V. et al. (2009a): The creative braIn Investigation of brain activity during creative problem solving by means of EEG and fMRI. Human Brain Mapping 30, 734–748.

Fink, A., Graif, B., Neubauer, A. C. (2009b): Brain correlates underlying creative thinking: EEG alpha activity in professional vs. novice dancers. NeuroImage 46, 854–862.

Fodor, J. A. (1974): Special sciences. Synthese 28, 97–115.

Fodor, J. A. (1975): The language of thought. New York: Crowell.

Fodor, J. A. (1981): Representations. Cambridge: MIT Press.

Fodor, J. A. (1983): The modularity of mind. Cambridge: MIT Press.

Frankland, P. W. & Bontempi, B. (2005): The Organization of Recent and Remote Memories. Nature Reviews Neuroscience 6, 119–130.

Fraser, S. (1995): The Bell Curve Wars: Race, intelligence, and the future of America. New York: Basic Books.

Frege, G. (1892): Über Sinn und Bedeutung. In G. Frege (1986): Funktion, Begriff, Bedeutung. Göttingen: Vandenhoeck & Ruprecht.

Förstl, H. (2002): Frontalhirn. Funktionen und Erkrankungen. Heidelberg: Springer.

Fuster, J. M. (2002): Frontal lobe and cognitive development. Journal of Neurocytology 31, 373–385.

Fuster, J. M. (2006): The cognit: A network model of cortical representation. International Journal of Psychophysiology 60, 125–132.

Galton, F. (1880): Visualised numerals. Nature 22, 494–495.

Gardner, H. (1975): The shattered mind: the person after brain damage. New York: Knopf.

Gardner, H. (1983): Frames of mind: The theory of multiple intelligences. New York: Basic Books.

Gardner, H. (1999): Intelligence reframed: Multiple intelligences for the 21st century. New York: Basic Books.

Gardner, D. W. (2008): Remembering Joe Weizenbaum, ELIZA Creator. Information Week, 13. März.

Garlick, D. (2002): Understanding the nature of the general factor of intelligence: the role of individual differences in neural plasticity as an explanatory mechanism. Psychological Review 109, 116–136.

Gobet, F. (1998): Expert memory: a comparison of four theories. Cognition 66, 115–152.

Grabner, R. H., Fink, A., Neubauer, A. C. (2007): Brain correlates of self-rated originality of ideas: Evidence from event-related power and phase-locking changes in the EEG. Behavioral Neuroscience 121, 224–230.

Grabner, R. H., Fink, A., Stipacek, A., Neuper, C., Neubauer, A. C. (2004): Intelligence and working memory systems: evidence of neural efficiency in alpha band ERD. Cognitive Brain Research 20, 212–225.

Grossenbacher, P. G. & Lovelace, C. T. (2001): Mechanisms of synesthesia: cognitive and physiological constraints. Trends in Cognitive Sciences 5, 36–41.

Guilford, J. P. (1950): Creativity. American Psychologist 5, 444–454.

Grote, K. (2001): Priming. In N. Pethes & J. Ruchatz (Hrsg.), Gedächtnis und Erinnerung. Reinbek: Rowohlt.

Güntürkün O. (1997): Cognitive impairments after lesions of the neostriatum caudolaterale and its thalamic afferent in pigeons: functional similarities to the mammalian prefrontal system? Journal für Hirnforschung 38,133–143.

Güntürkün, O. (2005): The avian 'prefrontal cortex' and cognition, Current Opinion Neurobiology 15, 686–693.

Hämäläinen, M., Hari, R., Ilmoniemi, R. J., Knuutila, J., Lounasmaa, O. V. (1993): Magnetoencephalography—theory, instrumentation, and applications to noninvasive studies of the working human brain. Reviews of Modern Physics 65, 413–497.

Haier, R. J. (1993): Cerebral glucose metabolism and intelligence. In P.A. Vernon (Hrsg.), Biological approaches to the study of human intelligence (S. 317–332). Norwood: Ablex.

Haier, R. J., Siegel, B. V., Nuechterlein, K. H., Hazlett, E., Wu, J. C. et al. (1988): Cortical glucose metabolic rate correlates of abstract reasoning and attention studied with positron emission tomography. Intelligence 12, 199–217.

Hameroff, S. & Penrose, R. (1996): Orchestrated reduction of quantum coherence in brain microtubules: a model for consciousness? In S.R. Hameroff, A.W. Kaszniak, A.C. Scott (Hrsg.), Toward a science of consciousness (S. 507–540). Cambridge: MIT Press.

Hare, T. A., Camerer, C. F., Rangel, A. (2009): Self-control in decision-making involves modulation of the vmPFC valuation system. Science 324, 646–648.

Harden, K. P., Turkheimer, E., Loehlin, J. C. (2007): Genotype by environment interaction in adolescents' cognitive aptitude. Behavior Genetics 37, 273–283.

Harrison, J. (2001): Synaesthesia. The strangest thing. Oxford: University Press.

Harrison, J. E. & Baron-Cohen, S. (1997a): Synaesthesia: a review of psychological theories. In S. Baron-Cohen & J. E. Harrison (Hrsg.), Synaesthesia (S. 109–122). Oxford: Blackwell.

Harrison, J. E. & Baron-Cohen, S. (1997b): Synaesthesia: an introduction. In S. Baron-Cohen & J. E. Harrison (Hrsg.), Synaesthesia (S. 3–16). Oxford: Blackwell.

Haugeland, J. (1987): Künstliche Intelligenz – Programmierte Vernunft? Hamburg: McGraw-Hill.

Haynes, J., Roth, G., Stadler, M., Heinze H. J. (2003): Neuromagnetic Correlates of perceived contrast in primary visual cortex. Journal of Neurophysiology 89, 2655–2666.

Haynes, J. D. & Rees, G. (2006): Decoding mental states from brain activity in humans. Nature Reviews Neuroscience 7, 523–534.

Heaton, P. & Wallace, G. L. (2004): Annotation: The savant syndrome. Journal of Child Psychology and Psychiatry 45, 899–911.

Hebb, D. O. (1949): The Organization of Behavior. New York: Wiley.

Heilman, K. M., Nadeau, S. E., Beversdorf, D. O. (2003): Creative innovation: possible brain mechanisms. Neurocase 9, 369–379.

Hermelin, B. (2001): Bright splinters of the mind: A personal story of research with autistic savants. London: Kingsley.

Herrmann, E., Call, J., Hernàndez-Lloreada, M. V., Hare, B., Tornasello, M. (2007): Humans Have Evolved Specialized Skills of Social Cognition: The Cultural Intelligence Hypothesis. Science 317, 1360–1366.

Herrnstein, R. J. & Murray, C. (1994): The Bell Curve: Intelligence and class structure in American life. New York: Free Press.

Hobson, J. A. & Pace-Schott, E. F. (2002): The cognitive neuroscience of sleep: neuronal systems, consciousness and learning. Nature Reviews Neuroscience 3, 679–693.

Hofmann, A. (2008): LSD – mein Sorgenkind. München: dtv.

Hofstadter, D. R. (1980): Gödel, Escher, Bach: An Eternal Golden Braid. New York: Random House.

Hollister, L. E. (1968): Chemical psychoses, LSD and related drugs. Springfield: Charles C. Thomas.

Homa, D. (1983): An assessment of two extraordinary speed-readers. Bulletin of the Psychonomic Society 21, 123–126.

Horn, J. L. & Cattell, R. B. (1966): Refinement and test of the theory of fluid and crystallized general intelligence. Journal of Educational Psychology 57, 253–270.

Howes, O. D. & Kapur, S. (2009): The dopamine hypothesis of schizophrenia: version III – the final common pathway. Schizophrenia Bulletin 35, 549–562.

Hu, Y., Ericsson, K. A., Yang, D., & Lu, C. (2009): Superior self-paced memorization of digits in spite of a normal digit span. Journal of Experimental Psychology: Learning, Memory, and Cognition 35, 6, 1426–1442.

Hubbard, E. M. (2007): Neurophysiology of Synesthesia. Current Psychiatry Reports, 9, 193–199.

Hubbard, E. M. & Ramachandran, V. S. (2005): Neurocognitive mechanisms of synesthesia. Neuron 48, 509–520.

Huttenlocher, J. (1968): Constructing spatial images: A strategy in reasoning. Psychological Review 75, 550–560.

Huttenlocher, P. R. (1990): Morphometric study of human cerebral cortex development. Neuropsychologia 28, 517–527.

Jäger, A. O., Süß, H.-M., Beauducel, A. (1997): Berliner Intelligenzstrukturtest. Göttingen: Hogrefe.

James, W. (1890): Principles of Psychology. New York: Henry Holt.

Jarvis, E. D., Güntürkün, O., Bruce, L., Csillag, A., Karten, H. J. et al. (2005): Avian brains and a new understanding of vertebrate brain evolution. Nature Reviews Neuroscience 6, 151–159.

Jaušovec, N. & Jaušovec, K. (2008): Spatial rotation and recognizing emotions: Gender related differences in brain activity. Intelligence 36, 383–393.

Jaušovec, N. (2000): Differences in cognitive processes between gifted, intelligent, creative, and average individuals while solving complex problems: an EEG Study. Intelligence 28, 213–237.

Jencks, C. (1979): Who gets ahead? The determinants of economic success in America. New York: Basic Books.

Jensen, A. R. (2006): Clocking the Mind: Mental Chronometry and Individual Differences. Oxford: Elsevier.

Jung, R. E. & Haier, R. J. (2007): The parieto-frontal integration theory (P-FIT) of intelligence: Converging neuroimaging evidence. Behavioral and Brain Sciences 30, 135–154.

Kalbfleisch, M. L. (2004): Functional neural anatomy of talent. The Anatomical Record 277B, 21–36.

Karni, A., Tanne, D., Rubenstein, B. S., Askenasy, J. J. & Sagi, D. (1994): Dependence on REM sleep of overnight improvement of a perceptual skill. Science 265, 679–682.

Karsten, G. (2002): Erfolgsgedächtnis. München: Goldmann.

Karsten, G. (2007): Lernen wie ein Weltmeister. München: Goldmann.

Kastner, S., de Weerd, P., Desimone, R., Ungerleider, L. G. (1998): Mechanisms of directed attention in the human extrastriate cortex as revealed by functional MRI. Science 282: 108–111.

Kay, K. N., Naselaris, T., Prenger, R. J., Gallant, J. L. (2008): Identifying natural images from human brain activity. Nature 452: 352–356.

Keller, M. C., Medland, S. E., Duncan, L. E., Hatemi, P. K., Neale, M. C., Maes, H. H. M. & Eaves, L. J. (2009): Modeling extended twin family data I: Description of the cascade model. Twin Research and Human Genetics 12, 8–18.

Kim, J. (1998a): Mind in a physical world: an essay on the mind-body problem and mental causation. Cambridge: MIT Press.

Kim, J. (1998b): Philosophie des Geistes. Wien: Springer.

Kim, J. (1993): Supervenience and mind. Cambridge: University Press.

Kirsch, J. A., Güntürkün, O., Rose, J. (2008): Insight without cortex: Lessons from the avian brain. Consciousness and Cognition 17, 475–483.

Klempert, O. (2009): Künstliche Intelligenz – Unsinn ist menschlich. Stuttgarter Zeitung vom 12.09.2009

Kliegl, R., Nuthmann, A., Engbert, R. (2006): Tracking the mind during reading: the influence of past, present, and future words on fixation durations. Journal of Experimental Psychology: General 135, 12–35.

Köhler, W. (1929): Gestalt psychology. New York: Liveright.

Kolb, B. & Wishaw I. Q. (1996): Neuropsychologie Heidelberg: Spektrum.

Kondo, K., Suzuki, M., Mugikura, S., Abe, N., Takahashi, S., Iijima, T., Fujii, T. (2005): Changes in brain activation associated with use of a memory strategy: A functional MRI study. NeuroImage 24, 1154–1163.

Kopelmann, M. D. & Kapur, N. (2001): The loss of episodic memories in retrograde amnesia: single-case and group studies. Philosophical Transactions of the Royal Society of London 356, 1409–1421.

Kramer, M. S., Aboud, F., Mironova, E., Vanilovich, I., Platt, R. W. et al. (2008): Breastfeeding and child cognitive development: New evidence from a large randomized trial. Archives of General Psychiatry 65, 578–584.

Kreiter, A. K. & Singer, W. (1996): Stimulus dependent synchronization of neuronal responses in the visual cortex of the awake macaque monkey. Journal of Neuroscience 16, 2381–2396.

LaBar, K. S. & Cabeza, R. (2006): Cognitive neuroscience of emotional memory. Nature Reviews Neuroscience 7, 54–64.

La Mettrie, J. O. (1985): Der Mensch als Maschine. Nürnberg: LSR.

Lamme, V. A. F. (2000): Neural mechanisms of visual awareness: a linking proposition. Brain and Mind 1, 385–406

Lamme, V. A. F. & Roelfsema, P. R. (2000): The two distinct modes of vision offered by feedforward and recurrent processing. Trends in Neuroscience 23, 571–579.

Lechner, H. A., Squire, L. R., Byrne, J. H. (1999): 100 Years of Consolidation – Remembering Müller and Pilzecker. Learning and Memory 6, 77–87.

Leibniz, G. W. (1686): Discours de métaphysique. In G.W. Leibniz (1991), Monadologie und andere metaphysische Schriften. Hamburg: Meiner.

Lena, I., Parrot, S., Deschaux, O., Moffat-Joly, S., Sauvinet, V. et al. (2005): Variations in extracellular levels of dopamine, noradrenaline, glutamate, and aspartate across the sleep-wake cycle in the medial prefrontal cortex and nucleus accumbens of freely moving rats. Journal of Neuroscience Research 81, 891–899.

Levinson, S. C. (1983): Pragmatics. Cambridge: University Press.

Lewis, D. (1972): Psychophysical and theoretical identifications. 1972. Australasian Journal of Philosophy 50, 249–258.

Libet, B., Gleason, C. A., Wright, E. W., Pearl, D. K. (1983): Time of conscious intention to act in relation to onset of cerebral activities (readiness-potential): The unconscious initiation of a freely voluntary act. Brain 106: 623–642.

Logothetis, N. K. (2008): What we can do and what we cannot do with fMRI. Nature 453, 869–878.

Logothetis, N. K., Pauls, J., Augath, M., Trinath, T., Oeltermann, A. (2001): Neurophysiological investigation of the basis of the fMRI signal. Nature, 412, 150–157.

Logothetis, N. K., Pauls, J., Augath, M., Trinath, T., Oeltermann, A. (2001): Neurophysiological investigation of the basis of the fMRI signal. Nature 412, 150–157.

Lomo, T. (1966): Frequency potentation of excitatory synaptic activity in the dentate area of the hippocampal area. Acta Physiologica Scandinavica 28 (Suppl. 277), 128.

Lomo, T. (2003): The discovery of long-term potentation. Transactions of the Royal Society of London 358, 617–620.

Luria, A. R. (1987): The mind of a mnemonist. Cambridge: Harvard University Press.

Lycan, W. G. (1995): Consciousness. Cambridge: MIT Press.

Lycan, W. G. (1997): Consciousness as internal monitoring. In N. J. Block, O. J. Flanagan, G. Güzeldere (Hrsg.), The nature of consciousness (S. 755–771). Cambridge: MIT Press.

Lycan, W. G. (2006): Consciousness and qualia can be reduced. In R. Stainton (Hrsg.), Contemporary debates in cognitive science (S. 189–201). Malden: Blackwell.

Lynn, R. (2008): The Global Bell Curve: Race, IQ, and inequality worldwide. Washington: Summit.

Lynn, R. & Vanhanen, T. (2006): IQ and global inequality. Washington: Summit.

Maguire, E. A., Gadian, D. G., Johnsrude, I. S., Good, C. D., Ashburner, J., Frackowiak, R. S. J., Frith, C. D. (2000): Navigation-related structural change in the hippocampi of taxi drivers. PNAS 97, 4398–4403.

Maguire, E. A., Valentine, E. R., Wilding, J. M., Kapur, N. (2003): Routes to remembering: the brains behind superior memory. Nature Neuroscience 6, 90–95.

Maguire, E. A., Woollett, K. & Spiers, H. J. (2006): London Taxi Drivers and Bus Drivers: A Structural MRI and Neuropsychological Analysis. Hippocampus 16, 1091–1101.

Manuel, C. (2000): Mnemonic performances. Lancet 356, 1611.

Mariske, H.-A. (2008): Eine klügere Maschine gibt es noch nicht. Welt Online, 13.10.2008.

Markowitsch, H.-J. (2002): Dem Gedächtnis auf der Spur. Darmstadt: Wissenschaftliche Buchgesellschaft.

Marks, L. E. (1974): On associations of light and sound: the mediation of brightness, pitch, and loudness. American Journal of Psychology,87, 173–188.

Marks, L. E. (1975): On colored-hearing synesthesia: cross-modal translations of sensory dimensions. Psychological Bulletin 82, 303–331.

Marks, L. E. (1978): The union of the senses. New York: Academic Press.

Marks, L. E. (1982): Synesthetic perception and poetic metaphor. Journal of Experimental Psychology: Human Perception and Performance, 8, 15–23.

Marr, D. (1982): Vision: a computational investigation into the human representation and processing of visual information. New York: Freeman.

Martino, G. & Marks, L. E. (2001): Synesthesia: strong and weak. Current Directions in Psychological Science 10, 61–65.

Matussek, P. (1988): Aufhebung der Enzyklopädie im Expertensystem? Dialektik 16, 56–76.

McCarthy, J., Minsky, M. L., Rochester, N., Shannon C. E. (1955): A proposal for the Dartmouth Summer Research Project on Artificial Intelligence. Reprint In AI Magazine 27(4): 12–14.

McCorduck, P. (1979): Machines Who Think. San Francisco: Freeman

McGaugh, J. L. (2000): Memory – a Century of Consolidation. Science 287, 248–251.

McLaughlin, G. (1969): Reading at impossible speeds. Journal of Reading 12, 449–454, 502–510.

Medland, S. E. & Keller, M. C. (2009): Modeling extended twin family data II. Power associated with different family structures. Twin Research and Human Genetics 12, 19–25.

Mesulam, M. M. (2000): Principles of Behavioral and Cognitive Neurology. Oxford: University Press.

Metzger, W. (2001): Psychologie. Wien: Wolfgang Krammer.

Metzinger, T. (1996): Bewußtsein. Beiträge aus der Gegenwartsphilosophie. Paderborn: Mentis.

Miller, G. A. (1956): The magical number seven, plus or minus two: some limits on our capacity for processing information. Psychological Review 63, 81–97.

Miller, L. K. (1999): The Savant Syndrome: Intellectual Impairment and Exceptional Skill. Psychological Bulletin 125, 31–46.

Miller, E. M. (1994): Intelligence and brain myelination: a hypothesis. Personality and Individual Differences 17, 803–832.

Millikan, R. G. (1984): Language, thought, and other biological categories: new foundations for realism. Cambridge: MIT Press.

Monti, J. M. & Monti, D. (2007): The involvement of dopamine in the modulation of sleep and waking. Sleep Medicine Reviews 11, 113–133.

Moss, M. J. (1980): The effect of a film aided coaching course on the rate of student's reading of texts of varying difficulty. Journal of Research in Reading, 3, 11–16.

Müller, G .E. & Pilzecker, A. (1900): Experimentelle Beiträge zur Lehre vom Gedächtnis. Zeitschrift für Psychologie 1, 1–300.

Müller, G. E. (1911): Zur Analyse der Gedächtnistätigkeit und des Vorstellungsverlaufes, I. Leipzig: Barth.

Müller, G. E. (1913): Zur Analyse der Gedächtnistätigkeit und des Vorstellungsverlaufes, III. Leipzig: Barth.

Müller, G. E. (1917): Zur Analyse der Gedächtnistätigkeit und des Vorstellungsverlaufes, II. Leipzig: Barth.

Münte, T. F. & Heinze H.-J. (2001): Beitrag moderner neurowissenschaftlicher Verfahren zur Bewußtseinsforschung. In M. Pauen & G. Roth (Hrsg.), Neurowissenschaften und Philosophie (S. 298–328). München: Fink.

Mulvenna, C. M. (2007): Synaesthesia, the arts and creativity: a neurological connection. Frontiers of Neurology and Neuroscience 22, 206–222.

Mulvenna, C. M. & Walsh, V. (2006): Synaesthesia: supernormal integration? Trends in Cognitive Science 10, 350–352.

Nader, K (2003): Memory traces unbound. Trends in Neurosciences 26, 65–72.

Nagel, T. (1965): Physicalism. The Philosophical Review 74, 339–356.

Neisser, U., Boodoo, G., Bouchard, T. J., Boykin, A. W., Brody, N. et al., (1996): Intelligence: Knowns and unknowns. American Psychologist 51, 77–101.

Nell, V. (1988): The psychology of reading for pleasure: Needs and Gratifications. Reading Research Quarterly 23, 6–50.

Neubauer, A. C. & Fink, A. (2003): Fluid intelligence and neural efficiency: effects of task complexity and sex. Personality and Individual Differences 35, 811–827.

Neubauer, A. C. & Fink, A. (2009): Intelligence and Neural efficiency. Neuroscience & Biobehavioral Reviews 33, 1004–1023.

Neubauer, A. C. (1995): Intelligenz und Geschwindigkeit der Informationsverarbeitung. Wien: Springer.

Neubauer, A. C., Fink, A., Schrausser, D. G. (2002): Intelligence and neural efficiency: The influence of task content and sex on the brain-IQ relationship. Intelligence 30, 515–536.

Neubauer, A. C., Grabner, R. H., Fink, A., Neuper, C. (2005): Intelligence and neural efficiency: Further evidence of the influence of task content and sex on the brain-IQ relationship. Cognitive Brain Research 25, 217–225.

Nilsson, N. (2007): The Physical Symbol System Hypothesis: Status and Prospects. In M. Lungarella et al. (Hrsg.), 50 Years of AI (S. 9–17). Heidelberg: Springer.

Noesselt, T., Hillyard, S. A., Woldorff, M. G., Schoenfeld, A., Hagner, T. et al. (2002): Delayed striate cortical activation during spatial attention. Neuron 35, 575–587.

Nunn, J. A., Gregory, L. J., Brammer, M., Williams, S. C. R., Parslow, D. M. et al. (2002): Functional magnetic resonance imaging of synesthesia: Activation of V4/V8 by spoken words. Nature Neuroscience 5, 371–375.

Nyberg, L., Sandblom, J., Jones, S., Stigsdotter Neely, A. et al. (2003): Neural correlates of training-related memory improvement in adulthood and aging. PNAS 100, 137728-13733.

O'Brien, D. (2002): Der einfache Weg zum besseren Gedächtnis. München: Nymphenburger.

O'Doherty, J. P., Dayan, P., Friston, K., Critchley, H. & Dolan, R. J. (2003): Temporal difference models and reward-related learning in the human brain. Neuron 38, 329–337.

Parker, E. S., Cahill, L. & McGaugh, J. L. (2006): A Case of Unusual Autobiographical Remembering. Neurocase 12, 36–49.

Parkin, A. J. (2001): The Structure and Mechanisms of Memory. In B. Rapp (Hrsg.), The Handbook of Cognitive Neuropsychology. Philadelphia: Psychology Press:

Patten, B. M. (1990): The history of memory arts. Neurology 40, 346–352.

Pauen, M. (1999): Das Rätsel des Bewusstseins. Eine Erklärungsstrategie. Paderborn: Mentis.

Pauen, M. & Stephan A. (2002): Phänomenales Bewusstsein – Rückkehr zur Identitätstheorie? Paderborn: Mentis.

Paulesu, E., Harrison, J., Baron-Cohen, S., Watson, J. D. G. et al. (1995): The physiology of colored-hearing: a PET activation study of color-word synesthesia. Brain 118, 661–676.

Peigneux, P. Laureys S., Fuchs S., Destrebecqz A., Collette F. et al. (2003): Learned material content and acquisition level modulate cerebral reactivation during posttraining rapid-eye-movements sleep. Neuroimage 20, 125–134.

Place, U. T. (1956): Is consciousness a brain process? British Journal of Psychology 47, 44–50.

Platon (2004): Sämtliche Dialoge. Hamburg: Meiner.

Pollok, B., Prior, H., Güntürkün, O. (2000): Development of object-permanence in the food-storing magpie (Pica pica). Journal of Comparative Psychology 114, 148–157.

Plomin, R., DeFries, J. C., McClearn, G. E., McGuffin, P. (2008): Behavioral Genetics. New York: Worth Publishers.

Plomin, R. & Spinath, F. M. (2004): Intelligence: Genetics, genes, and genomics. Journal of Personality and Social Psychology 86, 112–129.

Preiser, S., Moje, A., Moje, C. (2009): Evozierte Synästhesie – eine Möglichkeit der Kreativitätsförderung? Vortrag auf der Fachgruppentagung Pädagogische Psychologie (PAEPS), Saarbrücken, 7.–9. September 2009.

Prenzel, M., Walter, O., Frey, A. (2007): PISA misst Kompetenzen. Eine Replik auf Rindermann (2006): Was messen internationale Schulleistungsstudien? Psychologische Rundschau 58, 128–136

Putnam, H. (1975): The nature of mental states. In Putnam, Hilary: Mind, language, and reality: philosophical papers, volume 2. Cambridge: University Press.

Ragni, M., Knauff, M., Nebel, B. (2005): A Computational Model for Spatial Reasoning with Mental Models.In B. Bara, L. Barsalou, M. Bucciarelli (Hrsg.), Proceedings of the 27th CogSci Conference. Hillsdale: Lawrence Erlbaum.

Ragni, M. & Steffenhagen, F. (2007): A cognitive computational model for spatial reasoning. AAAI Spring Symposium 2007.

Ramachandran, V. S. & Hubbard, E. M. (2001): Synaesthesia – a window into perception, thought and language. Journal of Consciousness Studies 8(12), 3–34.

Raz, A., Packard, M. G., Alexander, G. M., Buhle, J. T., Zhu, H., Yu, S., Peterson, B. S. (2009): A slice of pi: An exploratory neuroimaging study of digit encoding and retrieval in a superior memorist. Neurocase 15, 361–372.

Reiner, A. & Northcutt, R. G. (2000): Succinic dehydrogenase histochemistry reveals the location of the putative primary visual and auditory areas within the dorsal ventricular ridge of sphenodon punctatus. Brain, Behavior and Evolution 55, 26–36.

Reinefeld, A. (2006): Entwicklung der Spielbaum-Suchverfahren: Von Zuses Schachhirn zum modernen Schachcomputer. Heidelberg: Springer.

Rich, A. N., Bradshaw, J. L., Mattingly, J. B. (2005): A systematic large-scale study of synaesthesia. Cognition 98, 53–84.

Rimland, B. & Fein, D. A. (1988): Special talents of autistic savants. In L.K. Obler & D.A. Fein (Hrsg.), The Exceptional BraIn Neuropsychology of Talent and Special Abilities. New York: Guilford.

Rindermann, H. (2006): Was messen internationale Schulleistungsstudien? Schulleistungen, Schülerfähigkeiten, kognitive Fähigkeiten, Wissen oder allgemeine Intelligenz? Psychologische Rundschau 57, 69–86.

Rindermann, H. (2007): The g-factor of international cognitive ability comparisons: The homogeneity of results in PISA, TIMSS, PIRLS and IQ-tests across nations. European Journal of Personality 21, 667–706.

Rips, L. J. (1994): The Psychology of Proof. Cambridge: MIT Press.

Rosenthal, D. (2005): Consciousness and Mind. Oxford: Clarendon Press.

Rost, D. H. (2008): Multiple Intelligenzen, multiple Irritationen. Zeitschrift für Pädagogische Psychologie 22, 97–112.

Rost, D. & Sparfeldt, J. (2007): Leseverständnis ohne Lesen? Zur Konstruktvalidität von multiple-choice-Leseverständnisauf-gaben. Zeitschrift für Pädagogische Psychologie 21, 305–314.

Roth, G. (2003): Fühlen, Denken, Handeln. Wie das Gehirn unser Verhalten steuert. Frankfurt a.M.: Suhrkamp.

Roth, G. & Dicke, U. (2005): Evolution of the rain and intelligence. Trends in Cognitive Sciences 9, 250–257.

Roth, G. & Dicke, U. (2006): Funktionelle Neuroanatomie des Limbischen Systems. In H. Förstl, M. Hautzinger, G. Roth (Hrsg.), Neurobiologie psychischer Störungen. Heidelberg: Springer.

Rushton, J. P. (2008): Book review of 'The Global Bell Curve: Race, IQ, and inequality worldwide' by R. Lynn. Personality and Individual Differences 45, 113–114.

Sacks, O. & Wasserman, R. L. (1987): The painter who became color blind. New York Review of Books 34(18), 25–33.

Schale, F. (1969): Gifted rapid readers. Paper presented at North Central Reading Association Conference, Flint, Michigan, October 31 – November 1, 1969. ERIC Document No. 037324.

Schale, F. (1970): Two Gifted Rapid Readers – Preliminary Study. ERIC Document No. 040023.

Schefe, P. (1986): Künstliche Intelligenz – Überblick und Grundlagen. Mannheim: Bibliographisches Institut.

Schiltz, K., Trocha, K., Wieringa, B. M., Emrich, H. M., Johannes, S., Münte, T. F. (1999): Neurophysiological aspects of synesthetic experience. Journal of Neuropsychiatry and Clinical Neurosciences 11, 58–65.

Schneider, W., Schlagmüller, M., Ennemoser, M. (2007): LGVT 6–12: Lesegeschwindigkeits- und verständnistest für die Klassen 6–12. Göttingen: Hogrefe.

Schoppe, K. (1975): Verbaler Kreativitätstest (V-K-T). Göttingen: Hogrefe.

Schultz, W., Dayan, P. & Montague, P. R. (1997): A neural substrate of prediction and reward. Science 275, 1593–1599.

Scriba, J. (1997): Tiefsinn mit Tippfehlern. Der Spiegel 19/1997.

Searle, J. R. (1980): Minds, brains, and programs. Behavioral and Brain Sciences 3, 417–424.

Searle, J. R. (1992): The rediscovery of the mind. Cambridge: MIT Press.

Searle, J. R. (2004): Mind: a brief introduction. Oxford: University Press.

Segal, M. (2005): Dendritic Spines and Long-Term Plasticity. Nature Reviews Neuroscience 6, 277–284.

Seth, A. K., Dienes, Z., Cleeremans, A., Overgaard, M., Pessoa, L. (2008): Measuring consciousness: relating behavioural and neurophysiological approaches. Trends in Cognitive Sciences 12, 314–321.

Seymour, B. & Dolan, R. (2008): Emotion, decision making, and the amygdala. Neuron 58, 662–671.

Simner, J., Sagiv, N., Mulvenna, C., Tsakanikos, E., Witherby, S. et al. (2006): Synesthesia: the prevalence of atypical cross-modal experiences. Perception 35, 1024–1033.

Simonton, D. K. (2000): Creativity. Cognitive, personal, developmental, and social aspects. American Psychologist 55, 151–158.

Smart, J. J. C. (1956): Sensations and brain processes. Philosophical Review 68, 141–156.

Snyder, A. W. & Mitchell, D. J. (1999): Is integer arithmetic fundamental to mental processing? The mind´s secret arithmetic. Proceedings of the Royal Society of London 266, 587–592.

Snyder, A., Mulcahy, E., Taylor, J. L., Mitchell, D. J., Sachdev, P., Gandevia, S. C. (2003): Savant-like skills exposed in normal people by suppressing the left fronto-temporal lobe. Journal of Integrative Neuroscience 2, 149–158.

Solms, M. (2000): Dreaming and REM sleep are controlled by different brain mechanisms. Behavioral and Brain Sciences 23, 843–850.

Soon, C. S., Brass, M., Heinze, H.-J., Haynes, J.-D. (2008): Unconscious determinants of free decisions in the human brain. Nature Neuroscience 11, 543–555.

Spache, G. D. (1962): Is this a breakthrough in reading? The Reading Teacher 15, 258–262.

Spearman, C. (1904): General intelligence, objectively determined and measured. American Journal of Psychology 15, 201–292.

Spiegel Online: Alle Klugen weg? 20.10.2003, http://www.spiegel.de/spiegel/0,1518,270530,00.html

Spinath, B., Spinath, F. M., Harlaar, N., Plomin, R. (2006): Predicting school achievement from intelligence, self-perceived ability, and intrinsic value. Intelligence 34, 363–374.

Standing, L. (1973): Learning 10000 pictures. The Quarterly Journal of Experimental Psychology 25, 207–222.

Sternberg, R. J. & Lubart, T. I. (1996): Investing in creativity. American Psychologist 7, 677–688.

Stevens, G. L. & Orem, R. C. (1963): Characteristic reading techniques of rapid readers. The Reading Teacher 17, 102–108.

Stich, S. P. (1983): From folk psychology to cognitive science. Cambridge: MIT Press.

Sticht, T. G., Beck, L. J., Hauke, R. N., Kleiman, G. M., James, J. H. (1974): Auding and reading: A developmental model. Alexandria: Human Resources Research Organization.

Stickgold, R. (2005): Sleep-dependent memory consolidation. Nature 437, 1272–1278.

Susukita, T. (1933): Untersuchung eines außerordentlichen Gedächtnisses in Japan, I. Tohoku Psychologica Folia 1, 111–134.

Susukita, T. (1934): Untersuchung eines außerordentlichen Gedächtnisses in Japan, II. Tohoku Psychologica Folia 2, 15–42.

Sutherland N. S. (1968): Maschinen wie Menschen. In R. Jungk & H. J. Mundt (Hrsg), Maschinen wie Menschen. München: Fischer Verlag

Takahashi, M., Shimizu, H., Saito, S., & Tomoyori, H. (2006): One percent ability and ninety-nine percent perspiration: A study of a Japanese memorist. Journal of Experimental Psychology: Learning, Memory, and Cognition 32, 1195–1200.

Tanaka, S., Michimata, C., Kaminaga, T., Honda, M. & Sadato, N. (2002): Superior digit memory of abacus experts: an event-related functional MRI study. NeuroReport 13, 2187–2191.

Taylor, K., Mandon, S., Freiwald, W. A., Kreiter, A. K. (2005) Coherent oscillatory activity in monkey area v4 predicts successful allocation of attention. Cereb. Cortex 15: 1424–37.

Taylor, S. E. (1962): An evaluation of forty-one trainees who had recently completed the "Reading Dynamics" program. In A. L. Raygor (Hrsg.), College and Adult Reading I: First Annual Yearbook (S. 51–72). St. Paul: North Central Reading Association.

Thompson, C. P., Cowan, T., Frieman, J., Mahadevan, R. S., Vogl, R. J., Frieman, J. (1991): Rajan: A Study of a Memorist. Journal of Memory and Language 30, 702–724.

Thompson, C. P., Cowan, T., Frieman, J. (1993): Memory search by a memorist. Hillsdale: Lawrence Erlbaum.

Thurstone, L. L. (1938): Primary mental abilities. Chicago: University of Chicago Press.

Torrance, E. P. (1966): Torrance Tests of Creative Thinking. Bensenville: Scholastic Testing Service.

Tranel, D. & Damasio, A. R. (1995): Neurobiological Foundations of Human Memory. In A. D. Baddeley, B. A. Wilson, F. N. Watts (Hrsg.), Handbook of Memory Disorders. Hoboken: Wiley.

Treffert, D. A. (1989): Extraordinary People: Understanding Savant Syndrome. New York: Harper & Row.

Tulving, E. & Donaldson, W. (1972): Organization of memory. New York: Academic Press.

Tulving, E. (2001): Episodic memory and common sense: how far apart? Philosophical Transactions of the Royal Society of London 356, 1505–1515.

Turing, A. M. (1937): On computable numbers, with an application to the Entscheidungsproblem. Proceedings of the London Mathematical Society 42, 230–265, und 43, 544–546.

Turing, A. M (1950): Computing machinery and intelligence. Mind, LIX(236), 433–460.

Urban, K. K. & Jellen, H. G. (1995): Test zum schöpferischen Denken – zeichnerisch (TSD-Z): Frankfurt a.M.: Swets.

Vaas, R. (2008): Schöne neue Neuro-Welt. Stuttgart: Hirzel.

Van Gulick, R. (2004): Higher-order global states (HOGS): an alternative higher-order model of consciousness.. In R.J. Gennaro (Hrsg.), Higher-order theories of consciousness: an anthology (S. 67–92). Herndon: John Benjamins Publishing.

Von Wennsshein, S. M. (1648): Relatio Novissima ex Parnassus de Arte Reminiscentiae. Marburg.

Voytko, M. L. (1996): Cognitive functions of the basal forebrain cholinergic system in monkeys: Memory or attention? Behavioral Brain Research 75: 13–25.

Walker, M. P. (2005): A refined model of sleep and the time course of memory formation. Behavioral and Brain Sciences 28, 51–104.

Walker, M. P. & Stickgold, R. (2004): Sleep-dependent learning and memory consolidation. Neuron 44, 121–133.

Ward, J. (2003): State of the art: Synaesthesia. The Psychologist 16, 196–199.

Ward, J. & Simner, J. (2003): Lexical-gustatory synaesthesia: linguistic and conceptual factors. Cognition 89, 237–261.

Ward, J., Thompson-Lake, D., Ely, R., Kaminski, F. (2008): Synaesthesia, creativity and art: what is the link? British Journal of Psychology 99, 127–141.

Wehrle, R., Kaufmann, C., Wetter, T. C., Holsboer, F., Auer, D. P., Pollmächer, T. & Czisch, M. (2007): Functional microstates within human REM sleep: first evidence from fMRI of a thalamocortical network specific for phasic REM periods. European Journal of Neuroscience 25, 863–871.

Weissman, D. H., Perkins, A. S., Woldorff, M. G. (2008): Cognitive control in social situations: a role for the dorsolateral prefrontal cortex. Neuroimage 40, 955–962.

Weizenbaum, J. (1966): Eliza – a computer program for the study of natural language communication between man and machine. Communications ACM 9, 36–45.

Weizenbaum, J. (1976): Die Macht der Computer und die Ohnmacht der Vernunft. Frankfurt a.M.: Suhrkamp.

Wilding, J. & Valentine, E. (1988): Searching for Superior Memory. In M. M. Gruneberg, P. E. Morris, R. N. Sykes (Hrsg.), Practical Aspects of Memory. Chichester: John Wiley & Sons.

Wilding, J. & Valentine, E. (1991): Superior Memory Ability. In J. Weinman & J. Hunter (Hrsg.), Memory. Chur: Harwood.

Wilding, J. & Valentine, E. (1994a): Memory champions. British Journal of Psychology 85, 231–244.

Wilding, J. & Valentine, E. (1994b): Mnemonic wizardry with the telephone directory – But stories are another story. British Journal of Psychology 85, 501–509.

Wilding, J. & Valentine, E. (1997): Superior Memory. Hove: Psychology Press.

Winograd, T. (1972): Understanding Natural Language. New York: Academic Press.

Wood, E. N. (1960): A Breakthrough in Reading. Reading Teacher 14, 115–117.

Wood, E. N. (1961): A New Method of Teaching Reading. In C. A. Ketcham (Hrsg.), Proceedings of the College Reading Association, Vol. 2 (S. 58–61). College Reading Association.

Yang, Y. & Raine, A. (2009): Prefrontal structural and functional brain imaging findings in antisocial, violent, and psychopathic individuals: a meta-analysis. Psychiatry Research 174: 81–88.

Yates, F. A. (1966): The Art of Memory. London: Routledge.

Autoren

Tanja Gabriele Baudson studierte Romanistik, Amerikanistik und Psychologie in Bonn, Paris und Gold Coast/Australien. Als wissenschaftliche Mitarbeiterin am Lehrstuhl für Hochbegabtenforschung und -förderung promoviert sie zum Thema „Diagnostische Fähigkeiten von Grundschullehrkräften bei der Identifikation hochbegabter Kinder". Neben der Hochbegabung und ihrer Förderung gehört die Kreativität zu ihren zentralen Interessen- und Forschungsgebieten; seit November 2009 ist sie Associate der Berliner *Stiftung Neue Verantwortung* im Projekt „Die kreative Gesellschaft".

Kirsten Brukamp studierte an der Westfälischen Wilhelms-Universität Münster Humanmedizin und Philosophie mit den Abschlüssen Promotion und Magistra artium. Sie führte Forschungsprojekte in den Bereichen Zell-, Molekular- und Entwicklungsbiologie an der University of Pennsylvania und am Massachusetts General Hospital in den USA durch. Anschließend spezialisierte sie sich an der Universität Osnabrück auf die Schwerpunkte Neurowissenschaft und Philosophie des Geistes im Gebiet Kognitionswissenschaft.

Martin Dresler studierte (Bio-)Psychologie, Philosophie und Mathematik in Bochum und München und promovierte in München und Marburg über schlafassoziierte Gedächtnisprozesse. Er hat mehrere MinD-Akademien und das erste MinD-Symposium organisiert, auf das dieser Band zurückgeht. 2010 erhielt er den Barbara-Wengeler-Preis für die Vernetzung von Philosophie und Neurowissenschaften. Derzeit forscht er am Max-Planck-Institut für Psychiatrie über neuronale Prozesse des Träumens, Schlafens und Lernens.

Thorsten Fehr studierte Psychologie und Statistik an der Universität Konstanz. Nach seiner Promotion 2001 in Psychologie, mit dem Schwerpunkt Magnetoenzephalograhie (MEG) in der Psychiatrie, wechselte er an die Universitäten Bremen (Neuropsychologie) und Magdeburg (Neurologie) als wissenschaftlicher Mitarbeiter in den Bereichen Lehre, Forschung und Auf- bzw. Ausbau von Laborinfrastruktur (EEG, MEG und fMRT). Seit seiner Habilitation 2008 arbeitet er als Privatdozent an der Universität Bremen im Zentrum für Kognitionswissenschaften und dem *Center for Advanced Imaging* mit den Forschungs- und Lehrschwerpunkten komplexe emotionale und kognitive Prozesse und deren Erforschung mithilfe von fMRT, EEG und MEG.

Andreas Fink studierte Psychologie in Graz, wo er anschließend promovierte und habilitierte. Im Rahmen seiner Forschungs- und Lehrtätigkeit an der Karl Franzens-Universität Graz beschäftigt er sich mit der Erforschung kognitiver und neurophysiologischer Grundlagen der Intelligenz, Kreativität und der Lese-Rechtschreibkompetenz sowie mit der Entwicklung und testtheoretischen Überprüfung von psychologischen Testverfahren. 2009 vertrat er die Professur für Differenzielle und Persönlichkeitspsychologie an der Universität Potsdam

Onur Güntürkün studierte in Bochum Psychologie. Nach seiner Promotion forschte er an der Université Pierre et Marie Curie in Paris, an der University of California, San Diego, und an der Universität Konstanz. Seit 1993 ist er

Professor für Psychologie der Ruhr-Universität Bochum, seit 2006 Mitglied der Deutschen Akademie der Naturforscher Leopoldina. Zu seinen zahlreichen Auszeichnungen zählen der Alfried-Krupp-Förderpreis für junge Hochschullehrer, die Wilhelm-Wundt-Medaille, die große Verdienstauszeichnung des Türkischen Parlaments und zwei Ehrendoktorwürden.

Karsten Hoechstetter studierte Physik an den Universitäten Bayreuth und Berkeley sowie Medizinphysik an der Universität Mannheim/Heidelberg. In seiner Promotionsarbeit 2001 an der Universität Heidelberg wandte er sich der Hirnforschung zu. Anhand von Magnetoenzephalographie (MEG)- und funktionellen Kernspin (fMRT)-Messungen untersuchte er die Frage, wie Berührungs-und Schmerzreize im Gehirn verarbeitet werden. Seit 2002 arbeitet er als Methodenentwickler bei einem führenden Hersteller von EEG- und MEG-Auswertesoftware für die neurowissenschaftliche Forschung.

Gunther Karsten ist Gedächtnis-Weltmeister, 17-facher Gedächtnisweltmeister in Einzeldisziplinen, 8-facher Deutscher Gedächtnismeister und mehrfacher Gedächtnis-Weltrekordhalter. Er ist ein weltweit gefragter Gedächtnistrainer, aus dessen Trainingskursen bereits mehrere Kinder- und Junioren-Gedächtnis-Weltmeister hervorgegangen sind. Hauptberuflich leitet der promovierte Chemiker und Biotechnologe ein Patentübersetzungsbüro.

Jochen Musch leitet die Abteilung für Diagnostik und Differenzielle Psychologie am Institut für Experimentelle Psychologie der Heinrich-Heine-Universität Düsseldorf. Er promovierte mit einer Arbeit über emotionale Einflüsse auf die Informationsverarbeitung und habilitierte sich mit Arbeiten zur Kontrolle von Antwortverzerrungen bei Selbstauskünften. Außer zur Schnell-Leseforschung arbeitet er zur Diagnostik individueller Unterschiede im Leistungs- und Persönlichkeitsbereich und auf dem Gebiet der experimentellen Umfrageforschung. Weitere Schwerpunkte seiner Arbeit liegen in der Untersuchung des Zusammenspiels kognitiver, motivationaler und emotionaler Prozesse.

Peter Rösler ist Vorsitzender der Deutschen Gesellschaft für Schnell-Lesen. Er erstellte in den Jahren 2006–2009 in Zusammenarbeit mit Jochen Musch einen Überblick über die wissenschaftliche Literatur zum Speed Reading und sichtete darüber hinaus nahezu alle aktuell und antiquarisch erhältlichen deutschsprachigen (Ratgeber-)Bücher zum Schnell-Lesen. In seinem Hauptberuf ist Peter Rösler Experte für „Software Reviews", ein Teilgebiet der Software-Qualitätssicherung. Die dort übliche kritische Denkhaltung und methodische Vorgehensweise versucht er auch auf das sonst eher von Marketingaussagen und Wunschdenken geprägte Gebiet des „Schnell-Lesens" zu übertragen.

Gerhard Roth studierte als Stipendiat der Studienstiftung des deutschen Volkes in Münster und Rom zunächst Musikwissenschaft, Germanistik und Philosophie. Nach seiner Promotion in Philosophie absolvierte er ein Studium der Biologie, u. a. in Berkeley (Kalifornien), das er 1974 an der Universität Münster mit einer zweiten Promotion in Zoologie beendete. Seit 1976 lehrt Roth als Professor für Verhaltensphysiologie an der Universität in Bremen, seit 1989 in der Funktion eines Direktors des dortigen Instituts für Hirnforschung. 1997 wurde er zum Gründungsrektor des Hanse-Wissenschaftskollegs ernannt. Er ist Mitglied der Berlin-Brandenburgischen Akademie der Wissenschaften und seit 2003 Präsident der Studienstiftung des deutschen Volkes.

Alexander Scivos studierte in Freiburg, Russland und Kanada Biologie, Mathematik und Informatik. Nach einer Tätigkeit als SAP-Berater promoviert er in Zusammenarbeit mit dem Lehrstuhl für *Grundlagen der Künstliche Intelligenz* der Universität Freiburg. Parallel ist er freiberuflicher SAP-Schulungsreferent. 2001 gründete er das MinD-Hochschul-Netzwerk zum fachübergreifenden Austausch intelligenter junger Leute. Gemeinsam mit Martin Dresler hat er 2005 einen Kurs der Deutschen Schülerakademie zum Thema *Gehirn und Computer* geleitet.

Anna Seemüller studierte an der Philipps-Universität Marburg Psychologie. Derzeit arbeitet sie dort in der Arbeitsgruppe Kognitive Psychophysiologie und promoviert zu dem Thema der Objektwiedererkennung in der visuellen und kinästhetischen Modalität. Als Autor und Herausgeber hat sie zusammen mit Martin Dresler und Tanja Gabriele Baudson mehrere Bücher veröffentlicht.

Frank M. Spinath studierte Psychologie in Bielefeld. Nach seiner Promotion absolvierte er einen halbjährigen Forschungsaufenthalt bei Robert Plomin am Institute of Psychiatry in London. Nach seiner Habilitation im Jahre 2003 wurde er 2004 auf den Lehrstuhl für Differenzielle Psychologie und Psychologische Diagnostik an der Universität des Saarlandes berufen. Der Forschungsschwerpunkt von Frank M. Spinath liegt im Bereich der Verhaltensgenetik (hier insbesondere Intelligenz und Persönlichkeit) – er war aktiv beteiligt an zwei der größten Zwillingsforschungsprojekte der Nachkriegszeit.

Victor I. Spoormaker hat in Utrecht, Gainesville und Stanford Psychologie studiert und nach seiner Promotion in Utrecht und Oxford geforscht. Schwerpunkt seiner Forschungstätigkeit sind REM-Schlaf und Träume, insbesondere

Albträume und luzide Träume. In populärwissenschaftlichen Büchern und Vorträgen macht er die Schlaf- und Traumforschung seit Jahren auch einem breiteren Publikum bekannt. Seit 2008 erforscht er am Münchener Max-Planck-Institut für Psychiatrie mittels funktioneller Magnetresonanztomographie die Neurobiologie des Schlafens und Träumens.

Rüdiger Vaas ist Philosoph, Publizist, Dozent, Wissenschaftsjournalist und Redakteur beim Monatsmagazin *Bild der Wissenschaft* in Stuttgart. Er hat Philosophie, Biologie und Germanistik in Tübingen, Hohenheim und Stuttgart studiert. Neben zahlreichen Texten in verschiedenen Zeitungen und Zeitschriften und im Lexikon der Neurowissenschaft hat er zahlreiche Bücher veröffentlicht, zuletzt *Schöne neue Neuro-Welt* (2007), *Hawkings neues Universum* (2008) sowie *Gott, Gene und Gehirn* (2009).

Index

Zeitfracht Medien GmbH
Ferdinand-Jühlke-Straße 7
99095 Erfurt, Deutschland
produktsicherheit@kolibri360.de